普通高等院校计算机基础教育“十三五”规划教材

2019 年北京高校“优质本科教材课件”重点项目

中国高校计算机教育 MOOC 联盟优秀课程配套教材

新编大学计算机基础教程（慕课版）

杜春涛　主编

付瑞平　王若宾　肖彬　程楠楠　副主编

中国铁道出版社有限公司

CHINA RAILWAY PUBLISHING HOUSE CO., LTD.

内 容 简 介

随着信息技术的迅猛发展和移动设备的普遍应用，“大学计算机基础”课程的教学内容应该发生相应的变化。本书本着应用、有用、有趣、技术先进和简单易学的理念，采用案例方式深入浅出地介绍了认识计算机、文档处理、演示文稿、数据处理、图像处理、零基础 App Inventor 移动开发、微信订阅号、Python 程序设计等内容。

本书内容新颖，将 App Inventor 移动开发技术、微信订阅号、Python 程序设计等内容纳入“大学计算机基础”课程体系当中，满足了大学生对移动技术开发的好奇心和求知欲，为新时期“大学计算机基础”课程到底应该讲什么内容进行了有益探索。本书注重知识的综合应用，在文档处理部分，介绍了利用 MathType 软件创建公式编号及其在正文中引用的方法，以及利用 Zotero 软件自动创建云端参考文献库，并在论文中插入参考文献的方法。本书文档处理、演示文稿、数据处理三章中的部分教学案例参照“全国大学生计算机应用能力与信息素养大赛”的内容进行设计，大大提高了传统内容的深度，深化了学生对传统内容的认识。此外，本书采用慕课+微课模式，所有教学内容都已经在智慧树慕课平台（http://www.zhihuishu.com）上线运行，读者可以利用手机或电脑在慕课平台上学习和答疑，也可以直接扫描二维码进行学习，为读者随时随地学习提供了非常便利的条件。

本书适合作为高等院校“大学计算机基础”课程慕课教学或传统教学的教材，也可作为对相关内容感兴趣的读者的自学参考书。

图书在版编目（CIP）数据

新编大学计算机基础教程：慕课版/杜春涛主编. —北京：中国铁道出版社，2018.8（2025.2重印）
普通高等院校计算机基础教育“十三五”规划教材
ISBN 978-7-113-24604-4

Ⅰ.①新… Ⅱ.①杜… Ⅲ.①电子计算机-高等学校-教材 Ⅳ.①TP3

中国版本图书馆 CIP 数据核字（2018）第 193871 号

书　　名：**新编大学计算机基础教程（慕课版）**
作　　者：杜春涛

策　　划：魏　娜　　　　编辑部电话：（010）63549501
责任编辑：贾　星
封面设计：刘　颖
责任校对：张玉华
责任印制：赵星辰

出版发行：中国铁道出版社有限公司（100054，北京市西城区右安门西街 8 号）
网　　址：https://www.tdpress.com/51eds
印　　刷：河北宝昌佳彩印刷有限公司
版　　次：2018 年 8 月第 1 版　　2025 年 2 月第 15 次印刷
开　　本：787 mm×1 092 mm 1/16　**印张**：13.75　**字数**：330 千
书　　号：ISBN 978-7-113-24604-4
定　　价：46.00 元

前　言

我国已经经历了信息技术普及的三次高潮：第一次是20世纪80年代，普及的内容主要是计算机高级语言，尤其是BASIC语言，普及的主要对象是科技人员和大学生，普及的人数为几百万人。第二次普及高潮是20世纪90年代，主要普及办公软件，普及的主要对象是广大公务人员和在职人员，人数达几千万人。第三次是21世纪前十年，普及的内容主要是网络的应用，普及对象扩展到所有文化人，普及的人数达几亿。现在我国正掀起第四次高潮，其特点是大力普及以人工智能为代表的新技术（包括大数据和云计算等），这次普及的广度和深度大大超过前三次，将对我国新时代的发展起到深远的作用。

这几次信息技术普及高潮有一个共同特点就是面向应用，应用是计算机发展的原动力，也是计算机教育的生命力所在。谭浩强教授2018年4月在地方院校新工科会议上讲话指出：目前大学有两方面明显不足，一是创新精神不够，一是面向应用不够。他认为，大学的计算机基础教育应当有一个大的变化，现在的计算机基础课程的框架，基本上是从20世纪八九十年代沿袭下来的，虽然不断作了一些变化，但和社会需求还是脱节的。应当重新研究在新形势下计算机基础教育的定位，重新规划课程体系，革新教学方法。

本书在内容设计方面本着应用、有趣、先进和易学的理念，采用案例方式深入浅出地介绍了认识计算机、文档处理、演示文稿、数据处理、图像处理、零基础App Inventor移动开发、微信订阅号、Python程序设计共8章内容，每个案例都采用了“案例描述→知识要点→案例操作”的步骤进行讲解，符合人的认知规律。

本书由杜春涛任主编，付瑞平、王若宾、肖彬、程楠楠任副主编。

第1章：认识计算机，由王若宾和杜春涛编写，主要讲授计算机组成结构、数值转换、计算机指令的执行过程和计算机编码，其特色是把每一部分的知识讲解与一个虚拟实验相关联，借助虚拟技术促进抽象理论知识和实践操作内容的学习。

第2章：文档处理，由杜春涛编写，通过11个案例演示了利用Word 2010软件进行文档设计的各种方法和技巧、利用MathType软件创建公式编号及其在正文中引用的方法、利用Zotero软件自动创建云端参考文献库，并在论文中插入参考文献的方法和技巧。最后的综合案例“毕业论文排版”运用了Word 2010、MathType和Zotero三个软件，为毕业生快速、规范地排版毕业论文提供了有力的技术支持。

第3章：演示文稿，由付瑞平编写，通过16个案例详细介绍了利用PowerPoint 2010软件设计演示文稿的方法和技巧。

第4章：数据处理，由程楠楠编写，通过14个案例详细介绍了利用Excel 2010软件进行数据处理的各种方法和技巧。

第5章：图像处理，由肖彬编写，通过6个案例介绍了使用Photoshop进行图像合成、图像背景变换、图像局部替换、图像修复、带有背景图像的复制以及图像制作等方法和技巧。

第6章：零基础App Inventor移动开发，由杜春涛和付瑞平编写，通过28个案例详细介绍了利用App Inventor进行移动App开发的方法和技巧。

第7章：微信订阅号，由肖彬编写，通过4个案例介绍了在微信订阅号中创建菜单、建立图文消息、插入视频以及进行投票管理的实现方法。

第8章：Python程序设计，由王若宾编写，利用14个案例介绍了利用Python进行程序设计的方法和技巧。

本书采用慕课+微课模式，所有教学内容都已经在智慧树慕课平台（http://www.zhihuishu.com）上线运行，读者可以利用手机或电脑在慕课平台上学习和答疑，也可以直接扫描二维码进行学习，为读者随时随地学习提供了非常便利的条件。

本书在撰写过程中，得到了北方工业大学教务处王景中处长、计算机学院马礼院长、宋威副院长以及教务处尹天光老师的大力支持，在此表示衷心感谢。限于编者水平，加之时间仓促，书中难免存在疏漏及不足之处，恳请各位领导、专家、学者和广大读者批评指正。

本书受教育部产学合作协同育人项目（谷歌支持，项目编号：202102183001、202102183006）、全国高等院校计算机基础教育研究会项目(项目编号：2021-AFCEC-002)、北京市高等教育学会重点项目（项目编号：ZD202110）、北方工业大学2021年教育教学改革项目“MOOC+SPOC混合教学模式下发展性校本学习评价指标体系探索与实践”支持。

编　者
2021年12月

目　录

第1章 >>> 认识计算机

本章概要

在学习使用计算机之前首先要认识计算机，比如计算机由哪些设备组成，计算机是如何工作的等等。本章主要介绍计算机组成结构，数制转换、计算机指令的执行过程以及计算机编码等方面的知识。

学习目标

（1）了解计算机组成结构；

（2）掌握数制转换方法；

（3）理解计算机指令的执行过程；

（4）理解计算机编码及其原理。

1.1 计算机组成结构

1.1.1 计算机系统组成

计算机系统是由硬件系统和软件系统两部分组成的，详细构成如图 1.1 所示。

1. 计算机硬件系统

计算机硬件由 5 个基本单元组成：运算器、控制器、存储器、输入设备和输出设备。计算机硬件的五大基本部件中每一个部件都有相对独立的功能，如图 1.2 所示。五大部件在控制器的控制下协调统一地完成计算。

（1）运算器（Arithmetic Logic Unit，ALU）。运算器也被称为算术逻辑单元，其功能是完成算术运算和逻辑运算，其中算术运算指加、减、乘、除及其复合运算，逻辑运算指“与”、“或”、“非”等逻辑比较和逻辑判断的操作。在现代计算机的体系结构下，任何复杂运算都被转化为基本的算术与逻辑运算，然后在运算器中完成。

（2）控制器（Controller Unit，CU）。控制器是计算机的指挥系统，一般由指令寄存器、指令译码器、时序电路和控制电路组成。控制器的基本功能是从内存中取指令和执行指令。在具体的硬件层面，运算器和控制器被封装在一起成为中央处理器（Central Processing Unit，CPU）。CPU 是整个计算机的核心部件，是计算机的“大脑”。它控制了计算机的运算、处理、输入和输出等工作。

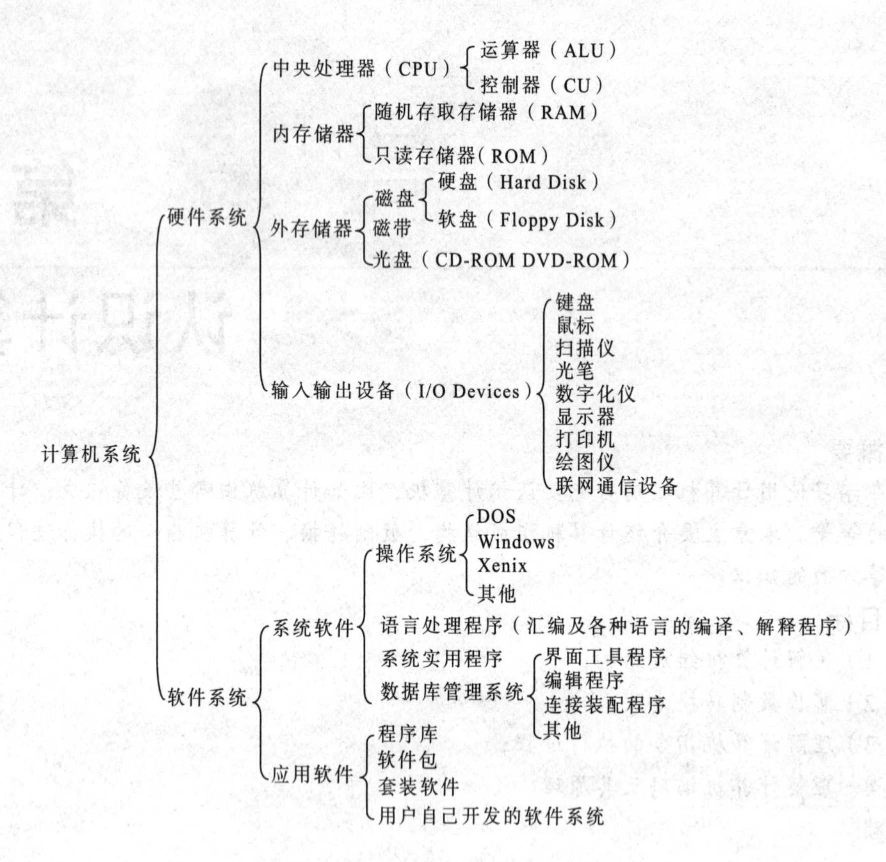

图 1.1　计算机系统的基本组成

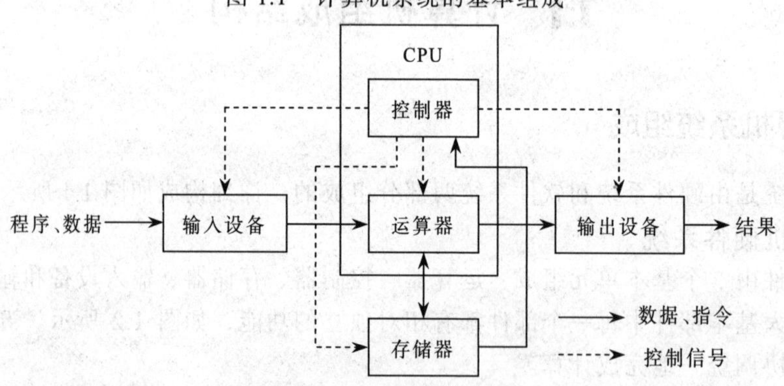

图 1.2　计算机硬件的五大基本部件

（3）存储器（Memory）。存储器是计算机的记忆装置，其主要功能是存放程序和数据，其中程序是计算机操作的依据，而数据是计算机操作的对象。

根据存储器与 CPU 联系的密切程度可以把它们分为内存储器（主存储器，简称内存）和外存储器（辅助存储器，简称外存）。内存直接与运算器、控制器交换信息，相比外存，它容量虽小，但存取速度快，用于存放正在运行的程序和待处理的数据。外存可以看作是内存储器的延伸和后援，通过内存与 CPU 互通数据。外存中存放的数据和程序需要调入内存方可执行。相比内存，外存的存取速度慢，但存储容量大，可以长时间地保存大量信息。CPU 与内、外存之间的关系如图 1.3 所示。

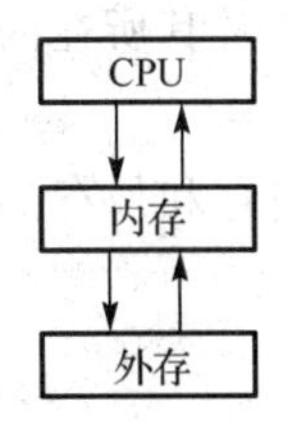

图 1.3　内存、外存与 CPU 的关系

根据数据的读取方式，存储器又分为随机存取（Random Access Memory，RAM）存储器和只读（Read Only Memory，ROM）存储器两种。

（4）输入设备（Input Devices）。输入设备是从计算机外部向计算机内部传送信息的装置，包括键盘、鼠标、光笔、扫描仪、数字化仪、条形码阅读器等。其功能是将数据、程序等数字资源从人们熟悉的形式转换为计算机能够识别和处理的形式进而输入到计算机内部。

（5）输出设备（Output Devices）。输出设备是将计算机的处理结果传送到计算机外部供计算机用户使用的装置，包括显示器、打印机、绘图仪等。其功能是将计算机内部二进制形式的数据信息转换成人们所需要的或其他设备能接受和识别的信息形式。

通常将输入设备和输出设备统称为 I/O（Input/Output）。设备它们都属于计算机的外围设备。1.4.2 节的虚拟实验“汉字信息编码与转换”详细演示了从机外码到机内码的转换过程，涉及计算机的输入和输出，可供参考。

2. 计算机软件系统

国际标准化组织（ISO）将软件定义为：电子计算机程序及运用数据处理系统所必需的手续、规则和文件的总称。对此定义，一种公认的解释是：软件由程序和文档两部分组成。程序由计算机最基本的指令组成，是计算机可以识别和执行的操作步骤；文档是指用自然语言或者形式化语言所编写的用来描述程序的内容、组成、功能规格、开发情况、测试结构和使用方法的文字资料和图表。程序是具有目的性和可执行性的，文档则是对程序的解释和说明。

软件按其功能划分，可分为系统软件和应用软件两大类。操作系统是常见的系统软件之一，此外还包括语言处理程序（汇编和编译程序等）、服务性程序（支撑软件）和数据库管理系统等。应用软件是指在计算机各个应用领域中，为解决各类实际问题而编制的程序，用以帮助人们完成特定领域中的各种工作，包括 Office、WPS、AutoCAD、Photoshop、微信、QQ 等。

1.1.2 计算机硬件拆卸虚拟实验

问题描述

通过“微型计算机硬件系统拆卸”虚拟实验来演示拆卸计算机硬件的过程，并识别各种硬件元件。该虚拟实验由北京理工科惠科技发展有限公司开发。

知识要点

（1）了解计算机硬件系统的组成部件及其所在的位置。

（2）理解各部件的主要功能。

（3）理解主机和外围设备、主板、内存和外存的概念。

（4）了解计算机硬件的拆卸顺序。

（5）了解计算机系统的工作原理。

扫码看实验

实验操作

（1）完成虚拟实验。

（2）填写实验报告。

操作过程视频见 MOOC 网站或扫描二维码。

1.2 数制转换

计算机使用电设备进行控制和运算，因此二进制具有天然的优势，因为它只有 0 和 1 两个数，易于用电设备实现。但是二进制并非人们日常使用的进制，这就需要通过数制转换来实现二进制和十进制以及其他进制的转换。

1.2.1 基本概念

在计算机的数制中，有数码、基数和位权这 3 个概念，以下分别介绍。

（1）数码。一个数制中表示基本数值大小的不同数字符号。例如，十进制有 10 个数码：0、1、2、3、4、5、6、7、8、9，而二进制仅有 0 和 1 两个数码。

（2）基数。一个数制所使用数码的个数。例如，二进制的基数为 2，十进制的基数为 10，十六进制的基数为 16。

（3）位权。一个数制中某一位上的 1 所表示数值的大小。例如，十进制的 345.6，3 的位权是 10^2，4 的位权是 10^1，5 的位权是 10^0，6 的位权是 10^{-1}，最终的结果就是 $3\times10^2+4\times10^1+5\times10^0+6\times10^{-1}$。

1.2.2 各种进制的特点及其向十进制的转换方法

1. 十进制

有 10 个数码，分别是 0、1、2、3、4、5、6、7、8、9，基数为 10，采用逢十进一（加法运算）、借一当十（减法运算）的进位法则。

按权展开。对于任意一个 n 位整数和 m 位小数的十进制数 D，均可按权展开为：

$$D=D_{n-1}\times10^{n-1}+D_{n-2}\times10^{n-2}+\cdots+D_1\times10^1+D_0\times10^0+D_{-1}\times10^{-1}+\cdots+D_{-m}\times10^{-m}$$

例：将十进制数 123.45 写成按权展开式形式。

$$123.45=1\times10^2+2\times10^1+3\times10^0+4\times10^{-1}+5\times10^{-2}$$

2．二进制

有两个数码 0、1，基数为 2，采用逢二进一（加法运算）、借一当二（减法运算）的进位法则。

二进制转十进制：按权展开。对于任意一个 n 位整数和 m 位小数的二进制数 D，均可按权展开为：

$$D=B_{n-1}\times2^{n-1}+B_{n-2}\times2^{n-2}+\cdots+B_1\times2^1+B_0\times2^0+B_{-1}\times2^{-1}+\cdots+B_{-m}\times2^{-m}$$

例：把$(1101.01)_2$写成展开式，它表示的十进制数为：

$$1\times2^3+1\times2^2+0\times2^1+1\times2^0+0\times2^{-1}+1\times2^{-2}=(13.25)_{10}$$

接下来介绍八进制和十六进制。理论上来说，任何进制都是可以的，但是为什么在信息数字化表示中还要专门提及八进制和十六进制呢？因为 8 是 2 的 3 次方，而 16 是 2 的 4 次方，如果一个十进制数字用二进制表示往往是很长的一串 0 和 1，既不方便书写记忆，也不方便识别，如果用八进制或者十六进制，则可以显著缩短数字长度，方便记忆和识别，同时由于 8 和 16 均是 2 的整次方，转换也更为方便。以下分别介绍这两种数制。

3．八进制

有 8 个数码，0、1、2、3、4、5、6、7，基数为 8，采用逢八进一（加法运算）、借一当八（减法运算）的进位法则。

八进制转十进制：按权展开。对于任意一个 n 位整数和 m 位小数的八进制数 D，均可按权展开为：

$$D=O_{n-1}\times8^{n-1}+\cdots+O_1\times8^1+O_0\times8^0+O_{-1}\times8^{-1}+\cdots+O_{-m}\times8^{-m}$$

例：$(317)_8$ 相当于十进制数：$3\times8^2+1\times8^1+7\times8^0=(207)_{10}$

4．十六进制

有 16 个数码，0、1、2、3、4、5、6、7、8、9、A、B、C、D、E、F。这里需要注意的是，沿用十进制的阿拉伯数字，但最多只有 10 个数，于是在十六进制中借用了 6 个英文字母表示剩下的数码，它们相当于十进制中的 10、11、12、13、14、15。基数为 16，采用逢十六进一（加法运算）、借一当十六（减法运算）的进位法则。

十六进制转十进制：按权展开。对于任意一个 n 位整数和 m 位小数的十六进制数 D，均可按权展开为：

$$D=H_{n-1}\times16^{n-1}+\cdots+H_1\times16^1+H_0\times16^0+H_{-1}\times16^{-1}+\cdots+H_{-m}\times16^{-m}$$

例：十六进制数$(FACE)_{16}$代表的十进制数为：$15\times16^3+10\times16^2+12\times16^1+14\times16^0=(64206)_{10}$

1.2.3 十进制转换为其他进制

以上是不同进制向十进制转换的过程。关于十进制向其他进制的转换，采用除以基数取余数的方式，以十进制转换为二进制为例，十进制数 121，不断除以 2 取余数，直到除尽或者余 1，最后把余数从下往上排列，即得到转化后的二进制数 1111001，其过程如图 1.4 所示。

除数	被除数	余数
2	121	……余1
2	60	……余0
2	30	……余0
2	15	……余1
2	7	……余1
2	3	……余1
2	1	……余1
	0	

图 1.4　十进制数转换为二进制数的过程

十进制转八进制则采用除 8 取余数的方法，十进制转十六进制则采用除 16 取余数的方法。

1.2.4 二进制与八进制之间的转换

1．二进制转八进制

以小数点为基准对二进制数进行分组，3 个数字为 1 组，最左侧和最右侧不足 3 位时，添 0 补齐 3 位，然后将每组 3 位二进制数转换为 1 位八进制数，即可以把二进制数转换为八进制数。

2．八进制转二进制

与二进制转八进制相反，将每个八进制数转换为 3 位二进制数，即可实现八进制数转二进制数。

1.2.5 二进制与十六进制之间的转换

1．二进制转十六进制

以小数点为基准对二进制数进行分组，4 个数字为 1 组，最左侧和最右侧不足 4 位时，添 0 补齐 4 位，最后将每组 4 位二进制数转换为 1 位十六进制数，即可以把二进制数转换为十六进制数。

2．十六进制转二进制

与二进制转十六进制相反，将每个十六进制数转换为 4 位二进制数，即可实现十六进制数转二进制数。

各种进制之间的转换如表 1.1 所示。

表 1.1　各种进制之间的转换

二进制（Binary）	八进制（Octal）	十进制（Decimal）	十六进制（Hex）
0	0	0	0
1	1	1	1
10	2	2	2
11	3	3	3
100	4	4	4
101	5	5	5
110	6	6	6
111	7	7	7
1000	10	8	8
1001	11	9	9
1010	12	10	A
1011	13	11	B
1100	14	12	C
1101	15	13	D
1110	16	14	E
1111	17	15	F

1.2.6 进制转换虚拟实验

问题描述

通过“不同进制数据的转换”虚拟实验来演示不同进制之间的转换。该虚拟实验由北京理工科惠科技发展有限公司开发。

知识要点

（1）了解各种数制的表示方法。

（2）掌握二进制、八进制、十进制和十六进制数据之间的相互转换方法。

（3）理解不同进制之间数据转换的原理。

（4）理解数据的有效位数和精度。

实验操作

（1）完成虚拟实验。

（2）自行总结数制转换方法和规则。

操作过程视频见 MOOC 网站或扫描二维码。

扫码看实验

1.3 计算机指令的执行过程

1.3.1 计算机指令

1. 计算机指令的含义

计算机指令就是指挥机器工作的指示和命令，程序就是一系列按一定顺序排列的指令，执行程序的过程就是计算机的工作过程。

控制器靠指令指挥机器工作，人们用指令表达自己的意图，并交给控制器执行。一台计算机所能执行的各种不同指令的全体叫计算机的指令系统，每一型号的计算机均有自己特定的指令系统，其指令内容和格式有所不同。

通常一条指令包括两方面的内容：操作码和操作数，操作码决定要完成的操作，操作数指参加运算的数据及其所在的单元地址。

在计算机中，操作要求和操作数地址都由二进制数码表示，分别称作操作码和地址码，整条指令以二进制编码的形式存放在存储器中。

2. 存储器的工作原理

为了更好地存放程序和数据，存储器通常被分为许多等长的存储单元，每个单元可以存放一个适当单位的信息。全部存储单元按一定顺序编号，这些编号被称为存储单元的地址，简称地址。存储单元与地址的关系是一一对应的。存储单元的地址和它里面存放的内容是两回事，这种关系就如同门牌号码和房间里面的人。

访问存储器的方法有两种，一种是选定地址后向存储单元存入数据，被称为“写”；另一种是从选定的存储单元中取出数据，被称为“读”，读写就构成和了存储器访问的基本操作。应当注意的是，不论是读还是写，都必须先给出存储单元的地址。在计算机内部，来自地址总线的存储器地址由地址译码器译码（转换）后，找到相应的存储单元，由读／写控制电路根据相应的读、写命令来确定对存储器的访问方式，完成读写操作。数据总线则用于传送写入内存或从内存取出的信息。存储访问的基本原理如图 1.5 所示。

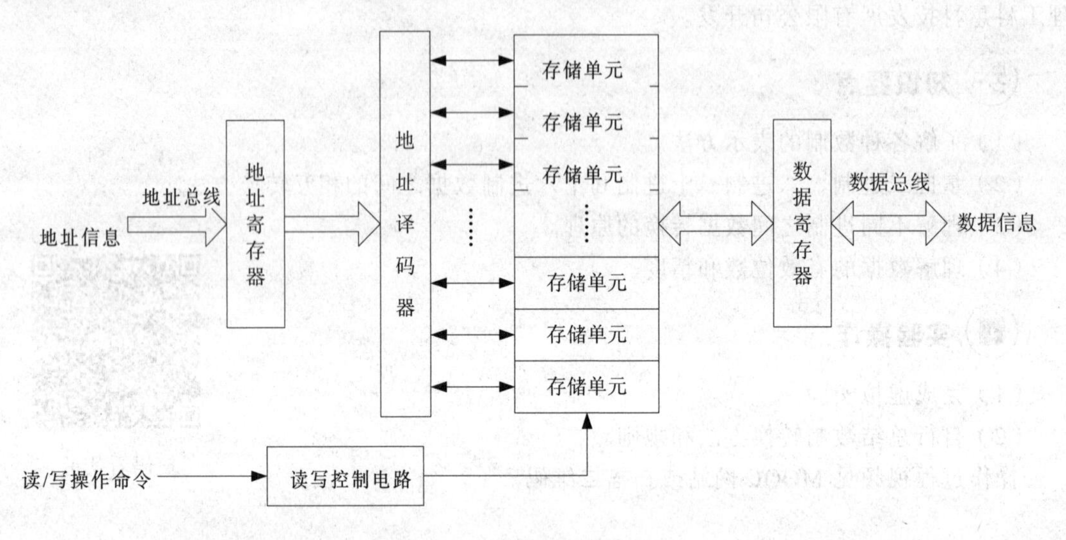

图 1.5　存储访问的基本原理

1.3.2 一条指令的执行过程虚拟实验

问题描述

通过“一条指令的执行过程”虚拟实验来演示一条指令在计算机内部的执行过程。该虚拟实验由北京理工科惠科技发展有限公司开发。

知识要点

（1）计算机的工作原理。
（2）计算机中各部件的功能。
（3）十进制、二进制和十六进制之间的转换方法。
（4）数据和指令在 RAM 中的存储方式。
（5）RAM 中地址的表示方式。
（6）取指令的过程。
（7）指令译码的过程。
（8）取数据的过程。
（9）加法计算的过程。

实验操作

（1）完成虚拟实验。

（2）填写在线实验报告并提交。

操作过程视频见 MOOC 网站或扫描二维码。

扫码看实验

1.4 计算机编码

1.4.1 计算机编码的含义

在计算机中，所有的数据在存储和运算时都要使用二进制数表示（因为计算机用高电平和低电平分别表示 1 和 0），例如西文字符、汉字、声音、图像、视频等在计算机中存储时也要使用二进制数来表示，而具体用哪些二进制数字表示哪个符号，当然每个人都可以有自己的一套约定，这就叫编码，而大家如果要想互相通信而不造成混乱，那么人们就必须使用相同的编码规则，统一规定上述信息用哪些二进制数来表示。最常用的西文字符编码有 ASCII 码，常用的中文字符编码有输入码、国标码、机内码、字形码等。

1．ASCII 码

ASCII（American Standard Code for Information Interchange，美国信息交换标准代码）是基于拉丁字母的一套计算机编码系统，主要用于显示现代英语和其他西欧语言。它是现今最通用的单字节编码系统，并等同于国际标准 ISO/IEC 646。

ASCII码使用指定的7位或8位二进制数组合来表示128或256种可能的字符。标准ASCII码也叫基础 ASCII 码，使用 7 位二进制数（剩下的 1 位二进制为 0）来表示所有的大写和小写字母，数字 0 到 9，标点符号，以及在美式英语中使用的特殊控制字符。

2．汉字编码

不同于西文字母拼写，汉字独立成字，而且字数繁多，字形复杂，其信息处理与西文方式有很大差别。如英语，由字母组合成单词，因此键盘上只要有 26 个英文字母，即可通过打字方式形成单词。汉字显然不具备用键盘直接实现的可行性。由于键盘已经是计算机标配的输入设备之一，因此，有人提出以对汉字进行编码的方式通过键盘向计算机中输入汉字，于是就有了汉字输入码。计算机只能识别 0 和 1 组成的编码，ASCII 码是英文信息处理的标准编码，同样的，汉字信息处理也必须有一个统一的标准编码，于是中国国家标准总局颁布了《信息交换用汉字编码字符集 基本集》（GB 2312—1980），即国标码。国标码和 ASCII 码均为二进制编码，需要加以区分，于是引入了机内码，即机器内部编码。机内码解决了汉字在计算机内部表示的问题，但是汉字仍然需要显示在外部供人阅读使用，这就需要用到存储字形的编码，以便在输出端显示汉字，即所谓的字形码。以下列出了主要的汉字编码形式。

（1）汉字输入码。是指在键盘上利用数字、符号或者拼音字母输入汉字的代码，例如拼音输入法的码型，使用比较广泛的还有五笔字型码、区位码、首尾码等。编制汉字输入码的目的就是便于人们使用键盘等外设输入汉字。

（2）汉字国标码。国标码是一个字符编码库，其中包含 6 763 个汉字和 682 个其他基本图形字符，共计 7 445 个字符。国标码规定，所有国标汉字和符号组成一个 94×94 的矩阵，在该矩阵中，每行称为一个“区”，每列称为一个“位”，区位码因此得名。区位码矩阵有 94 个区号（01～94）和 94 个位号（01～94）。

国标码中每个汉字用 2 字节表示（每个字节为 7 位代码，最高位置 0）。第一个字节表示汉字在国标码字符集中的区编号，第二个字节表示汉字的位编号。国标码作为汉字编码的标准，其作用相当于西文编码系统中的 ASCII 代码。

目前常用的操作系统大多支持多种汉字输入方式，需要系统内部具有不同的汉字输入码和汉字国标码的对照，这样，不管用户用什么输入法，最终都能够对应到国标码。

（3）汉字机内码。又称“汉字 ASCII 码”，简称“内码”，指计算机内部存储、处理加工和传输汉字时所用的由 0 和 1 符号组成的代码。输入码被接收后就由汉字操作系统的“输入码转换模块”转换为机内码，与所采用的键盘输入法无关。机内码是汉字最基本的编码，不管是什么汉字系统和汉字输入方法，输入的汉字外码到机器内部都要转换成机内码，才能被存储和进行各种处理。

（4）汉字字形码。又称汉字字模，用于汉字在显示屏或打印机输出。汉字字形码通常有两种表示方法：点阵和矢量表示方法。

用点阵表示字形时，汉字字形码指的是这个汉字字形点阵的代码。根据输出汉字的要求不同，点阵的多少也不同。简易型汉字为 16×16 点阵，提高型汉字为 24×24 点阵、32×32 点阵、48×48 点阵等等。点阵规模愈大，字形愈清晰美观，所占存储空间也愈大。

矢量表示方式存储的是描述汉字字形的轮廓特征，当要输出汉字时，通过计算机的计算，由汉字字形描述生成所需大小和形状的汉字点阵。矢量化字形描述与最终文字显示的大小和分辨率无关，因此可以产生高质量的汉字输出。Windows 中使用的 TrueType 技术就是汉字的矢量表示方式。

1.4.2 汉字信息编码与转换虚拟实验

问题描述

通过“汉字信息编码与转换”虚拟实验来演示汉字信息编码与转换过程。该虚拟实验由北京理工大学科惠科技发展有限公司开发。

知识要点

（1）了解汉字输入码、机内码、国标码、区位码和字形码的作用及编码方法。

（2）理解汉字信息的转换过程。

（3）掌握计算机信息处理的基本原理。

（4）掌握二进制编码方法和信息交换方法。

实验操作

（1）完成虚拟实验。

（2）填写在线实验报告并提交。

操作过程视频见 MOOC 网站或扫描二维码。

扫码看实验

第2章 文档处理

本章概要

文档处理能力是现代人都必须具备的基本能力，对大学生而言，这种能力更加重要。本章主要介绍各种应用文档、学术论文和毕业论文的排版方法和技巧。

学习目标

（1）掌握字体、段落和页面格式设置的方法；
（2）掌握图形格式设置和图文混排的方法；
（3）掌握表格格式设置和数值计算方法；
（4）掌握样式、分节、页眉、页脚的设置方法以及目录的生成方法；
（5）掌握题注和交叉引用的使用方法；
（6）掌握利用 MathType 编辑公式、设置公式编号和公式引用的方法；
（7）掌握利用 Zotero 建立参考文献库、插入参考文献的方法。

2.1 概　述

编写一篇文档，尤其是一篇学术论文或学位论文，往往要涉及文字、公式和参考文献等内容，因此要用到文字处理软件、公式处理软件和参考文献处理软件。常见的文字处理软件有微软公司的 Word 和金山公司的 WPS。文档中的公式可以采用 Word 或 WPS 软件自身携带的公式工具进行编辑，但并不专业，如果文档中的公式较多，最好采用专业公式处理软件 MathType。利用 Word 或 WPS 的相关工具虽然能够创建参考文献，但是比较复杂，而且也不专业，如果要方便、快捷地创建规范的参考文献，最好使用专业的参考文献编辑软件，常用的参考文献编辑软件有：NoteExpress、Endnote、Zotero 等。为了节省篇幅，本教材只讲授 Word、MathType 和 Zotero 三种软件，其中 MathType 和 Zotero 软件安装后会自动嵌入到 Word 中。

2.1.1 常用文档处理举例

常用文档主要包括期刊论文、毕业论文和应用文档。

1. 期刊论文

期刊论文主要涉及页眉（见图 2.1）、页脚与分栏（见图 2.2）等知识要点。

第28卷第9期　　教育与教学研究　　Vol.28No.9
2014年9月　　Education and Teaching Research　　Sep.2014

图 2.1　页眉

基础。所谓掌握学习，就是学生按照自己的节奏来学习。“翻转课堂”采取群体教学与掌握学习相结合的方式，利用云计算辅助教学实现了一对一教学。

态系统从小到大分为微系统(microsystem)、中系统(mesosystem)、外系统(exosystem)和宏系统(macrosystem)[6]。“翻转课堂”在我国的教学实践遇到了很大

【收稿日期】2014－05－29

＊基金项目：全国教育科学“十二五”规划2011年度教育部重点课题“当前我国高校联考制度研究”编号：GFA111029)；教育部人文社会科学研究规划基金项目“高考多元录取机制促进普通高中教育多样化发展研究”编号：11YJA880093)。

【作者简介】尹　达(1978—)，男，陕西师范大学教育学院博士研究生。研究方向：课程与教学，生态课堂，教学诊断。

图 2.2　页脚与分栏

2. 毕业论文

毕业论文主要涉及目录（见图 2.3）、图的编号及其在正文中的引用（见图 2.4）、表格的编号及其在正文中的引用（见图 2.5）、公式编号及其在正文中的引用（见图 2.6）、参考文献的生成（见图 2.7）及其在正文中的引用（见图 2.4）等知识要点。

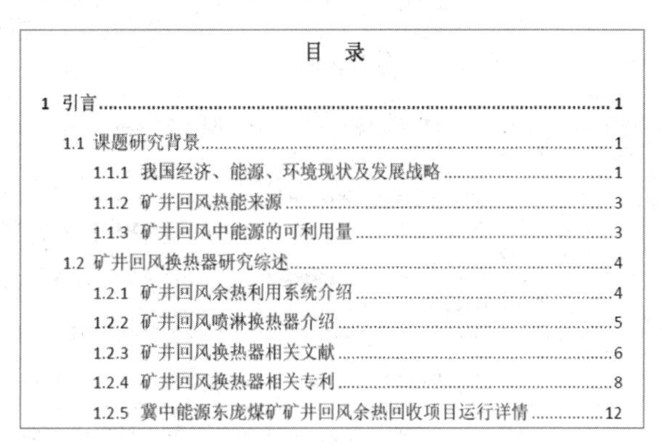

目　录

1 引言 1
1.1 课题研究背景 1
1.1.1 我国经济、能源、环境现状及发展战略 1
1.1.2 矿井回风热能来源 3
1.1.3 矿井回风中能源的可利用量 3
1.2 矿井回风换热器研究综述 4
1.2.1 矿井回风余热利用系统介绍 4
1.2.2 矿井回风喷淋换热器介绍 5
1.2.3 矿井回风换热器相关文献 6
1.2.4 矿井回风换热器相关专利 8
1.2.5 冀中能源东庞煤矿矿井回风余热回收项目运行详情 12

图 2.3　目录

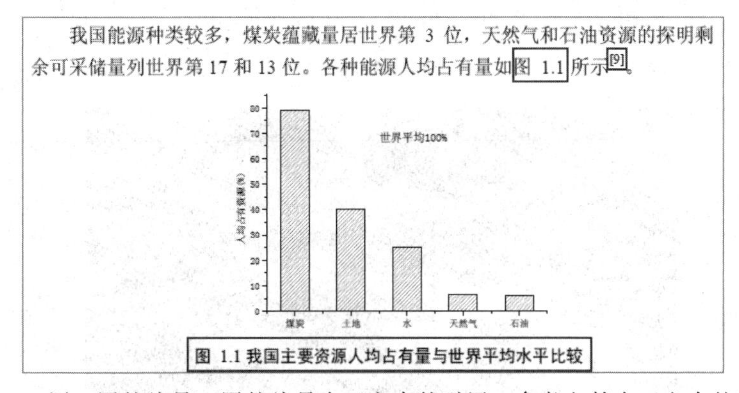

我国能源种类较多，煤炭蕴藏量居世界第 3 位，天然气和石油资源的探明剩余可采储量列世界第 17 和 13 位。各种能源人均占有量如图 1.1 所示[9]。

图 1.1 我国主要资源人均占有量与世界平均水平比较

图 2.4　图、图的编号、图的编号在正文中的引用、参考文献在正文中的引用

3. 应用文档

应用文档类型很多，包括婚礼请柬、会议通知等。下面介绍一个婚礼请柬（见图 2.8）。该文档主要涉及邮件合并的知识点，因为其中嘉宾姓名、嘉宾性别、赴宴时间和席设是根据表 2.1 中的内容来设置的，而其他部分的内容都相同。

将制热工况下喷嘴流率 m_w 分别为 0.01kg/s、0.02kg/s、0.03kg/s、0.04kg/s 时进行仿真，得到表 4.10 所示数据及如图 4.22 所示的液滴粒子温度迹线图。

表 4.10 不同喷嘴流率情况下得到的仿真数据

Table 4.10 Simulation data derived from different nozzle mass flow rate

喷嘴流率 (kg/s)	液滴初温 (K)	液滴终温 (K)	液滴温升 (K)	液滴温度标准偏差	液滴与回风之间总传热率(W)
0.01	283.15	288.007	4.857	4.19	194198
0.02	283.15	286.31	3.160	7.00	394611
0.03	283.15	285.035	1.885	8.48	607310
0.04	283.15	283.708	0.558	10.18	834652

图 2.5　表格、表格编号、表格编号在正文中的引用

$$y = 27419x - 26875 \quad (4.23)$$

式中，y 为液滴与回风间总传热率（w）；x 为喷嘴数量。

原因分析：喷嘴数量越多，喷出的液滴数量就越多，液滴与回风之间的接触面积就越大，换热效率也就越高，在相同的时间内总传热率就越大。从公式(4.23)可以看出，液滴/回风之间的总传热率与喷嘴数量成近似正比关系，这与图 2.9 的计算结果相吻合。

图 2.6　公式、公式编号、公式编号在正文中的引用

参考文献

1. 国务院. 国务院关于加快发展节能环保产业的意见[EB/OL]. (2013-08-11)[2013-8-11]. http://news.sina.com.cn/c/2013-08-11/172027920525.shtml.
2. 吕向阳, 赵建康. 水源热泵技术在矿井系统中的应用[J]. 节能与环保, 2010,(08): 43-45.
3. 周华慧. 矿井回风余热回收换热装置的换热性能研究[D]. 河北工程大学, 2012.
4. 董志峰, 杜春涛, 刘建功, 等. 矿井回风喷淋换热器喷淋高度影响换热效率研究[J]. 2013, 41(05): 97-100.
5. 杜春涛, 董志峰, 孟国营, 等. 矿井回风喷淋换热器节水及换热效率影响因素研究[J]. 煤炭科学技术, 2012,(12): 80-83.
6. 杜春涛, 董志峰, 孟国营, 等. 矿井回风喷淋换热器挡水板 CFD 仿真及研究[J]. 煤炭工程, 2013,(4): 106-108.
7. Scybf. 中共十八大根据我国经济社会发展实际，提出的确保在2020年全面建成小康社会宏伟目标[EB/OL]. [2013-9-24]. http://forum.home.news.cn/thread/109890046/1.html.
8. 中国科学院能源领域战略研究组. 中国至2050年能源科技发展路线图[G]. 科学出版社, 2009.
9. 卢平. 能源与环境概论[M]. 中国水利水电出版社, 2011.
10. 武敬, 陈华, 张良斌. 节能工程概论[M]. 武汉理工大学出版社, 2011.

图 2.7　参考文献

图 2.8　婚礼请柬

表 2.1 婚礼请柬中的数据表

嘉宾姓名	嘉宾性别	赴宴时间	席 设
梁燕姣	女	10:00	1号桌
马成林	男	10:00	2号桌
赵亮	男	10:00	3号桌
王鑫越	男	10:00	4号桌
马骋远	男	10:00	2号桌
孙成斌	男	10:00	3号桌
曾祥才	男	10:00	4号桌
兰聪	女	10:00	5号桌
丁照雨	女	12:00	6号桌
梁梦媞	女	12:00	7号桌
邹双徽	女	12:00	8号桌
唐婉冰	女	12:00	6号桌
官源	男	12:00	1号桌
杨彦博	男	12:00	2号桌
魏涛	男	12:00	3号桌
杨笑	男	14:00	4号桌
马勇	男	14:00	5号桌
刘羽功	男	14:00	6号桌
谷恒婧	女	14:00	7号桌
王康鹏	男	14:00	3号桌
徐达熠	男	14:00	4号桌
陈泽明	男	14:00	5号桌
庞达	男	14:00	6号桌
王一藤	男	14:00	7号桌
戴晓明	男	14:00	8号桌

通过以上示例可以看出，要创建这些文档，主要涉及以下知识要点：

（1）排版技术，包括字符、段落和页面格式的设置。

（2）页眉页脚，包括分节符、页眉、页脚、页码。

（3）目录生成，包括多级列表、样式和目录。

（4）表格图形编号，包括题注和交叉引用。

（5）数学公式，包括数学公式的建立、公式编号的创建以及编号在正文中的引用。

（6）参考文献，包括参考文献的生成和引用。

（7）邮件合并，能够根据固定文档格式和变化的数据内容生成相应的文档。

2.1.2 软件介绍

1. Word 2010 软件

Word 软件主要用来编写各种各样的文档，例如各种论文、公文、邮件以及信封等。Word 软件的版本很多，这里只介绍目前最常用的 Word 2010 版本，该版本的界面如图 2.9 所示。

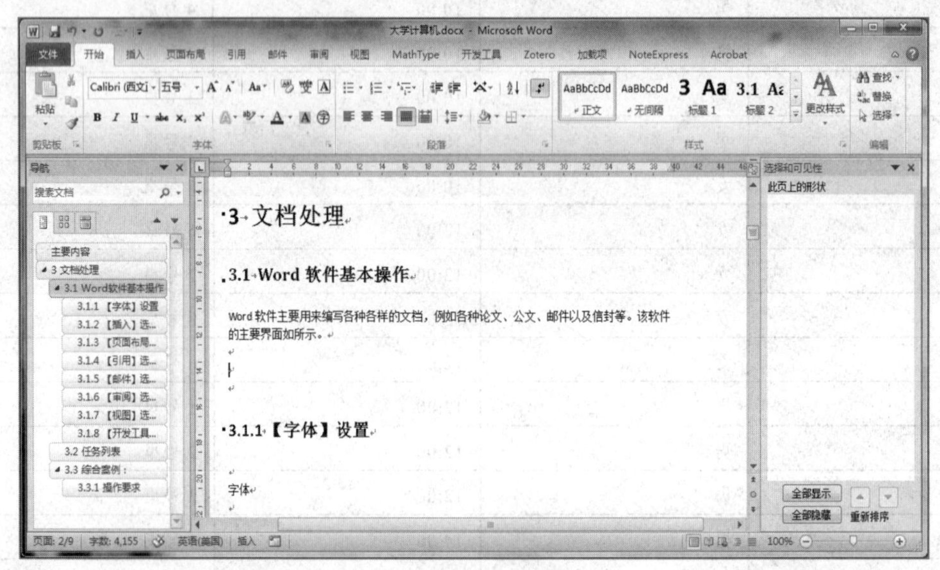

图 2.9 Word 2010 软件界面

界面上方主要由「选项卡」、「命令组」、「命令工具」和「命令」组成，每个「选项卡」下面包含多个「命令组」，每个「命令组」中又包含了多个「命令工具」，如果「命令工具」右侧带有向下箭头，则该「命令工具」中又包含了多条「命令」。例如：「开始」选项卡中包含了「剪贴板」、「字体」、「段落」、「样式」和「编辑」命令组，「编辑」命令组中又包含了「查找」、「替换」和「选择」命令工具，「查找」命令工具又包含了「查找(F)」、「高级查找(A)……」和「转到（G）……」三条命令。如果「命令」右侧带有「...」标记，点击后会打开一个对话框。如果「命令组」右下角带有「 」图标，点击后也会显示一个对话框。

对 Word 的操作主要通过点击合适的「命令工具」或「命令」来实现，因此，要想熟练掌握 Word 软件的使用，就必须熟悉每个「命令工具」或「命令」的功能及其所在的位置。

2. MathType 公式编辑器

MathType 公式编辑器安装完毕后，会自动嵌入到 Word 软件中，如图 2.10 所示。「MathType」选项卡中包含了多个「命令组」，其中「Insert Equations」和「Equation Numbers」两个命令组主要负责公式插入及编号，这里只介绍这两个命令组。

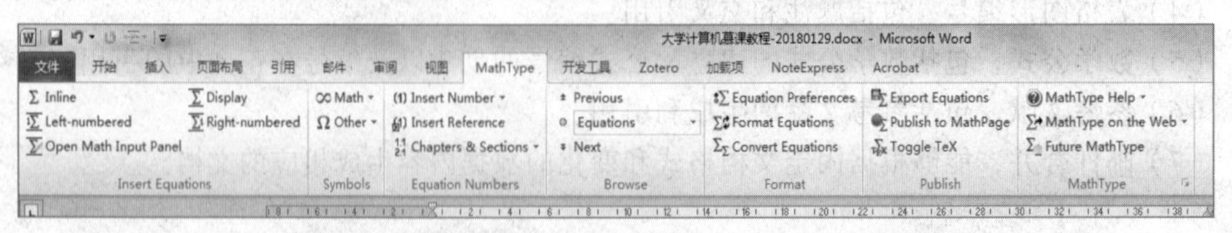

图 2.10 MathType 公式编辑器嵌入到 Word 中的界面

在「Insert Equations」命令组中，利用「Inline」工具可以在光标所在位置插入公式，利用「Display」工具可以在光标所在行的中间位置插入公式、利用「Left-numbered」或「Right-numbered」工具在光标所在行的中间位置插入公式的同时，还在该行的左侧或右侧为该公式插入编号，利用「Open Math Input Panel」工具能够打开公式输入面板直接输入公式。

在「Equation Numbers」命令组中，直接点击「Insert Numbers」工具可以在光标所在位置插入公式编号，利用该工具中的「Format...」命令可以设置公式编号的格式，利用「Update」命令可以更新公式编号；利用「Insert Reference」命令可以插入公式编号在正文中的引用，但需要注意的是，此时应该双击需要引用的公式编号；利用「Chapters & Sections」设置章、节分隔符，章、节分隔符的设置是为公式编号格式的设置服务的。

3. Zotero 参考文献生成软件

Zotero 软件是一个免费下载的网络版参考文献生成软件，下载地址为：https://www.zotero.org/，最好下载“浏览器+Zotero”版本，这样就可以在浏览器中安装 Zotero 的“连接器（Collector）”，利用浏览器查找需要的参考文献，并利用该“连接器”将参考文献自动添加到 Zotero 中，这样就可以在 Word 中插入需要的参考文献了。浏览器中安装 Zotero 后，在浏览器的右上角会出现如图 2.11 所示的「连接器」图标，点击该图标可以将相应的参考文献自动添加到 Zotero 中（注：此时 Zotero 软件必须打开），添加到 Zotero 中的参考文献如图 2.12 所示。利用该图标（注：根据添加参考文献数量和内容不同，图标形状也有区别）可以批量添加参考文献到 Zotero 中。

图 2.11　Zotero 在浏览器中的「连接器」图标

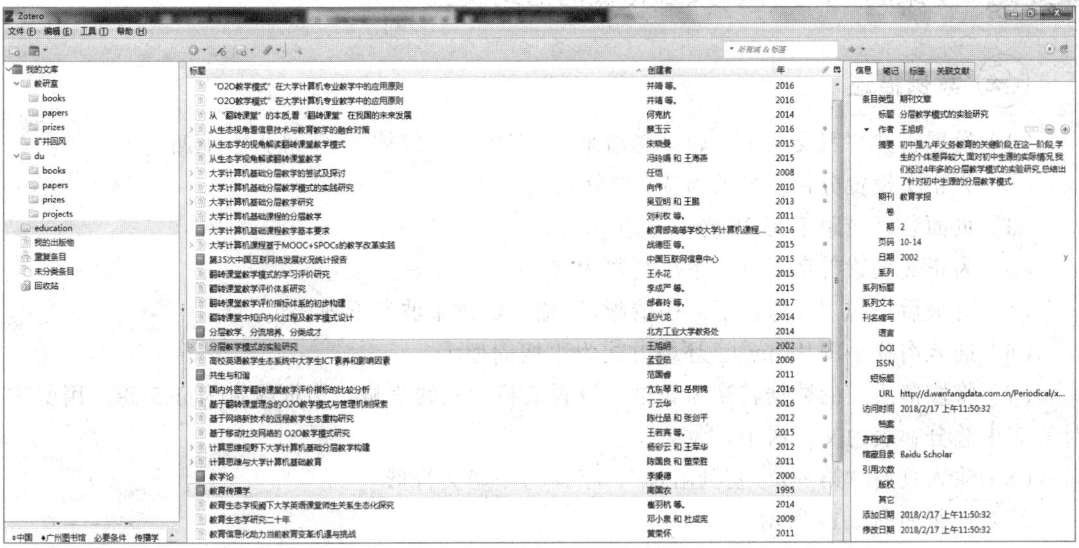

图 2.12　Zotero 软件界面

在 Word 中，「Zotero」选项卡只包含「Zotero」命令组，该命令组中包含了「Add/Edit Citation」、「Add/Edit Bibliography」、「Document Preferences」、「Refresh」和「Unlink Citations」5 个命令工具，插入 Zotero 参考文献的步骤如下：

（1）打开 Zotero 软件，如图 2.12 所示。

（2）打开 Word 软件，把光标移动到正文中要插入参考文献的位置。

（3）点击如图 2.13 所示的「Add/Edit Citation」命令工具，在插入点位置显示“{Citation}”标记，同时弹出一个窗口，点击窗口左侧箭头，在弹出的下拉菜单中选择「经典视图」，此时弹出一个对话框，在该对话框中选择需要的参考文献，此时文档中的“{Citation}”将变成参考文献的编号。

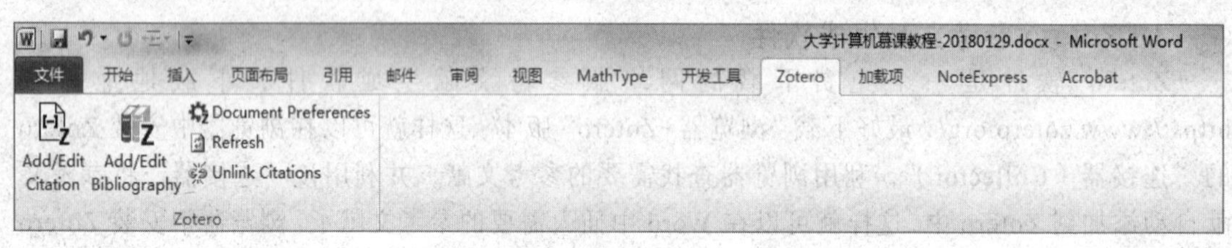

图 2.13　Zotero 嵌入到 Word 中的界面

（4）把光标移动到需要显示参考文献的位置，点击如图 2.13 所示的「Add/Edit Bibliography」命令工具，将在光标所在位置显示相应的参考文献的内容。

利用 Zotero 中的「Document Preferences」命令工具可以设置和加载需要的参考文献样式，利用「Refresh」命令工具可以更新参考文献，利用「Unlink Citations」命令工具可以移出参考文献的“域代码”，这样就不能再对参考文献进行更新。

2.2　案　　例

2.2.1　【案例 1】字体、页面和表格格式设置

案例描述

（1）设置正文“我突然……越来越清晰。”字体为「宋体」，字号为「小四」。

（2）为正文设置分栏，栏数为 3，加分隔线。

（3）页面装订线距正文 25 磅，左边。

（4）为正文设置首字下沉，下沉行数为 3。

（5）对最后一句“天边白了……清晰。”加「红色单波浪下划线」。

（6）插入图片「图片.jpg」，环绕方式为「四周型」。

（7）将段落后面的数据转换为表格，设置表格为三线表格，边框线宽为 1.5 磅，用函数计算表中总分，表内文字居中。

（8）输入页眉“第一章　初到哈佛”，字体为「华文行楷」。

结果样张如图 2.14 所示。

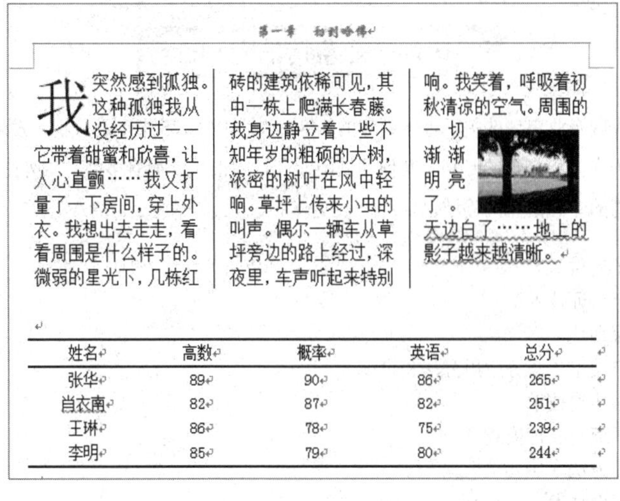

第一章　初到哈佛

我突然感到孤独。这种孤独我从没经历过——它带着甜蜜和欣喜，让人心直颤……我又打量了一下房间，穿上外衣。我想出去走走，看看周围是什么样子的。微弱的星光下，几栋红砖的建筑依稀可见，其中一栋上爬满长春藤。我身边静立着一些不知年岁的粗硕的大树，浓密的树叶在风中轻响。草坪上传来小虫的叫声。偶尔一辆车从草坪旁边的路上经过，深夜里，车声听起来特别响。我笑着，呼吸着初秋清凉的空气。周围的一切渐渐明亮了。天边白了……地上的影子越来越清晰。

姓名	高数	概率	英语	总分
张华	89	90	86	265
肖衣南	82	87	82	251
王琳	86	78	75	239
李明	85	79	80	244

图 2.14　“字体、页面和表格格式设置”案例结果样张

知识要点

（1）字体格式设置。

（2）页面格式设置。

（3）图片格式设置。

（4）表格格式设置及数值计算。

（5）页眉设置。

扫码看案例

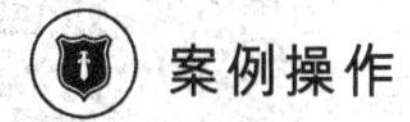

案例操作

操作过程视频见 MOOC 网站或扫描二维码。

2.2.2 【案例 2】字体边框和底纹、段落和项目符号设置

案例描述

（1）将标题段“1.国内企业申请的专利部分”设置为四号、蓝色、楷体、加粗、居中，绿色边框、边框宽度为 3 磅、黄色底纹。

（2）为第一段“根据对我国企业申请的……覆盖的领域包括：”和最后一段“如果和电子商务知识产权……围绕了认证、安全、支付来研究的。”之间的 8 行设置项目符号◆。

（3）为第一段“根据对我国企业申请的……覆盖的领域包括：”和最后一段“如果和电子商务知识产权……围绕了认证、安全、支付来研究的。”设置首行缩进 2 字符，段前和段后间距 10 磅，行间距为 1.2 倍行距。

结果样张如图 2.15 所示。

1. 国内企业申请的专利部分

根据对我国企业申请的关于电子商务的148个专利中的75个专利分析，发现大多数专利是关于电子支付和安全的专利。其他领域的专利技术很少，而且多数被国外企业所申请。我国企业申请的专利覆盖的领域包括：

- ◆ 电子支付
- ◆ 安全认证技术
- ◆ 物流系统
- ◆ 客户端电子商务应用方法和设施
- ◆ 网络传输技术
- ◆ 电子商务经营模式
- ◆ 商业方法
- ◆ 数据库技术

如果和电子商务知识产权框架中的部分来进行比较，每一部分的专利技术都很少，还没有形成完整的电子商务应用体系结构。特别是网络服务器端的核心技术专利很少，电子商务应用层的专利主要是支付。我国的电子商务专利开发都围绕了认证、安全、支付来研究的。

图 2.15 “字体边框和底纹、段落和项目符号设置”案例结果样张

知识要点

（1）字体边框和底纹设置。

（2）段落格式设置。

（3）项目符号设置。

扫码看案例

案例操作

操作过程视频见 MOOC 网站或扫描二维码。

2.2.3 【案例 3】标签的创建

案例描述

（1）将所有文字内容置于「高：9.1 厘米，宽：5.5 厘米」的文本框内，并填充「蓝色面巾纸」纹理。（注意：水平位置需对齐右侧栏 0 厘米，垂直位置需对齐段落下侧 0 厘米）。

（2）创建单一标签，选择样式为「Microsoft 东亚尺寸，高：9.1 厘米，宽：5.5 厘米」，使其填充整个标签纸。将输出后的标签纸存储为「听课证.docx」。

结果样张如图 2.16 所示。

图 2.16 “标签的创建”案例结果样张

知识要点

（1）文本框的绘制。

（2）标签的创建。

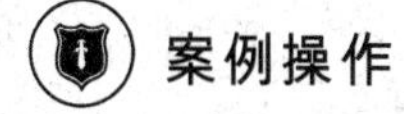

案例操作

操作过程视频见 MOOC 网站或扫描二维码。

扫码看案例

2.2.4 【案例 4】邮件合并

案例描述

（1）根据现有文件建立信函合并，使用「客户信息.xlsx」填入收件人列表，新增「姓名」

字段以替换文件里「姓名」的标记，再根据「性别」字段数据替换「称谓」的标记，若性别为「男」，则称「先生」、否则为「女士」；其中「姓名」及「称谓」的格式须与文字“尊敬的”相同。

（2）编辑单个文档，完成并合并，将合并后的文件命名为「圣诞邀请.docx」。

最后形成了 100 个如图 2.17 所示的样张。

北方工业大学计算机学院

尊敬的刘宇翔先生：

计算机学院为了感谢您一年来对学院的爱护与支持，将于12月24日晚举办一年一度的圣诞感恩晚会，希望您能准时莅临。如有任何问题，欢迎来电咨询！

谨上

王思成

计算机学院

北方工业大学

图 2.17 “邮件合并”案例结果样张

知识要点

（1）邮件合并的实现方法。

（2）格式刷的使用方法。

扫码看案例

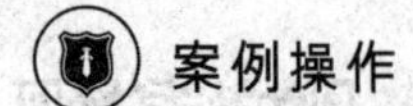

案例操作

操作过程视频见 MOOC 网站或扫描二维码。

2.2.5 【案例 5】制表位与字符宽度设置

案例描述

（1）将两条横线之间的所有段落设置两个制表位位置：5 字符、左对齐、无前导符；35 字符、右对齐，第 2 个样式的前导符（注意：接受其他所有默认设置）。

（2）设置红色的文字宽度皆与“宣传品分发”同宽。

结果样张如图 2.18 所示。

年终总结大会人员责任分工

地址：大礼堂　　　　　　时间：2015年12月31日

总 指 挥……………………李东阳
副总指挥……………………许晓年
主　　持……………………文晓雨
音　　响……………………李丽红
奖品发放……………………马东
灯　　光……………………刘达凯
秩序维护……………………陈正
宣传品分发……………………王立
卫　　生……………………赵小明
开 幕 词……………………谭浩
幻灯片播放……………………云磊
会场布置……………………何丽
会场照相……………………徐晓雅
会场摄像……………………钱力强
会议记录……………………周冰冰
嘉宾引导……………………吴云

图 2.18 “制表位与字符宽度设置”案例结果样张

知识要点

（1）制表位的设置。

（2）格式类似文本的选择。

（3）字符宽度设置。

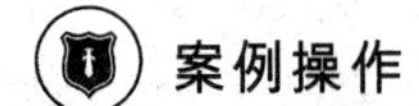

案例操作

扫码看案例

操作过程视频见 MOOC 网站或扫描二维码。

2.2.6 【案例 6】样式的创建及套用

案例描述

（1）建立「我的样式」样式替换所有「标题 2」的文字，格式需具备「底纹：橙色，强调文字颜色 2」、「字体颜色：白色，背景 1」、「行距：固定值 18 磅」（注意：接受其他所有默认设置）。

（2）定位至书签「城市」，将该段落套用名为「城市排名」的样式格式。

结果样张如图 2.19 所示。

加拿大-全球面积第二大的国家

地理频道

加拿大位于北美洲北部，西临太平洋，东濒大西洋，约在北纬 41°～83°、西经 52°～141°之间，西北部邻美国阿拉斯加州，东北与格陵兰（丹麦实际控制）隔戴维斯海峡遥遥相望，南接美国本土，北靠北冰洋达北极圈。

气候

加拿大因受西风影响，加大部分地区属大陆性温带针叶林气候。东部气温稍低，南部气候适中，西部气候温和湿润，北部为寒带苔原气候。北极群岛终年严寒。中西部最高气温达 40℃以上，北部最低气温低至－60℃。

生态

加拿大地域辽，森林覆盖面积占全国总面积的 44%，居世界第六。森林面积 4 亿多公顷（居世界第三，仅次于俄罗斯和巴西），以亚寒带针叶林为主，产材林面积 286 万平方公里，分别占全国领土面积的 44%和 29%；木材总蓄积量约为 190 亿立方米。

矿产资源

加拿大矿产有 60 余种，主要有（世界排名）：钾（44 亿吨，第一）、铀（43.9 万吨，第二）、钨（26 万吨，第二）、镉（55 万吨，第三）、镍（490 万吨，第四）、铅（200 万吨，第五）等（2007 年统计）。原油储量仅次于沙特居世界第二，其中 97%以油砂形式存在。已探明的油砂原油储量为 1732 亿桶，占全球探明油砂储量的 81%。

加拿大十大城市

图 2.19 “样式的创建及套用”案例结果样张

知识要点

（1）选择套用某种样式的所有文字的方法。

（2）基于已有样式建立新样式的方法。

（3）段落文字套用新样式的方法。

扫码看案例

案例操作

操作过程视频见 MOOC 网站或扫描二维码。

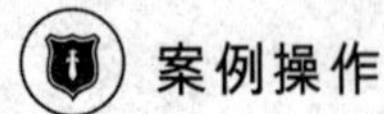

2.2.7 【案例 7】分节与目录、分栏与页脚

案例描述

（1）指定所有「绿色」样式段落为「1 级」,「橙色」样式段落为「2 级」。

（2）于「插入目录。」标记之后的段落插入分节符（注意：目录与文章需不同页），并使用「自动目录 1」替换「插入目录」标记。

（3）选取「著名围棋著作」段落下的所有项目文字，指定为两栏式编排，间距 1.5 字符，并以分隔线区隔。

（4）设置文档标题属性为「话说围棋」。

（5）在第二节插入「字母表型」样式的页脚（注意：第一节无页脚），并使用文件摘要信息的「标题」属性替换「键入文字」内容，起始页码从 1 开始，并更新目录页码。

结果样张如图 2.20 所示。

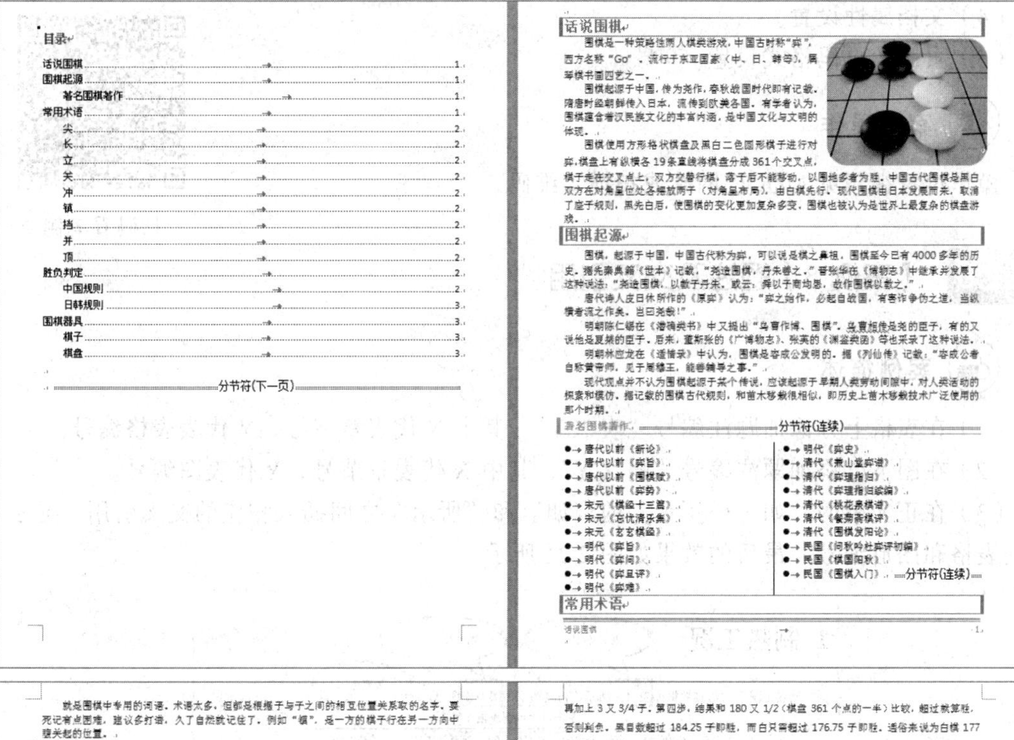

目录

分节符(下一页)

话说围棋

围棋是一种策略性两人棋类游戏，中国古时称"弈"，西方名称"Go"。流行于东亚国家（中、日、韩等），属琴棋书画四艺之一。

围棋起源于中国，传为尧作，春秋战国时代即有记载。隋唐时经朝鲜传入日本，流传到欧美各国。有学者认为，围棋蕴含着汉民族文化的丰富内涵，是中国文化与文明的体现。

围棋使用方形格状棋盘及黑白二色圆形棋子进行对弈，棋盘上有纵横各19条直线将棋盘分成361个交叉点，棋子走在交叉点上，双方交替行棋，落子后不能移动，以围地多者为胜。中国古代围棋是黑白双方在对角星位处各摆放两子（对角星布局），由白棋先行。现代围棋由日本发展而来，取消了座子规则，黑先白后，使围棋的变化更加复杂多变。围棋也被认为是世界上最复杂的棋盘游戏。

围棋起源

围棋，起源于中国，中国古代称为弈，可以说是棋之鼻祖，围棋至今已有4000多年的历史。据先秦典籍《世本》记载，"尧造围棋，丹朱善之。"晋张华在《博物志》中继承并发展了这种说法："尧造围棋，以教子丹朱。或云：舜以子商均愚，故作围棋以教之。"

唐代诗人皮日休所作的《原弈》认为："弈之始作，必起自战国，有害诈争伪之道，当纵横者流之作矣，岂曰尧哉！"

明朝陈仁锡在《潜确类书》中又提出"乌曹作博、围棋"。乌曹据传是尧的臣子，有的又说他是夏桀的臣子。后来，董斯张的《广博物志》、张英的《渊鉴类函》等也采录了这种说法。

明朝林应龙在《适情录》中认为，围棋是容成公发明的。据《列仙传》记载："容成公者自称黄帝师，见于周穆王，能善辅导之事。"

现代观点并不认为围棋起源于某个传说，应该起源于早期人类劳动间隙中，对人类活动的探索和模仿。据记载的围棋古代规则，和苗木移栽很相似，即历史上苗木移栽技术广泛使用的那个时期。

著名围棋著作 分节符(连续)

- 唐代以前《新论》
- 唐代以前《弈旨》
- 唐代以前《围棋赋》
- 唐代以前《弈势》
- 宋元《棋经十三篇》
- 宋元《忘忧清乐集》
- 宋元《玄玄棋经》
- 明代《弈旨》
- 明代《弈问》
- 明代《弈旦评》
- 明代《弈难》
- 明代《弈史》
- 清代《兼山堂弈谱》
- 清代《弈理指归》
- 清代《弈理指归续编》
- 清代《桃花泉棋谱》
- 清代《餐菊斋棋评》
- 清代《围棋发阳论》
- 民国《问秋吟社弈评初编》
- 民国《棋国阳秋》
- 民国《围棋入门》 分节符(连续)

常用术语

话说围棋 1

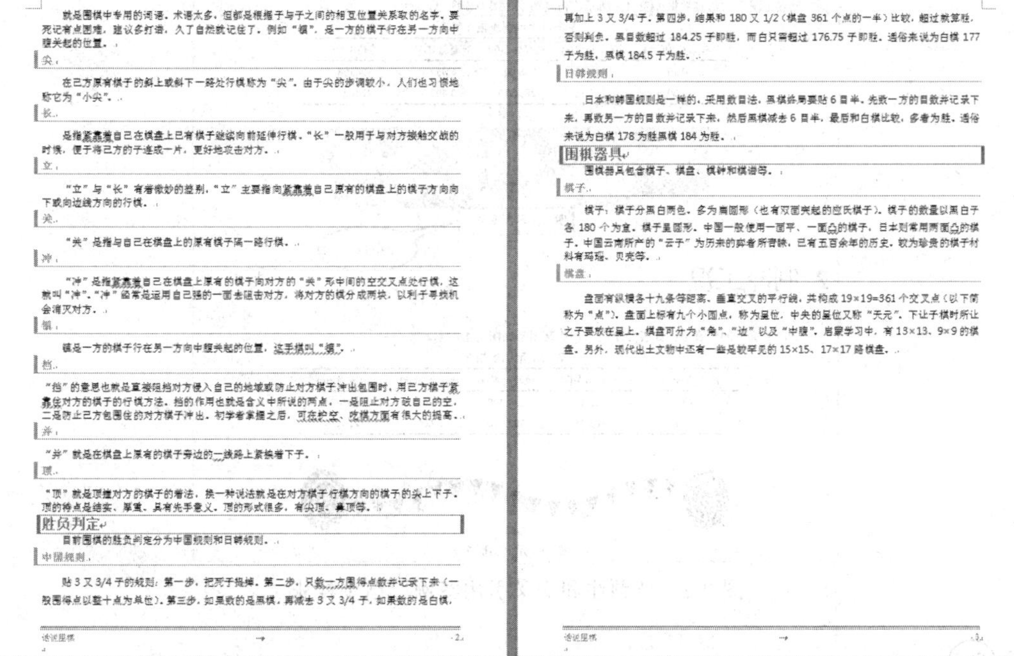

就是围棋中专用的词语。术语太多，但都是根据子与子之间的相互位置关系取的名字。要死记有点困难，建议多打谱，久了自然就记住了。例如"镇"，是一方的棋子行在另一方向中腹关起的位置。

尖

在己方原有棋子的斜上或斜下一路处行棋称为"尖"。由于尖的步调较小，人们也习惯地称它为"小尖"。

长

是指紧靠着自己在棋盘上已有棋子继续向前延伸行棋。"长"一般用于与对方接触交战的时候，便于将己方的子连成一片，更好地攻击对方。

立

"立"与"长"有着微妙的差别，"立"主要指向紧靠着自己原有的棋盘上的棋子方向向下或向边线方向的行棋。

关

"关"是指与自己在棋盘上的原有棋子隔一路行棋。

冲

"冲"是指紧靠着自己在棋盘上原有的棋子向对方的"关"形中间的空交叉点处行棋，这就叫"冲"。"冲"经常是运用自己强的一面去阻击对方，将对方的棋分成两块，以利于寻找机会消灭对方。

镇

镇是一方的棋子行在另一方向中腹关起的位置，这手棋叫"镇"。

挡

"挡"的意思也就是直接阻挡对方侵入自己的地域或防止对方棋子冲出包围时，用己方棋子紧靠住对方的棋子的行棋方法。挡的作用也就是含义中所说的两点，一是阻止对方破自己的空，二是防止己方包围住的对方棋子冲出。初学者掌握之后，可在护空、吃棋方面有很大的提高。

并

"并"就是在棋盘上原有的棋子旁边的一线路上紧挨着下子。

顶

"顶"就是顶撞对方的棋子的着法，换一种说法就是在对方棋子行棋方向的棋子的头上下子。顶的特点是结实、厚重、具有先手意义。顶的形式很多，有尖顶、鼻顶等。

胜负判定

目前围棋的胜负判定分为中国规则和日韩规则。

中国规则

贴3又3/4子的规则：第一步，把死子提掉。第二步，只数一方围得点数并记录下来（一般围得点以整十点为单位）。第三步，如果数的是黑棋，再减去3又3/4子，如果数的是白棋，

话说围棋 2

再加上3又3/4子。第四步，结果和180又1/2（棋盘361个点的一半）比较，超过就算胜，否则判负。黑目数超过184.25子即胜，而白只需超过176.75子即胜。通俗来说为白棋177子为胜，黑棋184.5子为胜。

日韩规则

日本和韩国规则是一样的，采用数目法，黑棋终局要贴6目半。先数一方的目数并记录下来，再数另一方的目数并记录下来，然后黑棋减去6目半，最后和白棋比较，多者为胜。通俗来说为白棋178为胜黑棋184为胜。

围棋器具

围棋器具包含棋子、棋盘、棋钟和棋谱等。

棋子

棋子：棋子分黑白两色，多为扁圆形（也有双面突起的应氏棋子）。棋子的数量以黑白子各180个为宜。棋子呈圆形，中国一般使用一面平、一面凸的棋子，日本则常用两面凸的棋子。中国云南所产的"云子"为历来的弈者所青睐，已有五百余年的历史。较为珍贵的棋子材料有玛瑙、贝壳等。

棋盘

盘面有纵横各十九条等距离、垂直交叉的平行线，共构成19×19=361个交叉点（以下简称为"点"）。盘面上标有九个小圆点，称为星位，中央的星位又称"天元"。下让子棋时所让之子要放在星上。棋盘可分为"角"、"边"以及"中腹"。启蒙学习中，有13×13、9×9的棋盘。另外，现代出土文物中还有一些是较罕见的15×15、17×17路棋盘。

话说围棋 3

图 2.20 "分节与目录、分栏与页脚"案例结果样张

知识要点

（1）段落样式级别的设置。

（2）目录的插入与更新。

（3）分栏。

（4）文档属性设置。

（5）页脚及页码格式设置。

案例操作

操作过程视频见 MOOC 网站或扫描二维码。

扫码看案例

2.2.8 【案例 8】题注及交叉引用

案例描述

（1）在表格上方添加题注编号“表 X.Y”，其中 X 代表章节号，Y 代表表格编号。

（2）在图下方添加题注编号“图 X.Y”，其中 X 代表章节号，Y 代表图编号。

（3）在正文中的“如……所示”的“如”和“所示”之间插入相应的交叉引用，显示相应的表格和图形编号。最后的效果如图 2.21 所示。

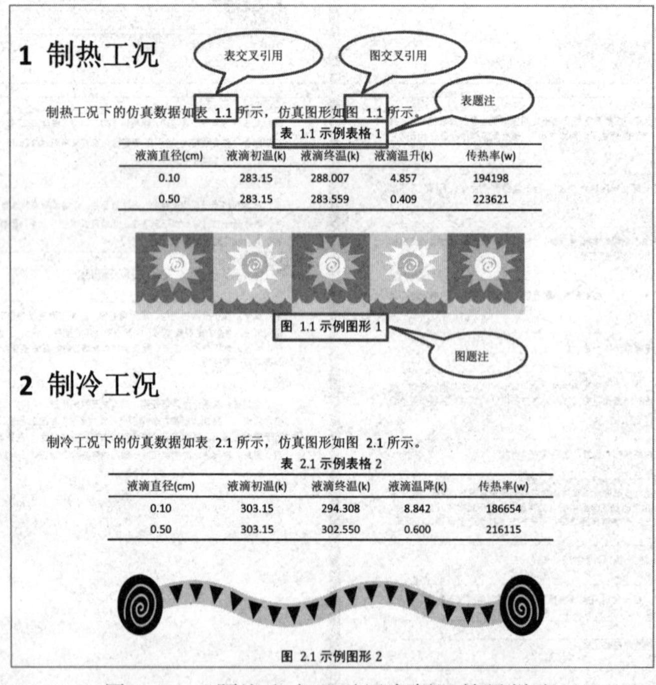

1 制热工况

制热工况下的仿真数据如表 1.1 所示，仿真图形如图 1.1 所示。

表 1.1 示例表格 1

液滴直径(cm)	液滴初温(k)	液滴终温(k)	液滴温升(k)	传热率(w)
0.10	283.15	288.007	4.857	194198
0.50	283.15	283.559	0.409	223621

图 1.1 示例图形 1

2 制冷工况

制冷工况下的仿真数据如表 2.1 所示，仿真图形如图 2.1 所示。

表 2.1 示例表格 2

液滴直径(cm)	液滴初温(k)	液滴终温(k)	液滴温降(k)	传热率(w)
0.10	303.15	294.308	8.842	186654
0.50	303.15	302.550	0.600	216115

图 2.1 示例图形 2

图 2.21 “题注和交叉引用案例”结果样张

知识要点

（1）表格和图形题注的创建方法。

（2）表格和图形题注交叉引用的插入方法。

案例操作

操作过程视频见 MOOC 网站或扫描二维码。

扫码看案例

2.2.9 【案例 9】公式、公式编号及其引用（利用 MathType）

案例描述

（1）利用 MathType 或 Word 建立如图 2.22 所示的公式。

（2）利用 MathType 插入如图 2.22 所示的公式编号。公式编号中的第 1 个数字表示章序号，第 2 个数字表示公式序号，如公式（1.2）表示第 1 章中的第 2 个公式。

（3）利用 MathType 插入如图 2.22 所示的公式编号在正文中的引用。

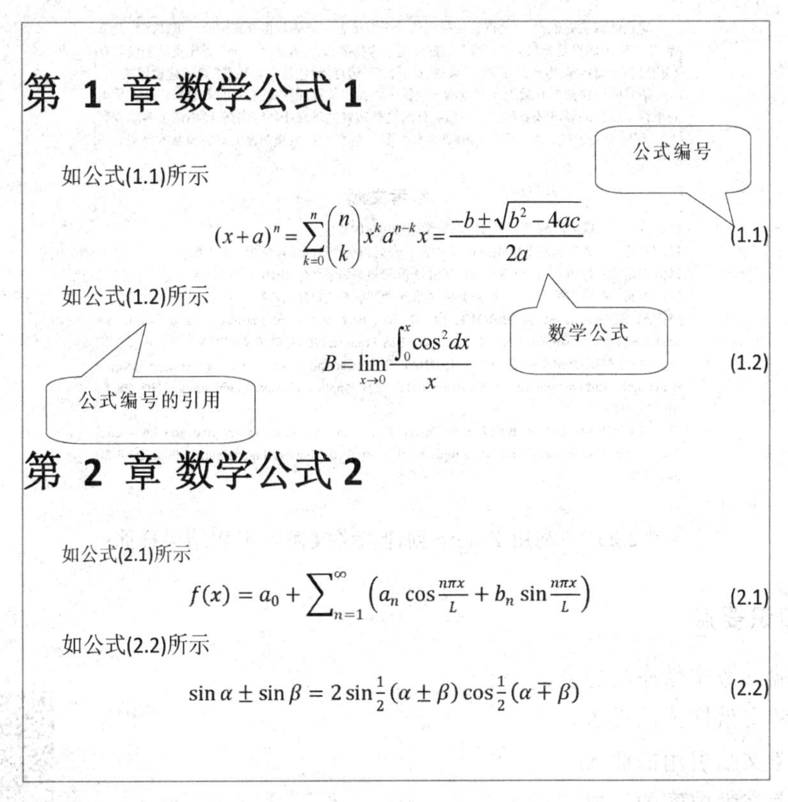

图 2.22 “公式、公式编号及其引用（利用 MathType）”案例结果样张

知识要点

（1）利用 MathType 或 Word 创建数学公式的方法。

（2）利用 MathType 建立章节分隔符的方法。

（3）利用 MathType 建立公式编号的方法。

（4）利用 MathType 创建公式编号在正文中引用的方法。

案例操作

操作过程视频见 MOOC 网站或扫描二维码。

扫码看案例

2.2.10 【案例 10】利用 Zotero 建立参考文献

案例描述

（1）利用 Zotero 建立包含如图 2.23 所示的所有参考文献的云端文献库。
（2）利用 Zotero 设置参考文献样式为 Chinese Std GB/T 7714-2005（numeric，Chinese）。
（3）利用 Zotero 在如图 2.23 所示正文的相应位置插入参考文献引用（编号）。
（4）利用 Zotero 在如图 2.23 所示正文的“参考文献”下方插入参考文献。

建设低碳生态矿山[1] 是近几年提出的一个新概念。低碳是指低碳排放、低碳运行及节能；生态矿山建设是指煤矿“三废” 减排，追求零排放目标，并把“三废”当作资源加以开发利用，建立一种“高碳产品生产，低碳排放、生产与运行，绿色及生态开采”煤矿建设模式[2]。

矿井回风换热器是最近几年刚刚出现的一种换热装置，国内已有 20 多家矿山企业采用并取得了良好的经济效益和社会效益。针对这种装置的研究，国内目前已经申请了多项专利[3, 4]，国际上关于气、水之间换热的研究有很多[5 - 7]，但对回风换热器的研究也基本是来自国内的作者。

参考文献

[1] 钱鸣高. 煤炭的科学开采[J]. 煤炭学报, 2010(04).
[2] 刘建功. 冀中能源低碳生态矿山建设的研究与实践[J]. 煤炭学报, 2011(02).
[3] 王建学, 裴伟, 牛永胜等. 一种矿井回风源热泵系统[M]. 2010.
[4] 辛嵩, 王伟, 盛振兴. 一种矿井回风余热能回收装置[M]. 2009.
[5] AL-SOOD M M A, BIROUK M. Droplet heat and mass transfer in a turbulent hot airstream[J]. International Journal of Heat & Mass Transfer, 2008, 51(5–6): 1313–1324.
[6] SURESHKUMAR R, KALE S R, DHAR P L. Heat and mass transfer processes between a water spray and ambient air – I. Experimental data[J]. Applied Thermal Engineering, 2008, 28(5–6): 349–360.
[7] SURESHKUMAR R, KALE S R, DHAR P L. Heat and mass transfer processes between a water spray and ambient air – II. Simulations[J]. Applied Thermal Engineering, 2008, 28(5–6): 361–371.

图 2.23 “利用 Zotero 创建参考文献”案例结果样张

知识要点

（1）云端参考文献库的建立。
（2）参考文献样式的设置。
（3）参考文献引用的插入。
（4）参考文献内容的生成。

扫码看案例

案例操作

操作过程视频见 MOOC 网站或扫描二维码。

2.2.11 【案例 11】毕业论文排版

案例描述

1. 页面设置

（1）纸张大小设置为 A4。

（2）页边距设置为：上 2.5cm、下 2.5cm、左 3.2cm、右 3.2cm。

2. 多级列表样式的定义与使用

定义多级列表对章名、节名进行自动编号。要求：

（1）章名的自动编号格式为：第 X 章（例：第 1 章），其中：X 为自动排序，阿拉伯数字序号，将级别链接到样式「标题 1」，要在库中显示的级别为「级别 1」，编号对齐方式为「左对齐」，对齐位置「0 厘米」，其他默认。

（2）节名自动编号格式为：X.Y，X 为章数字序号，Y 为节数字序号（例：1.1），X、Y 均为阿拉伯数字序号，将级别链接到样式「标题 2」，要在库中显示的级别为「级别 2」，编号对齐方式为「左对齐」，对齐位置「0 厘米」，其他默认。

（3）修改「标题 1」样式的对齐方式为「居中对齐」，并将文章中所有「章文字」以及文章最后的"参考文献"4 个字应用「标题 1」样式，并删除原有的「章编号」和参考文献编号。

（4）将文章中所有「节文字」应用「标题 2」样式，并删除原有的「节编号」。

这部分设置完成后，利用大纲视图看到的效果如图 2.24 所示。

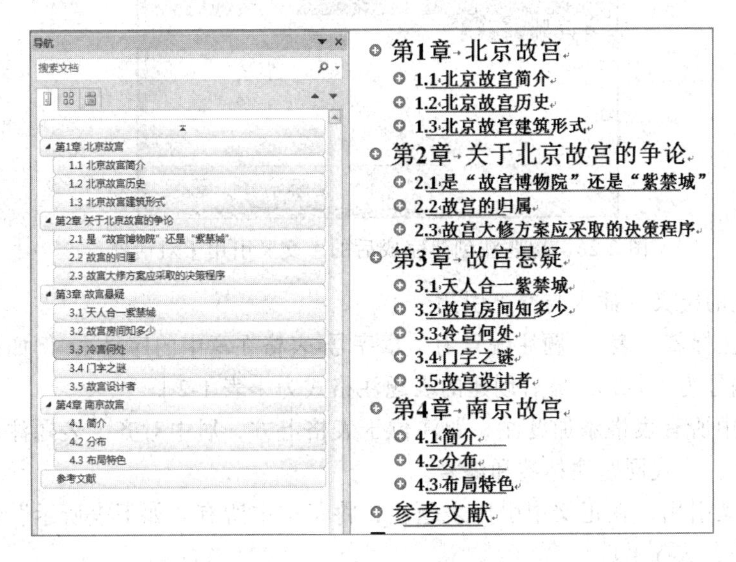

图 2.24 章节样式的定义与引用（大纲视图界面）结果样张

3. 图表题注与交叉引用

（1）图题注的定义、插入与交叉引用。

① 定义题注标签「图」，题注编号为「章序号-图在章中的序号」，例如第 1 章中第 2 幅图，题注编号为「1-2」，最后创建的图题注样式为「图 1-2」。

② 对正文中所有的图添加题注，题注位于图下方，居中对齐，图题注的说明使用图下一行的文字，格式同题注标签和编号。

③ 利用交叉引用，将正文中所有"如下图所示"中的"下图"替换为图题注「图 X-Y」。

最后每个图都创建了如图 2.25 所示的题注及交叉引用，创建完图题注后的「交叉引用」对话框如图 2.26 所示。

图 2.25　图题注及交叉引用设置完成后的样张

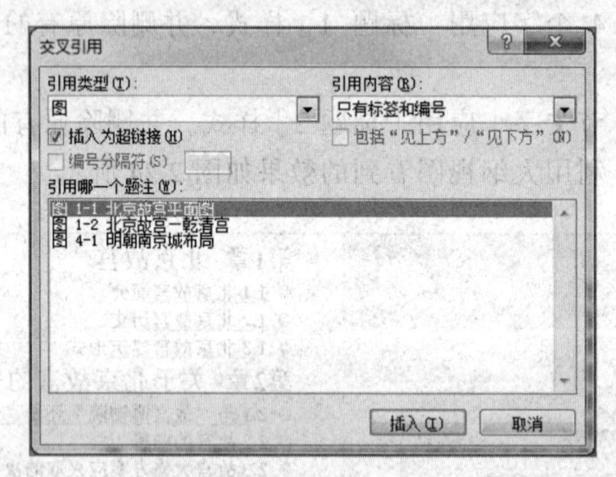

图 2.26　图题注创建完成后的「交叉引用」对话框

（2）表题注的定义、插入与交叉引用。

① 定义题注标签「表」，题注编号为「章序号-表格在章中的序号」，例如第 1 章中第 2 章表格，题注编号为「1-2」，最后创建的表题注格式为「表 1-2」。

② 对正文中所有表格添加题注，题注位于表格上方，居中对齐。表题注的说明使用表格上一行的文字，格式同题注标签和编号。

③ 利用交叉引用，在正文中引用表题注，将正文中所有“如下表所示”中的“下表”替换为表题注「表 X-Y」。

插入第 1 个表格的题注及交叉引用后的效果如图 2.27 所示，创建完所有表题注后的「交叉引用」对话框如图 2.28 所示。

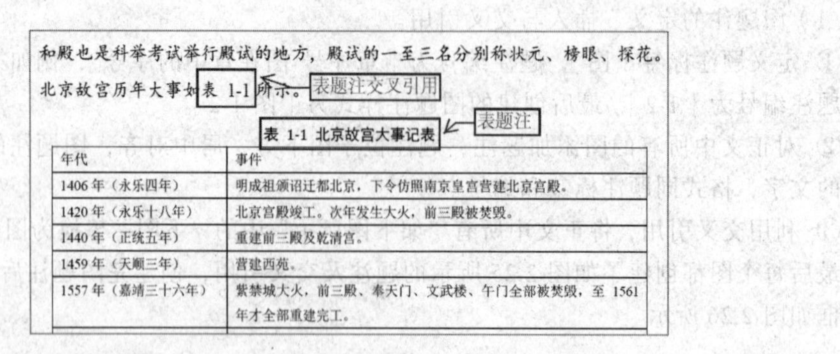
和殿也是科举考试举行殿试的地方，殿试的一至三名分别称状元、榜眼、探花。

北京故宫历年大事如表 1-1 所示。

表 1-1 北京故宫大事记表

年代	事件
1406 年（永乐四年）	明成祖颁诏迁都北京，下令仿照南京皇宫营建北京宫殿。
1420 年（永乐十八年）	北京宫殿竣工。次年发生大火，前三殿被焚毁。
1440 年（正统五年）	重建前三殿及乾清宫。
1459 年（天顺三年）	营建西苑。
1557 年（嘉靖三十六年）	紫禁城大火，前三殿、奉天门、文武楼、午门全部被焚毁，至 1561 年才全部重建完工。

图 2.27　表题注及交叉引用设置完成后的样张

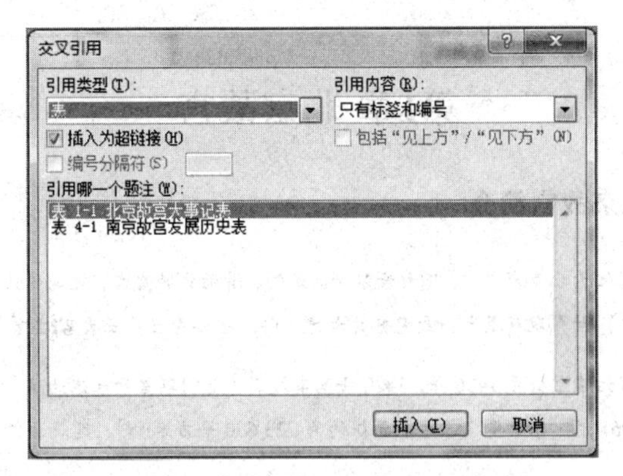

图 2.28　表题注创建完成后的「交叉引用」对话框

4. 利用 MathType 插入公式编号及其引用

（1）利用 MathType 为正文中所有的公式插入编号，编号样式为（X.Y）。其中 X 为章序号，Y 为公式序号，如（2.1）为第 2 章的第 1 个公式。

（2）利用 MathType 添加公式在正文中的引用，将正文中所有“如公式 X 所示”中的 X 替换为公式编号的引用。最后一个公式插入编号及引用后的效果如图 2.29 所示。

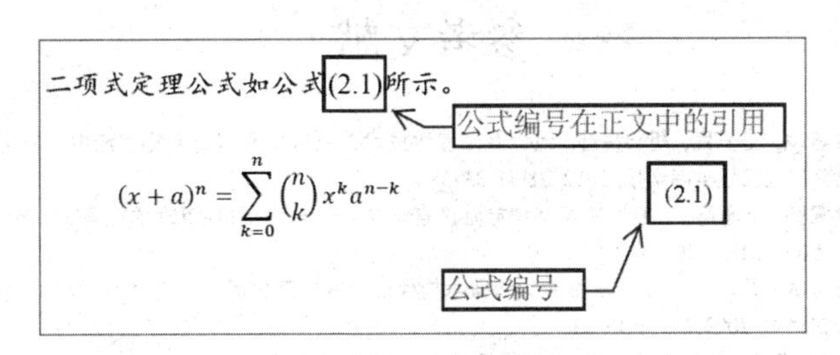

图 2.29　插入公式编号及引用后的效果

5. 利用 Zotero 插入参考文献

（1）利用 Zotero 建立云端参考文献库。在文献库中任意添加有关故宫方面的 6 个参考文献。建立参考文献库后，Zotero 界面如图 2.30 所示。

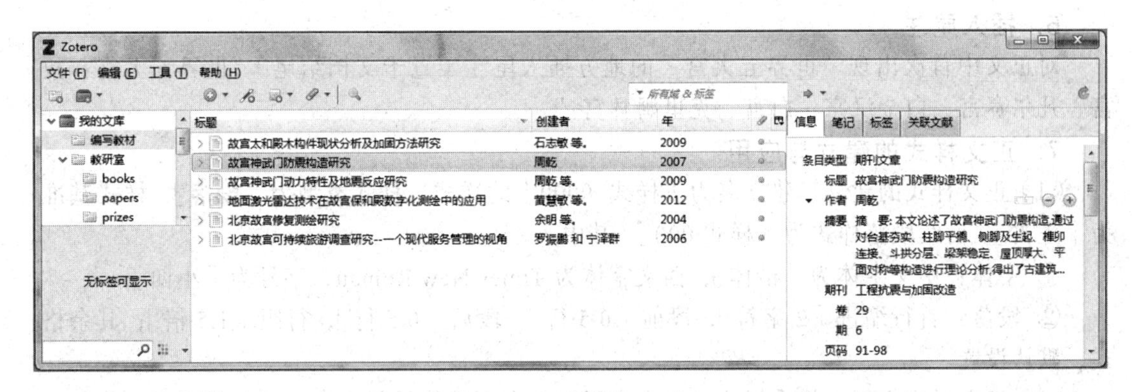

图 2.30　建立参考文献库后的 Zotero 界面

（2）在 1.1 节第 1 段的最后一句、第 2 段的第 1 句和第 2 句分别添加参考文献引用编号 [1]、[2,3]、[4-6]，添加引用编号后的效果如图 2.31 所示。

第1章→北京故宫↵

1.1→北京故宫简介↵

故宫位于北京市中心，旧称紫禁城。是明、清两代的皇宫，无与伦比的古代建筑杰作，世界现存最大、最完整的古建筑群，被誉为世界五大宫之首[1]。↵

故宫始建于公元 1406 年，1420 年基本竣工，是明朝皇帝朱棣始建[2,3]。故宫南北长 961 米，东西宽 753 米，面积约为 723,600 平方米[4–6]。建筑面积 15.5 万

图 2.31　添加参考文献引用编号后的效果

（3）在论文最后的“参考文献”4 个字下方插入参考文献内容，插入参考文献后的效果如图 2.32 所示。

参考文献↵

参考文献↵

[1]→黄慧敏，王晏民，胡春梅等．地面激光雷达技术在故宫保和殿数字化测绘中的应用[J]．北京建筑工程学院学报，2012，28(3)：33–38.↵

[2]→罗振鹏，宁泽群．北京故宫可持续旅游调查研究--一个现代服务管理的视角[J]．旅游学刊，2006，21(1)：50–53.↵

[3]→石志敏，周乾，晋宏逵等．故宫太和殿木构件现状分析及加固方法研究[J]．文物保护与考古科学，2009，21(1)：15–21.↵

[4]→余明，丁辰，刘长征等．北京故宫修复测绘研究[J]．测绘通报，2004(4)：11–13.↵

[5]→周乾．故宫神武门防震构造研究[J]．工程抗震与加固改造，2007，29(6)：91–98.↵

[6]→周乾，闫维明，周锡元等．故宫神武门动力特性及地震反应研究[J]．工程抗震与加固改造，2009，31(2)：90–95.↵

图 2.32　最后生成的参考文献效果

6．插入尾注

对正文中首次出现“世界五大宫”的地方插入尾注（置于文档结尾）“世界五大宫：故宫、凡尔赛宫、白金汉宫、白宫、克里姆林宫。”

7．正文样式的建立与应用

（1）正文样式的建立。建立名为「样式 0000」的样式，样式类型为「段落」，样式基准为「正文」，后续段落样式为「样式 000」。其中：

① 字体：中文字体为「楷体」，西文字体为 Times New Roman，字号为「小四」；

② 段落：首行缩进「2 字符」，段前「0.5 行」，段后「0.5 行」，行距「1.5 倍」；其余格式，默认设置。

（2）正文样式应用。将「样式 000」应用到正文中无编号的文字，不包括章名、节名、图题注、表题注及表格中的文字、尾注。

样式应用到正文后的效果如图 2.33 所示。

第4章 南京故宫

4.1 简介

南京故宫，又称明故宫，是明朝初期的皇宫。

由明太祖朱元璋始建于元至正二十六年(1366年)，地址在元集庆城外东北郊，初称"吴王新宫"，后又称"皇城"。由于当时朱元璋尚未称帝，故新宫建筑规模有限，只有中路的外朝和内廷建筑，东西两侧空地均未兴建宫室。新宫东西宽790米，南北长750米，有门四座，南为午门，东为东华门，西为西华门，北为玄武门。入午门为奉天门，内为正殿奉天殿，殿前左右为文楼，武楼。后为华盖殿，谨身殿。内廷有干清宫和坤宁宫，以及东西六宫。

图 2.33　样式应用后的效果

8．插入目录

在正文前按序插入三节：

（1）第 1 节：插入内容目录，其中：

①“内容目录”4 个字使用二号宋体，加粗，居中对齐；

② 在“内容目录”4 个字下方插入显示 3 级标题的目录。插入内容目录后的效果如图 2.34 所示。

内容目录

图 2.34　插入内容目录后的效果

（2）第 2 节：插入图目录。其中：

①“图目录”3 个字使用二号宋体，加粗，居中对齐；

② 在“图目录”3 个字下方插入图目录。插入图目录后的效果如图 2.35 所示。

图目录

图 2.35　插入图目录后的效果

（3）第 3 节：插入表目录。其中：

①“表目录”3 个字使用二号宋体，加粗，居中对齐；

② 在“表目录”3 个字下方插入表目录。插入表目录后的效果如图 2.36 所示。

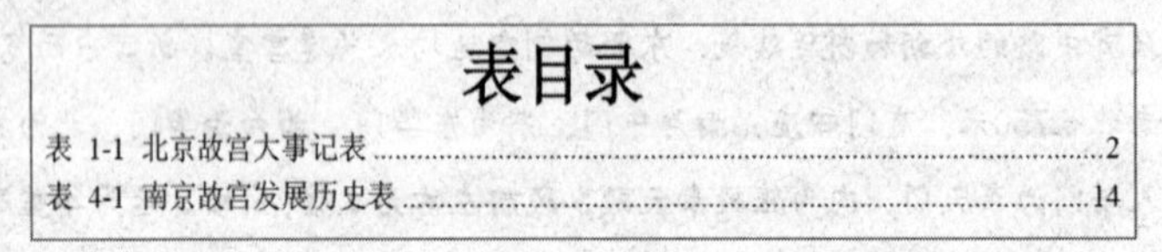

表目录

图 2.36　插入表目录后的效果

9．插入页码

使用合适的分节符对正文分节，然后插入页码，页码居中显示。要求：

（1）正文前的节，页码采用「i，ii，iii，……」格式，页码连续；

（2）正文中每章为单独一节，页码总是从奇数页开始；

（3）正文中的节，页码采用「1，2，3，……」格式，页码连续；

（4）更新内容目录、图目录和表目录。

10．添加正文的页眉

页眉居中显示。要求：

（1）对于奇数页，页眉中的文字为“章序号+章名”；

（2）对于偶数页，页眉中的文字为“节序号+节名”。

知识要点

（1）页面设置。

（2）多级列表样式的定义与使用。

（3）图表题注与交叉引用。

（4）利用 MathType 插入公式编号及其引用。

（5）利用 Zotero 插入参考文献。

（6）尾注。

（7）正文样式的建立与应用。

（8）分节与目录。

（9）页码格式设置及插入。

（10）页眉设置。

案例操作

操作过程视频见 MOOC 网站或扫描二维码。

扫码看案例

第3章 >>> 演示文稿

本章概要

演示文稿正被广泛应用于工作汇报、企业宣传、产品推介、婚礼庆典、项目竞标、管理咨询等领域，已经成为人们工作生活的重要组成部分。本章主要介绍应用 Microsoft Office 办公套件中的 PowerPoint 2010 制作演示文稿的各种方法和技巧。

学习目标

（1）掌握创建演示文稿的各种方法；
（2）掌握幻灯片的基本编辑和操作方法；
（3）掌握模板和设计主题、版式的应用方法；
（4）掌握基本及复杂动画的设置方法；
（5）掌握超链接、动作的设置方法；
（6）掌握图形、图表、音/视频等多媒体元素的使用方法；
（7）掌握相册的创建和编辑方法；
（8）掌握幻灯片的切换和放映的设置方法；
（9）掌握幻灯片母版的设计和应用方法；
（10）掌握演示文稿的保存和发布方法；
（11）掌握 PowerPoint 选项的设置方法。

3.1 概　　述

演示文稿是把静态文件制作成动态文件浏览、把复杂的问题变得通俗易懂、使之更加生动、会给人留下更为深刻印象的幻灯片，因此，演示文稿也被称为电子幻灯片。常用的演示文稿设计软件有 PowerPoint、WPS 演示、OpenOffice Impress、Keynote、Prezi、Focusky 等等。其中，使用最普遍的是微软公司办公套件（Microsoft Office）中的 PowerPoint，使用它制作的演示文稿最初被保存为扩展名为.ppt 的文件，因此演示文稿通常又被称为 PPT。其实，演示文稿软件的功能不只局限于幻灯片演示，它还能够应用于动画、游戏制作以及艺术作品设计等其他领域。

3.1.1 演示文稿应用举例

1．幻灯片演示

人们在工作汇报、企业宣传、产品推介等场合都会用到幻灯片演示，如图 3.1 所示，制作中会涉及文字和图形图像的编辑、动画的应用等知识要点。

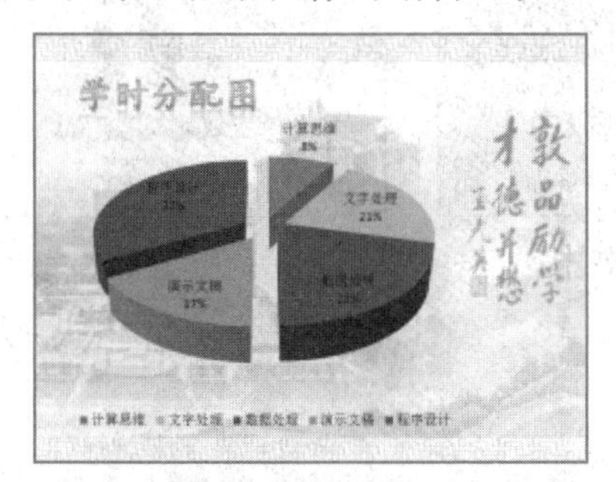

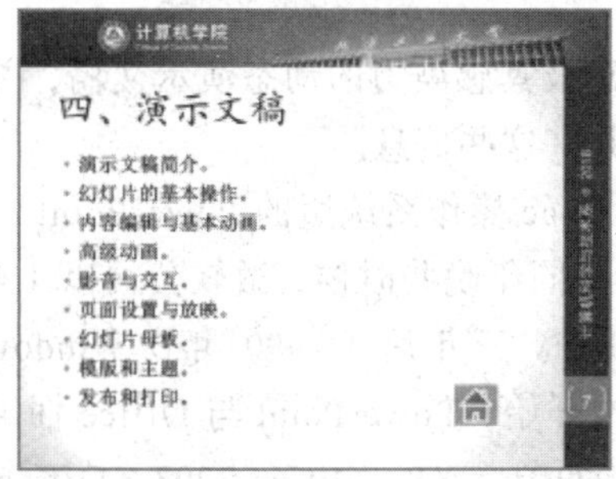

图 3.1 幻灯片演示

2．动画游戏

使用演示文稿软件也可以制作游戏（见图 3.2），涉及的主要知识要点包括超级链接、动作、高级复杂动画、动画触发方式等的应用。

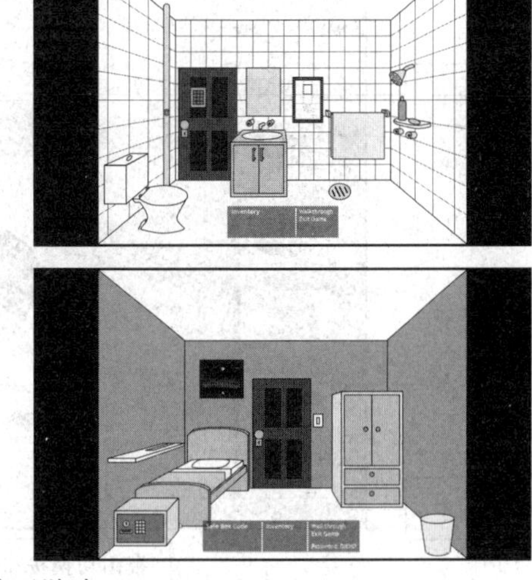

图 3.2 动画游戏

3. 艺术作品

使用演示文稿软件还可以制作电子贺卡（见图 3.3）、婚礼请柬等艺术作品，其效果丝毫不逊色于专门的动画及图像处理软件，制作中涉及的知识要点包括图片和音/视频素材的综合应用、幻灯片的动画/切换/播放设置等。

图 3.3　电子贺卡

3.1.2 软件介绍

1. PowerPoint 2010 软件

Microsoft Office PowerPoint 使用户可以快速创建极具感染力的动态演示文稿，并同时集成了更为安全的工作流和方法，让用户可以轻松地共享这些信息。

最早的 PowerPoint 演示软件在 1987 年上市，是 Mac 操作系统版的 PowerPoint 1.0，由一家衰退中的硅谷软件公司 Forethought 的开发师设计。同年晚些时候，微软公司以 1 400 万美元收购了该公司（这也是微软历史上的第一次收购）。三年后（1990 年）Windows 版的 PowerPoint 2.0（for Windows 3.0）问世。从 4.0 版本开始，PowerPoint 与 Office 捆绑到了一起，其后经历了 Office 95、Office 97、Office 2000、Office XP、Office 2003、Office 2007、Office 2010、Office 2013、Office 2016 等各个版本。

PowerPoint 2010 普通视图下的工作界面如图 3.4 所示。

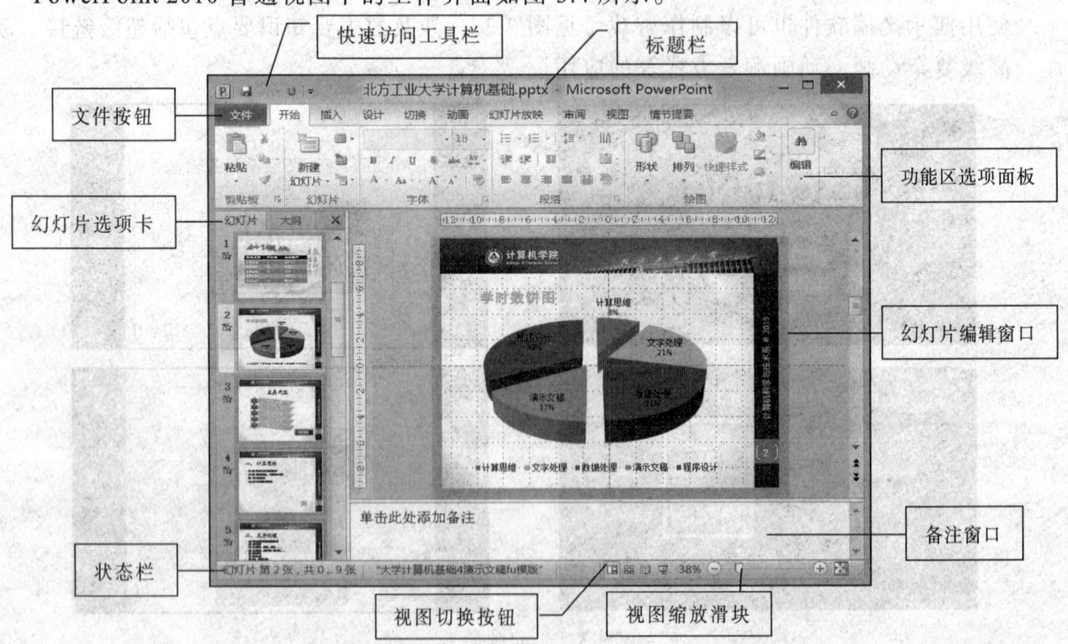

图 3.4　PowerPoint 2010 普通视图工作界面

与 PowerPoint 2003 相比，PowerPoint 2007 之后的版本最明显的变化就是取消了传统的菜单操作方式，而代之于横跨窗口顶部的区域——功能区。各种功能区以「选项卡」的形式将最常用的命令置于最前面，这样用户就可以轻松完成常见任务，而不必在程序的各个部分寻找需要的命令。单击功能区选项卡的名称，就会切换到与之相对应的「功能区面板」。每个功能区上的命令又根据功能的不同分为了若干个「命令组」，例如「开始」功能区中就有「剪贴板」、「幻灯片」、「字体」、「段落」等组，如图 3.5 所示。

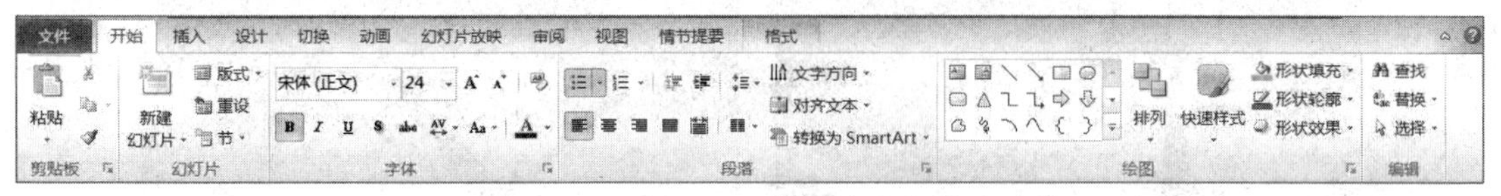

图 3.5　PowerPoint 2010 软件的「开始」功能区

「选项卡」、「命令组」和「命令工具」都可以自己定义和设置，操作方法与 Word 2010 中类似。在 PowerPoint 2010 中没有菜单，左上角的「文件」按钮则是一个类似于菜单的按钮。单击「文件」按钮可以打开包含一些公共命令的面板，有「保存」、「打开」、「关闭」、「新建」和「打印」等等。在「文件」按钮面板中还有一个重要的按钮，即「选项」按钮，单击它可以打开「PowerPoint 选项」对话框，在这里可以开启或关闭 PowerPoint 2010 中的许多功能或设置参数，如图 3.6 所示。

图 3.6　PowerPoint 2010 的「PowerPoint 选项」设置对话框

2. Focusky

Focusky 是一款新型 Flash 多媒体幻灯片制作软件，比 PowerPoint 使用简单，操作界面简洁、易上手，所有操作即点即得。在漫无边界的画布上，拖动也非常方便，文字、图片、影片、边框、线条等每个物件就像一个便利贴，皆可直觉式地搬移、缩放、旋转。

Focusky 是以思维导图的模式来创作演示文稿的，可以把内容像树干树枝那样清晰地展

现出来，重点和从属关系一目了然，也可以随时缩放到某一个具体的点，以逻辑思维组织路线，实现了由整体到局部的开放性思维方式（见图 3.7）。随着演讲的进程，可以随时让观众查看细节内容或全局浏览，做出电影镜头的效果。可以旋转，让观众感受画面的跳跃感，使演讲更加生动有趣。

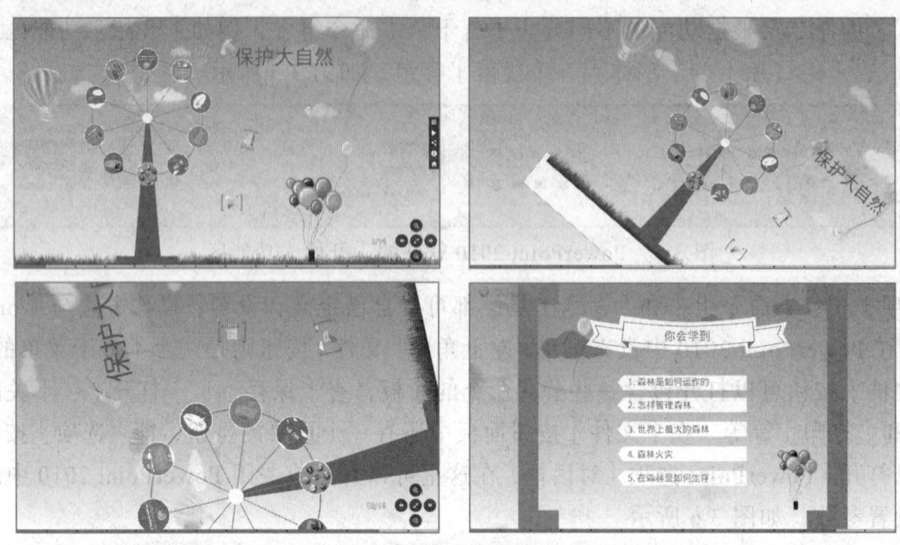

图 3.7　使用 Focusky 软件制作的幻灯片播放效果

Focusky 完美地支持中文，也支持输入英语、日语、韩语、法语、阿拉伯语等其他语言。Focusky 支持多种输出格式，如 HTML 网页版、EXE 运行程序版、mp4 视频版等等，可以上传网站空间在线浏览，或者本地离线浏览。最新版的 Focusky 软件可以从其官网上下载：http://www.Focusky.com.cn/。网站也提供了丰富的案例展示、教程和论坛。

启动 Focusky_v3.7.5 后的首页如图 3.8 所示。

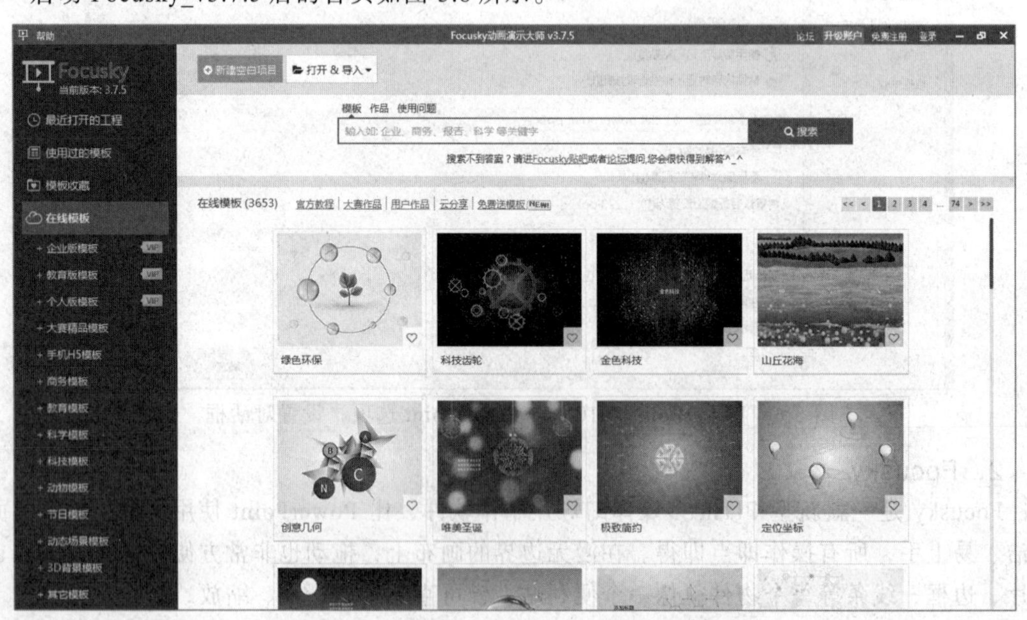

图 3.8　软件 Focusky_v3.7.5 的首页界面

3.2 案　例

3.2.1 【案例 1】使用在线模板创建演示文稿

案例描述

（1）在 PowerPoint 中新建文件，选择「Office.com 模板」中的「分析」类别或者搜索「项目分析」，下载「项目概述演示文稿」模板，使用该模板新建演示文稿。

（2）在第 1 张幻灯片的标题占位符中输入文字“大学计算机教学研究”，其字体设置为：黑体、52 磅、加粗，文字颜色为自定义的 RGB 模式（161，0，93），文本效果选择「青色，11pt 发光，强调颜色文字 2」。副标题占位符中输入“计算机基础教研室”，其字体设置为：楷体、30 磅、加粗。标题文字上方插入图片“logo.png”并调整到合适位置。

（3）保存修改完成的演示文稿，文件名为“大学计算机教学研究.pptx”。

结果样张如图 3.9 所示。

图 3.9 “使用在线模板创建演示文稿”结果样张

知识要点

（1）下载和使用在线模板。

（2）输入文本并设置文字格式。

（3）保存演示文稿。

扫码看案例

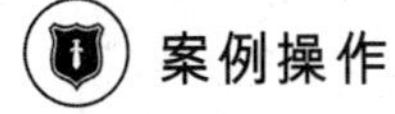

案例操作

操作过程视频见 MOOC 网站或扫描二维码。

3.2.2 【案例 2】从大纲导入、应用主题与版式

案例描述

（1）将整个演示文稿设置为使用「新闻纸」设计模板。

（2）新建幻灯片：使用「幻灯片（从大纲）」的方式将“从大纲导入.docx”文件中的内容导入演示文稿。

（3）将第 5 张幻灯片的版式改为「垂直排列标题与文本」。

（4）将演示文稿中的所有简体中文转换为繁体中文。

结果样张如图 3.10 所示。

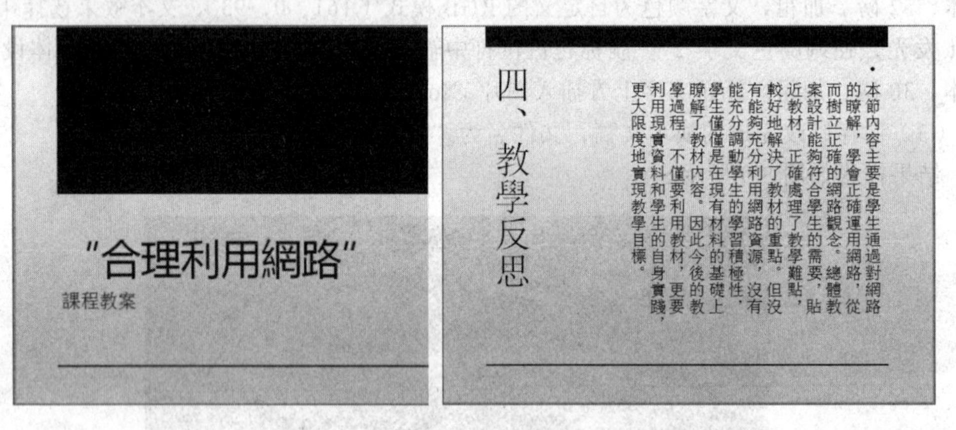

图 3.10 “从大纲导入、应用主题与版式”案例结果样张

知识要点

（1）从大纲文档导入幻灯片。

（2）应用设计主题。

（3）设置幻灯片版式。

（4）文字的繁简转换。

扫码看案例

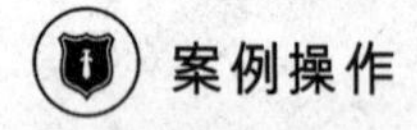

案例操作

操作过程视频见 MOOC 网站或扫描二维码。

3.2.3 【案例 3】幻灯片的重用、图形的应用

案例描述

（1）以「重用幻灯片」的方式将“ppt 应用.pptx”文件中的幻灯片全部插入到当前演示文稿“Office 办公软件应用.pptx”的最后，要求保留源格式。

（2）在第 6 张幻灯片中，将内容占位符中的文字转化为「组织结构图」，再设置其「布局」为「半圆组织结构图」、「更改颜色」为「彩色-强调文字颜色」，如图 3.11 所示。

（3）在第 5 张幻灯片中，选中所有黄色箭头图形「置于顶层」，并将其对齐方式设置为「右对齐」、「纵向分布」。

结果样张如图 3.11 所示。

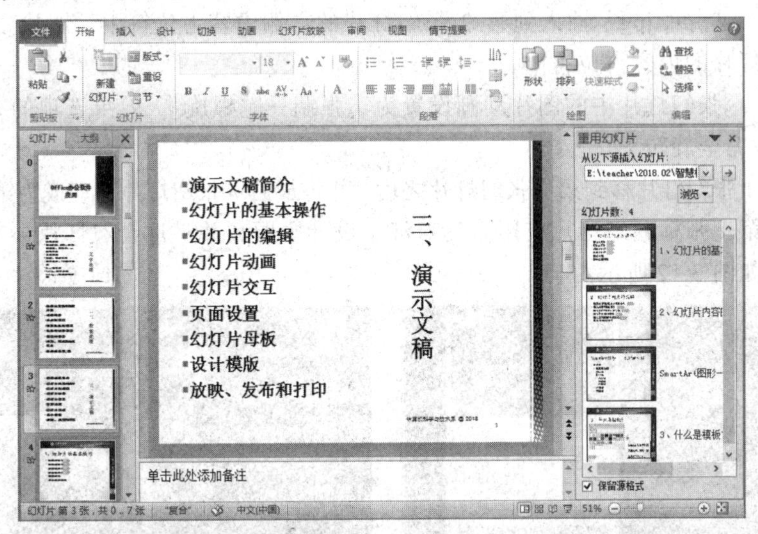

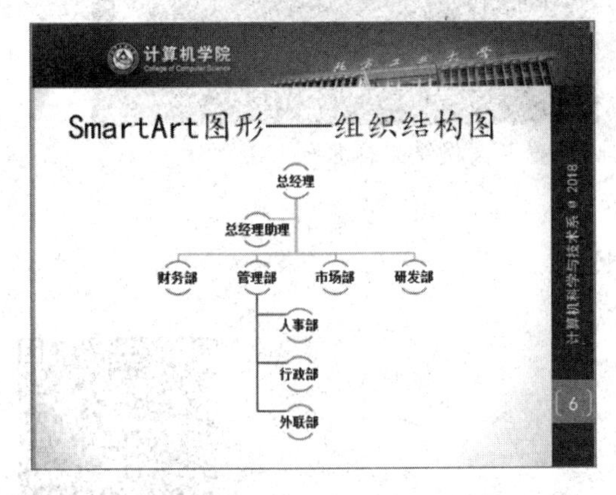

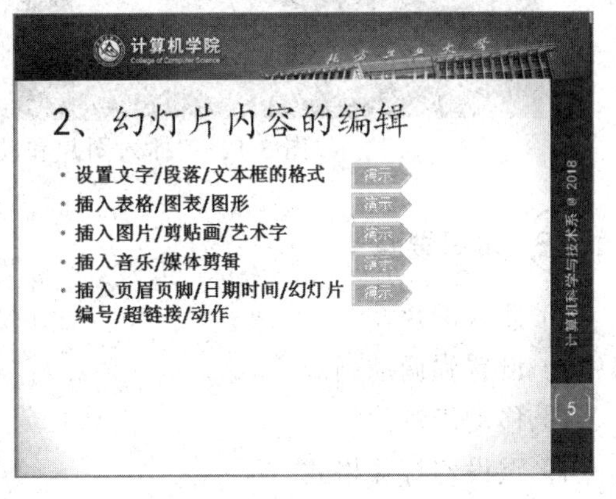

图 3.11 “幻灯片的重用、图形的应用”案例结果样张

知识要点

（1）重用其他演示文稿中的幻灯片。

（2）将文字转化为 SmartArt 图形并设置格式。

（3）设置多个对象的对齐、叠放层次。

案例操作

扫码看案例

操作过程视频见 MOOC 网站或扫描二维码。

3.2.4 【案例 4】插入图片和动画设置

案例描述

（1）将图片“ppt1.jpg”插入到第 2 张幻灯片的右侧内容占位符中，图片“ppt2.jpg”插入到第 3 张幻灯片的内容占位符中。

（2）将第 1 张幻灯片中的图片动画设置为「强调→陀螺旋」，效果选项的方向为「逆时针」、数量为「完全旋转」。

（3）将第 1 张幻灯片移到第 2 张幻灯片之后，并将最后一张幻灯片移动成为第 1 张幻灯片。

（4）只对第 1 张标题幻灯片应用「奥斯汀」设计主题，并「重设幻灯片」。

结果样张如图 3.12 所示。

图 3.12 “插入图片和动画设置”案例结果样张

知识要点

（1）插入图片。

（2）设置强调动画。

（3）移动幻灯片。

（4）重设幻灯片格式。

扫码看案例

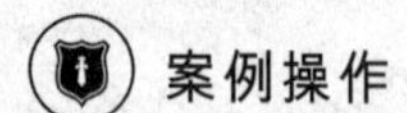案例操作

操作过程视频见 MOOC 网站或扫描二维码。

3.2.5 【案例 5】插入表格与动画设置、使用备注

案例描述

（1）在第 2 张幻灯片的内容占位符中插入一个 3 行 2 列的表格，第 1 列的 1、2、3 行内容依次为“交通工具”、“地铁”和“公交车”，第 1 行第 2 列内容为“逃生方法”，将第 4 张幻灯片的内容占位符中的文本移到表格第 3 行第 2 列，将第 5 张幻灯片的内容占位符中的文

本移到表格第 2 行第 2 列。将表格的样式设置为「中度样式 4-强调 2」。

（2）将第 3 张幻灯片移到第 2 张幻灯片之前，并删除第 4、5 张幻灯片。

（3）将第 2 张幻灯片左侧的文本动画设置为「进入→飞入」，效果选项为「自左下部」，动画顺序先于图片。设置右侧图片的动画开始方式为「上一动画之后」。

（4）为最后一张幻灯片添加备注文字“专家建议公共交通工具逃生指南”。

结果样张如图 3.13 所示。

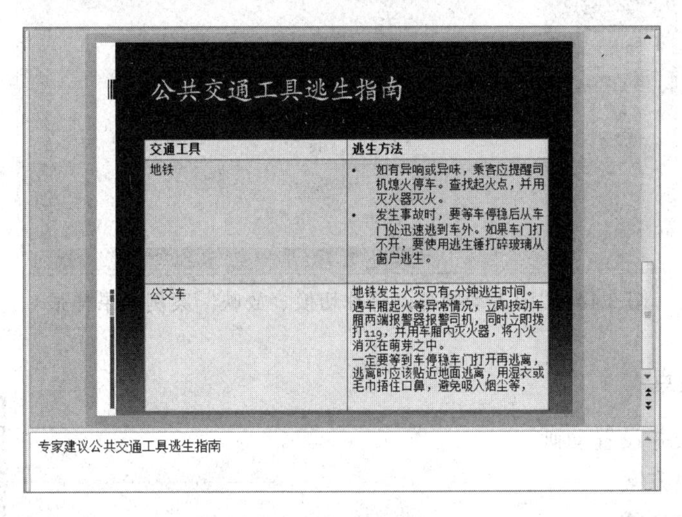

图 3.13　“插入表格与动画设置、使用备注”案例结果样张

知识要点

（1）插入和编辑表格。

（2）应用表格样式。

（3）设置动画顺序。

（4）添加备注信息。

扫码看案例

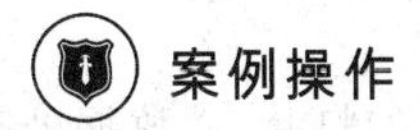

案例操作

操作过程视频见 MOOC 网站或扫描二维码。

3.2.6 【案例 6】图表动画与幻灯片切换、放映

案例描述

（1）在幻灯片 3 的内容占位符中插入图表，图表类型为「簇状圆柱图」，数据源为幻灯片 2 中表格的所有内容。使用图表样式「样式 16」，并开启「显示模拟运算表和图例项标示」。

（2）对幻灯片 3 中的图表新增「擦除」进入动画，持续时间为 2 秒，效果选项为「序列：按类别中的元素」。

（3）将全部幻灯片的切换方案设置为「时钟」，效果选项为「逆时针」，声音为「风声」，持续时间为 0.5s，并设置自动换片时间为 1min，开始方式设置为「上一动画之后」。

（4）设置放映方式为「在展台浏览」。

结果样张如图 3.14 所示。

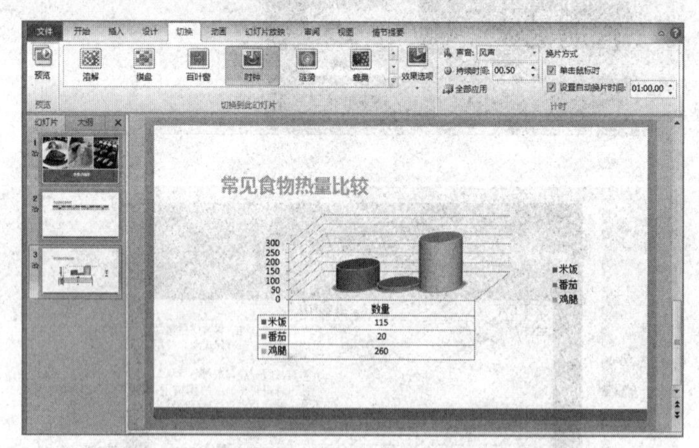

图 3.14 “图表动画与幻灯片切换、放映”案例结果样张

知识要点

（1）插入图表并设置动画。

（2）设置切换方案。

（3）设置放映方式。

扫码看案例

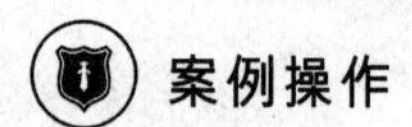

案例操作

操作过程视频见 MOOC 网站或扫描二维码。

3.2.7 【案例 7】按钮、动作与超链接

案例描述

（1）在第 1 张幻灯片中插入超链接：“文字处理”形状链接到第 2 张幻灯片，“数据处理”

形状链接到第 3 张幻灯片，“演示文稿”形状链接到第 4 张幻灯片，并全部设置「鼠标移过时突出显示」。

（2）在第 2～4 张幻灯片的右下角皆放置「动作按钮：第一张」，并设置样式为「浅色 1 轮廓，彩色填充 - 绿色，强调颜色 4」。

（3）在第 1 张幻灯片中，为左下角的文字“联系作者”添加电子邮件链接“jsjjc@ncut.edu.cn”，屏幕提示设为“北方工业大学计算机基础教研室”。为右下角的「结束放映」按钮添加动作：单击鼠标时超链接到「结束放映」。

结果样张如图 3.15 所示。

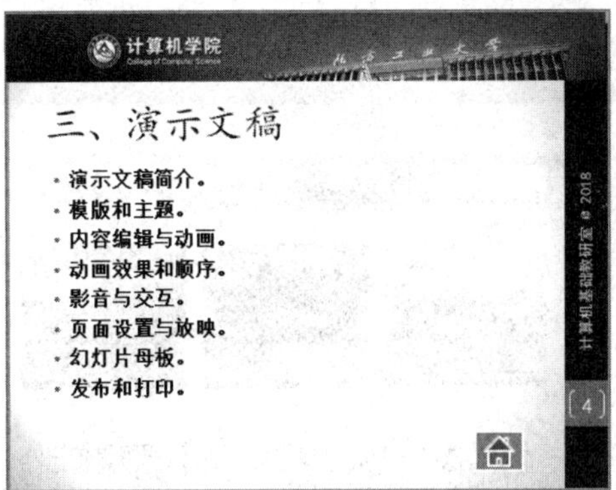

图 3.15 “按钮、动作与超链接”案例结果样张

知识要点

（1）插入超链接。

（2）设置动作。

（3）使用动作按钮。

扫码看案例

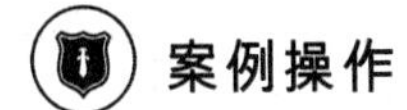

案例操作

操作过程视频见 MOOC 网站或扫描二维码。

3.2.8 【案例 8】SmartArt 图形应用、动画的触发

案例描述

（1）选中第 1 张幻灯片上的三张图片，将其「图片版式」转换为「蛇形图片半透明文本」，在图形的文本区分别输入“故宫”“天坛”和“八达岭”。选中 SmartArt，将其「转换为形状」并「取消组合」。

（2）打开「选择窗格」，将第 1 张幻灯片中各图片上的三个「任意多边形」分别命名为“故宫”“天坛”和“八达岭”。

（3）在第 1 张幻灯片中，为故宫图片设置「强调动画→脉冲」，动画的「触发」设置为

单击“故宫”形状。为下面的“故宫简介”文本框设置「进入动画→擦除」，动画的「触发」也设置为单击“故宫”形状，动画「效果」设置为「方向自顶部」、「与上一动画同时」。对其他两个景点的图片和简介做相同的动画设置。

（4）选中第1张幻灯片中的三个风景简介文本框，为其添加「退出动画→收缩并旋转」，动画的「触发」设置为单击「标题」形状。

结果样张如图3.16所示。

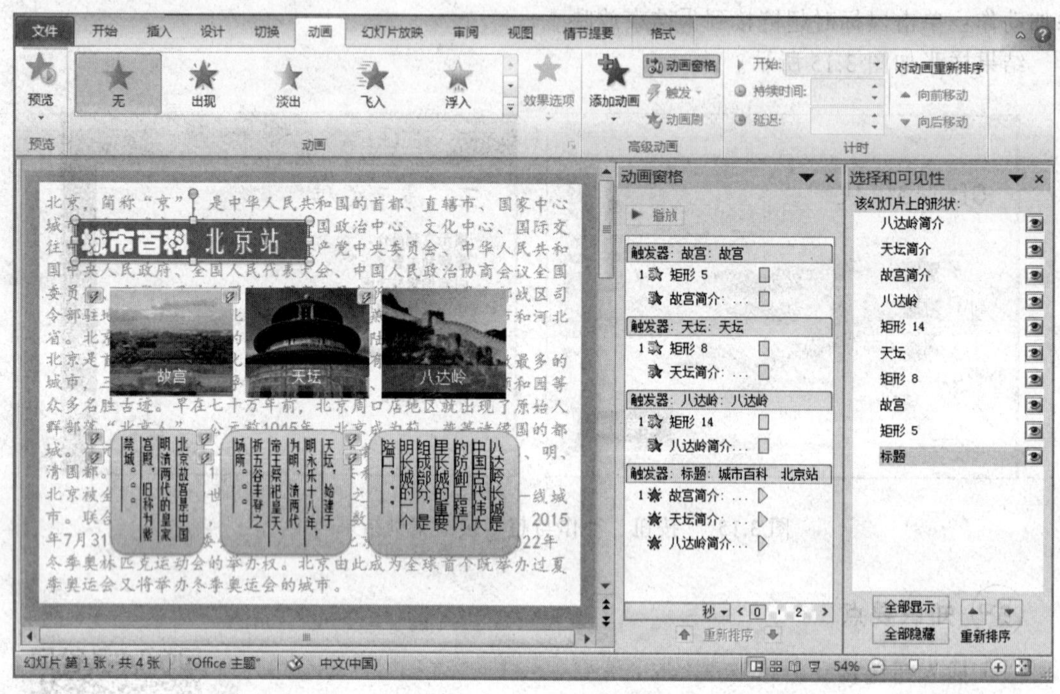

图3.16 “SmartArt图形应用、动画的触发”案例结果样张

知识要点

（1）将图片转换为SmartArt图形。

（2）将SmartArt图形转换为形状并取消组合。

（3）为选择的对象命名。

（4）设置动画触发方式。

扫码看案例

案例操作

操作过程视频见MOOC网站或扫描二维码。

3.2.9 【案例9】相册的创建与编辑

案例描述

（1）使用“欧洲风光”文件夹中的所有照片建立相册，将名称为“欧洲田野”和“波兰田野”的照片移动到最前面，图片版式设为「4 张图片」、相框形状为「柔化边缘矩形」，接着创建相册。

（2）压缩所有图片为屏幕（150ppi）的格式，应用设计主题「平衡」，并在标题幻灯片中输入标题“欧洲风光相册”，文件亦保存为“欧洲风光相册.pptx”。

（3）重新编辑目前的相册，将名称为“爱尔兰”的照片移动到“西班牙”的前面，并让照片名称显示在照片下方，接着更新相册。

（4）在第 3 张幻灯片中，右上方的照片套用「浅色屏幕」的艺术效果，左上方的照片裁剪为形状「波形」，更正右下方的照片为「亮度 0%（正常）对比度+40%」。

结果样张如图 3.17 所示。

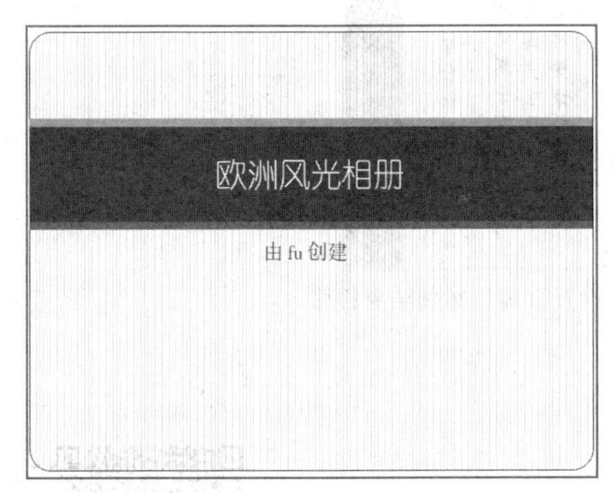

图 3.17 “相册的创建与编辑”案例结果样张

知识要点

（1）创建和编辑相册。
（2）图片压缩、裁剪和更正。
（3）设置图片艺术效果。

扫码看案例

案例操作

操作过程视频见 MOOC 网站或扫描二维码。

3.2.10 【案例 10】修改幻灯片母版、设置页脚

案例描述

（1）通过设计幻灯片母版，将第一层的项目符号更改为自定义：字体为「Webdings」、字符代码为 183、颜色为「深红」。在每张幻灯片正中央添加利用「艺术字」制作的水印效果，水印文字为“员工守则”字样，并旋转 45 度。

（2）除了标题幻灯片之外，在每一张幻灯片中均插入自动更新的日期和时间、幻灯片编号，要求标题为“公司制度意识架构要求”的幻灯片要从 1 开始编号，并在页脚输入文字“XXX 公司 2018 员工培训”。

（3）在演示文稿的文件属性「状态」中输入文字“待修改”。

结果样张如图 3.18 所示。

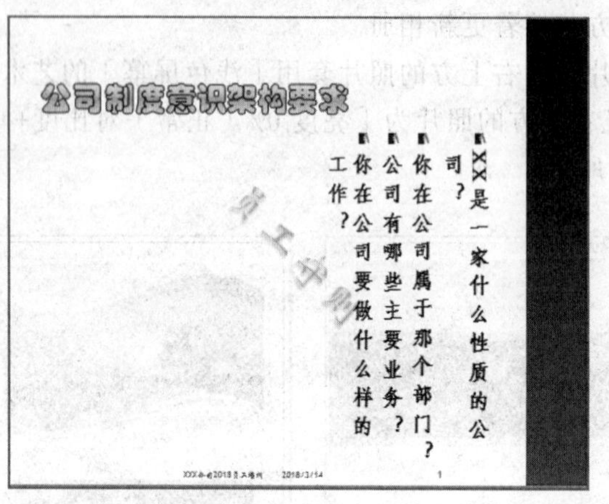

图 3.18 “修改幻灯片母版、设置页脚”案例结果样张

知识要点

（1）修改母版。

（2）插入自动更新的日期。

（3）插入和设置幻灯片编号。

（4）设置文件状态。

扫码看案例

案例操作

操作过程视频见 MOOC 网站或扫描二维码。

3.2.11 【案例 11】讲义母版设置和打印

案例描述

（1）设置演示文稿的讲义母版背景使用「小网格」的图案填充，前景色为「橄榄色，强调文字颜色 3，淡色 40%」，背景色不更改。

（2）在剪贴画库中搜索“地球”的剪贴画，并选择如图 3.19 所示样张中的剪贴画插入到讲义母板中，将图片大小按比例缩小至 80%，且位置设为「自左上角→水平」9 厘米、「自左上角→垂直」0 厘米。

（3）使用「Microsoft XPS Document Writer」打印机打印演示文稿，使用「讲义：3 张幻灯片」的模式将演示文稿保存到文档，文件名为“物理讲义.xps”。

结果样张如图 3.19 所示。

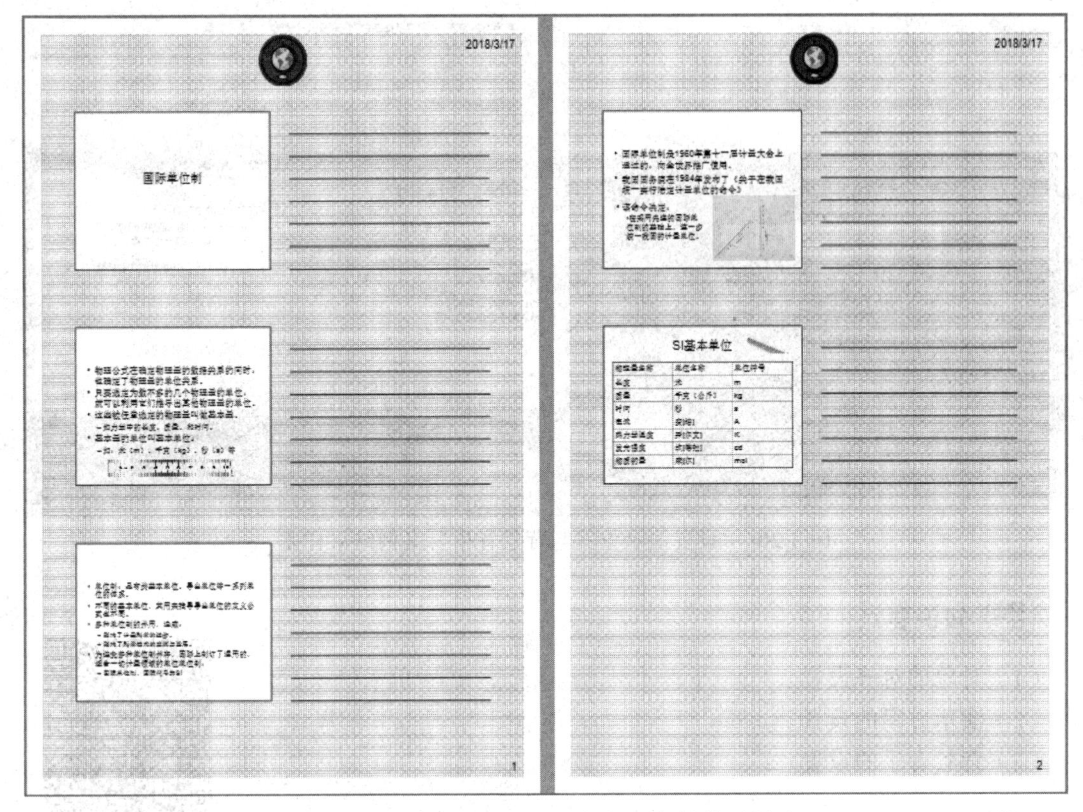

图 3.19 “讲义母版设置和打印”案例结果样张

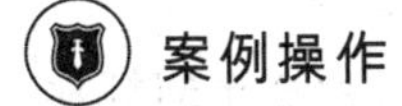

知识要点

（1）修改讲义母版。

（2）插入和设置剪贴画。

（3）打印演示文稿。

扫码看案例

案例操作

操作过程视频见 MOOC 网站或扫描二维码。

3.2.12 【案例 12】设置演示方案与背景音乐

案例描述

（1）将演示文稿中的第 1 张幻灯片调整为「仅标题」版式，并对齐标题占位符到幻灯片的正中央位置，其中的文字亦居中对齐。

（2）创建一个名称为“图书策划方案”的演示方案，包含第 1、3、4、6 张幻灯片。

（3）为演示文稿的播放设置全程背景音乐，使用所给素材“月光.mp3”。

结果样张如图 3.20 所示。

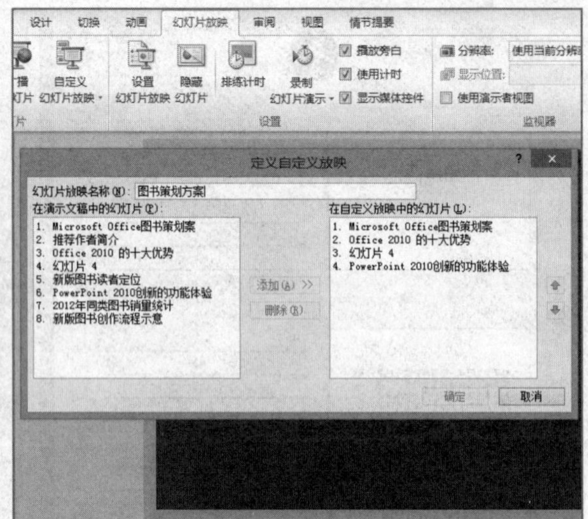

图 3.20 “设置演示方案与背景音乐”案例结果样张

知识要点

（1）对象的对齐设置。

（2）演示方案的设置。

（3）背景音乐的设置。

扫码看案例

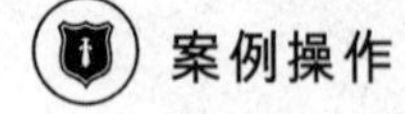

案例操作

操作过程视频见 MOOC 网站或扫描二维码。

3.2.13 【案例 13】“节”的应用和演示文稿发布

案例描述

（1）使用「幻灯片浏览」视图并将「显示比例」调整为 80%。将幻灯片 2 至幻灯片 5 新增一个节，名称为“物流企业管理模式”，将幻灯片 6 至幻灯片 10 新增一个节，名称为“物流企业业务管理”，将幻灯片 11 至幻灯片 14 新增一个节，名称为“物流企业的内部管理”。

（2）将所有节「全部折叠」，然后展开“物流企业业务管理”一节，选中其中所有幻灯片，设置背景为「渐变填充」，使用「预设颜色→麦浪滚滚」，类型为「射线」，方向为「从左上角」。

（3）保存并检查文档，将「文档属性和个人信息」全部删除。

（4）将演示文稿打包成 CD，且「复制到文件夹」，文件夹名称为“物流企业管理”，保存到当前位置，最后关闭窗口。

结果样张如图 3.21 所示。

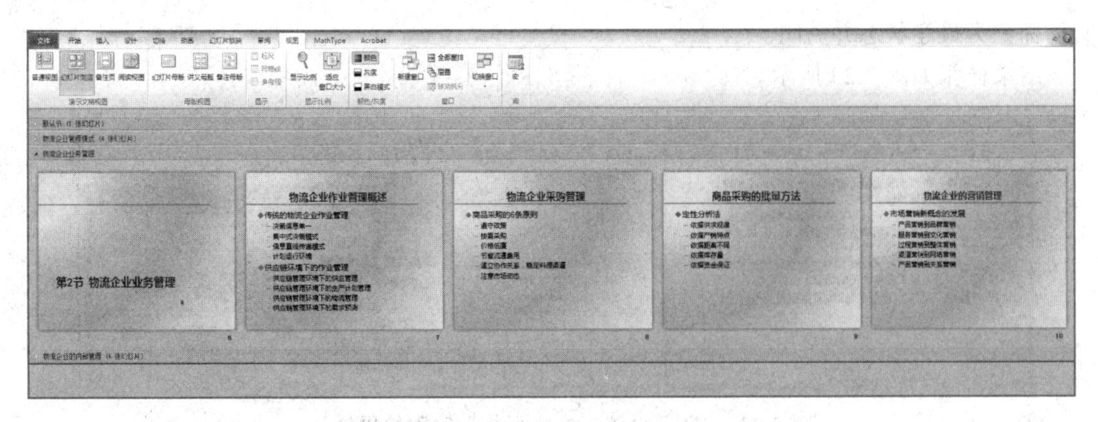

图 3.21 “‘节’的应用和演示文稿发布”案例结果样张

知识要点

（1）插入和命名“节”。

（2）统一设置“节”中的幻灯片。

（3）检查文档并删除个人信息。

（4）打包发布演示文稿。

扫码看案例

案例操作

操作过程视频见 MOOC 网站或扫描二维码。

3.2.14 【案例 14】选项设置、文档保护

案例描述

（1）设置 PowerPoint 选项：在「常规」页中输入「用户名」为“计算机基础”，在「保存」页中勾选「将字体嵌入文件」复选框，在「高级」页的「编辑选项」设置中「最多可取消操作数」设为 100 次、「幻灯片放映」设置中不勾选「以黑幻灯片结束」复选框，在「快速访问工具栏」页中将「打印预览和打印」命令添加到「快速访问工具栏」。

（2）删除演示文稿中的所有批注。

（3）「从头开始」放映演示文稿，播放至最后一页时用荧光笔在网络安全的四个特征关键词下面画线，最后结束放映并保留墨迹注释。

（4）保护演示文稿：对演示文稿「用密码进行加密」，设置密码为“123”。最后将演示

文稿标记为最终状态并关闭。

结果样张如图 3.22 所示。

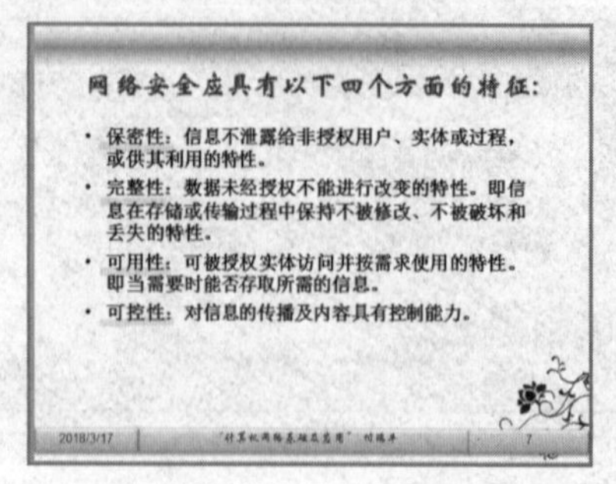

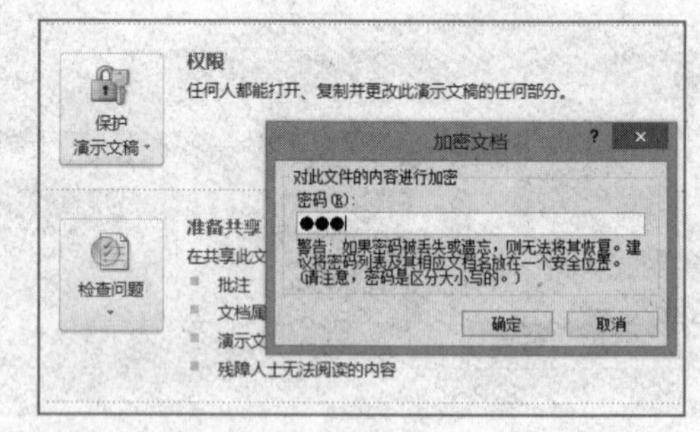

图 3.22 “选项设置、文档保护”案例结果样张

知识要点

（1）修改「PowerPoint 选项」设置。

（2）删除所有标记。

（3）放映演示文稿并保留墨迹。

（4）保护演示文稿。

扫码看案例

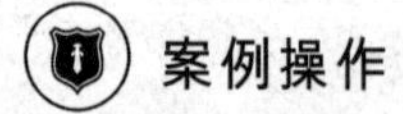

案例操作

操作过程视频见 MOOC 网站或扫描二维码。

3.2.15 【案例 15】综合应用——人生演奏会

案例描述

参照“效果样张.wmv”的效果，并按照以下要求完成 PPT 动画制作。

（1）新建演示文稿并将幻灯片版式设置为「空白」，背景设置为素材中的“图片 1”。

（2）插入几个「圆角矩形」形状，形状填充与形状轮廓均为「白色，背景 1，深色 25%」，分散置于几个琴键上，进入与退出动画均设置为「淡出→快速」。

（3）插入素材中的“图片 2”到“图片 4”，图片效果为「橄榄色，18pt 发光，强调文字颜色 3」，进入动画设置为「弹跳→慢速」，要求三张图片的动画分别和上一步要求中的某些动画同步。

（4）插入艺术字“人生是一场演奏”，进入动画设置为「淡出」和「缩放」，皆为「中速」；插入文本框，分别输入：I、Can、Do、Better，文字设置为华文行楷、100 号大小、红色，进入动画均设置为「缩放」、「非常快」、「消失点」为「对象中心」。

（5）插入素材中的音频文件“钢琴曲-塞纳河在下雨.mp3”，设置声音在多张幻灯片间连续播放且隐藏声音图标。

（6）将文件保存为“人生演奏会.pptx”。

结果样张如图 3.23 所示。

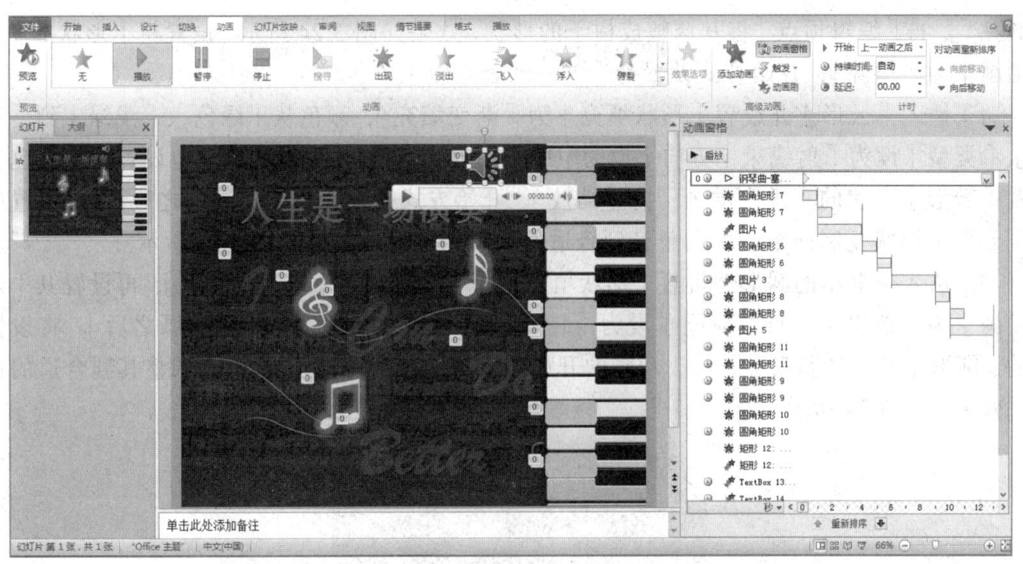

图 3.23 “综合应用——人生演奏会”案例结果样张

知识要点

（1）新建文件和保存文件。

（2）设置幻灯片版式。

（3）设置幻灯片背景。

（4）插入和设置图形。

（5）应用图片、艺术字和文本框。

（6）添加和设置多个动画。

（7）设置背景音乐。

扫码看案例

案例操作

操作过程视频见 MOOC 网站或扫描二维码。

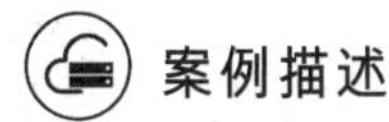

3.2.16 【案例 16】综合应用——万有引力定律

案例描述

使用所给素材，参照“效果样张.ppsx”及以下要求创建演示文稿。

（1）新建「空白演示文稿」，并将幻灯片版式设置为「空白」，设置背景使用图片“资源-背景.JPG”。

（2）插入「垂直文本框」，其中输入文字“万有引力定律”，并将「字体」设置为「方正姚体」、大小为 48 磅，设置「艺术字样式」为「填充-橄榄色，强调文字颜色 3，轮廓-文本 2」，效果如图 3.24 所示。

（3）插入一个矩形并设置「形状填充」为「茶色，背景 2，深色 75%」、「形状轮廓」为

「无轮廓」，再「编辑顶点」将其调整成树干的形状，效果如图 3.24 所示。设置树干形状的「进入动画」为「擦除」，开始方式设置为「上一动画之后」。

（4）插入「云形」并设置「形状填充」为「渐变填充」，颜色从「绿色」、「浅绿」到「黄色」，「类型」设为「射线」，「方向」设为「中心辐射」，再将「形状轮廓」也设置为「绿色」。设置「云形」形状的「进入动画」为「缩放」，开始方式设置为「上一动画之后」。将设置好的「云形」形状复制两个，并调整其到合适的大小和位置，效果如图 3.24 所示。

（5）插入一个小的圆形并设置「形状填充」和「形状轮廓」皆为「红色」，再设置其「进入动画」为「淡出」，「持续时间」设为「1.50」，开始方式设置为「上一动画之后」。将设置好的「圆形」形状复制三个，修改动画的开始方式为「与上一动画同时」，调整其到合适的位置，效果如图 3.24 所示。

图 3.24 “综合应用——万有引力定律”案例结果样张 1

（6）插入图片“资源-苹果.gif”并调整其大小和位置。为图片设置「上一动画之后」的「进入动画」为「出现」，以及「上一动画之后」发生的「直线」式「路径动画」，并调整路径终点直到树根处，如图 3.25 所示。最后将图片「置于底层」。

图 3.25 “综合应用——万有引力定律”案例结果样张 2

（7）为“万有引力定律”文字添加「强调动画」为「画笔颜色」，颜色设置为「深红」，「持续时间」设置为「1.50」，「动画文本」效果的「字母之间延迟百分比」设为「40」，动画的开始方式设置为「上一动画之后」。

（8）保存操作完成的演示文稿，文件名为“万有引力定律.pptx”。

结果样张如图 3.26 所示。

图 3.26 “综合应用——万有引力定律”案例结果样张 3

知识要点

（1）新建文件和保存文件。

（2）设置幻灯片版式。

（3）设置幻灯片背景。

（4）插入和设置文本格式。

（5）插入和设置图形格式、编辑顶点。

（6）插入和设置图片格式。

（7）调整多个对象的位置和层次。

（8）添加和设置多个动画。

扫码看案例

案例操作

操作过程视频见 MOOC 网站或扫描二维码。

第4章 数据处理

本章概要

数据处理被广泛应用于数据管理、财务统计、金融等领域，为我们的日常生活、学习和工作提供便利。本章主要介绍数据表格的制作和编辑、数据的筛选、图表的应用和技巧。

学习目标

（1）掌握工作表的建立方法；

（2）掌握数据的录入和表格编辑方法；

（3）掌握公式、函数的应用；

（4）掌握数据排序、筛选方法的应用；

（5）掌握图表的创建和编辑的应用；

（6）掌握数据透视图表的应用。

4.1 概　　述

数据处理是从大量的原始数据抽取出有价值的信息，即数据转换成信息的过程。数据处理软件经常用于制定表格、数据处理、统计分析和辅助决策等用途。常用的数据处理软件有Excel、Matlab、Origin等，其中Excel使用最为广泛。Excel同Word、PowerPoint都是Microsoft公司研发的办公套件。本章主要介绍Excel 2010中工作表的管理，格式的设置，函数的使用，数据的排序、筛选、汇总，图表的创建和数据透视图表的创建等。

4.1.1 数据处理应用举例

1．表格制作

课程表（见图4.1）、成绩单（见图4.2）、工资表（见图4.3）等都是用表格体现的，Excel 2010可以帮助用户完成表格的制作。

课程表					
2节/单元	周一	周二	周三	周四	周五
1-2节	数学	语文	化学	英语	化学
3-4节	英语	数学	政治	美育	体育
5-6节	政治	物理	美育	思品	生物
7-8节	化学	体育	生物	劳动	自习

图 4.1 课程表

成绩单

学号	姓名	Word	Excel	PPT	总分
NCUT150511	李志豪	0	58	71	129
NCUT150512	李慧军	55	87	50	192
NCUT150513	高欣阳	56	97	63	216
NCUT150514	张天天	65	64	95	224
NCUT150515	傅浩楠	73	92	93	258
NCUT150516	宋天赐	76	62	50	188
NCUT150517	李智勇	83	71	95	249
NCUT150518	宋嘉成	90	55	95	240
NCUT150519	宋美娟	98	86	96	280
NCUT150520	洪武涛	100	0	69	169

图 4.2 成绩单

工　　资　　表

年　月份　　　　发放日期：　月　日　　　　第　页：共　页

编号	姓名	部门	基本工资	全勤奖	工龄工资	福利工资	加班费	应发工资	应税额	应交税额	水电费	食　宿	保险费	总扣款	实发工资
								0.00	0.00	0.00				0.00	0.00
								0.00	0.00	0.00				0.00	0.00
								0.00	0.00	0.00				0.00	0.00
								0.00	0.00	0.00				0.00	0.00
								0.00	0.00	0.00				0.00	0.00
								0.00	0.00	0.00				0.00	0.00
								0.00	0.00	0.00				0.00	0.00
								0.00	0.00	0.00				0.00	0.00
								0.00	0.00	0.00				0.00	0.00
								0.00	0.00	0.00				0.00	0.00
								0.00	0.00	0.00				0.00	0.00
								0.00	0.00	0.00				0.00	0.00
								0.00	0.00	0.00				0.00	0.00
								0.00	0.00	0.00				0.00	0.00
								0.00	0.00	0.00				0.00	0.00
								0.00	0.00	0.00				0.00	0.00
								0.00	0.00	0.00				0.00	0.00
总计			0.00	0.00	0.00	0.00	0.00	0.00	0.00	0.00	0.00	0.00	0.00	0.00	0.00

本页共计（大写）：　　元　　主管：　　会计：　　出纳：　　制表：

注：该表中“应税额”的计算公式是从3000起征，即应发工资超过3000就要交税。（可根据实际情况修改该数据。）

图 4.3 工资表

2. 图表制作

Excel 2010 可以将表格的数据进行图形化处理，使抽象的数据直观、清晰地显示出来，让用户一目了然，如图 4.4、图 4.5 所示。

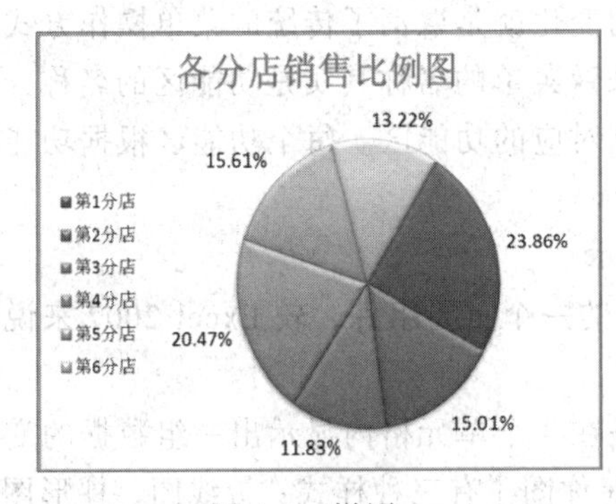

图 4.4 饼图

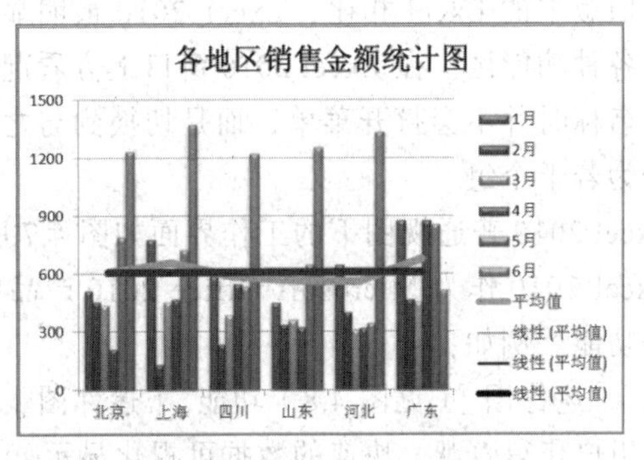

图 4.5 多图表类型图

3. 数据分析

Excel 2010 可以对表格中的数据进行处理和分析。例如，数据透视表（见图 4.6）具有强大的交互性，可以通过简单的布局改变，全方位、多角度、动态地统计和分析数据，从海量数据中迅速地提取有用信息，同时避免了公式计算大量数据，提高了运算效率。

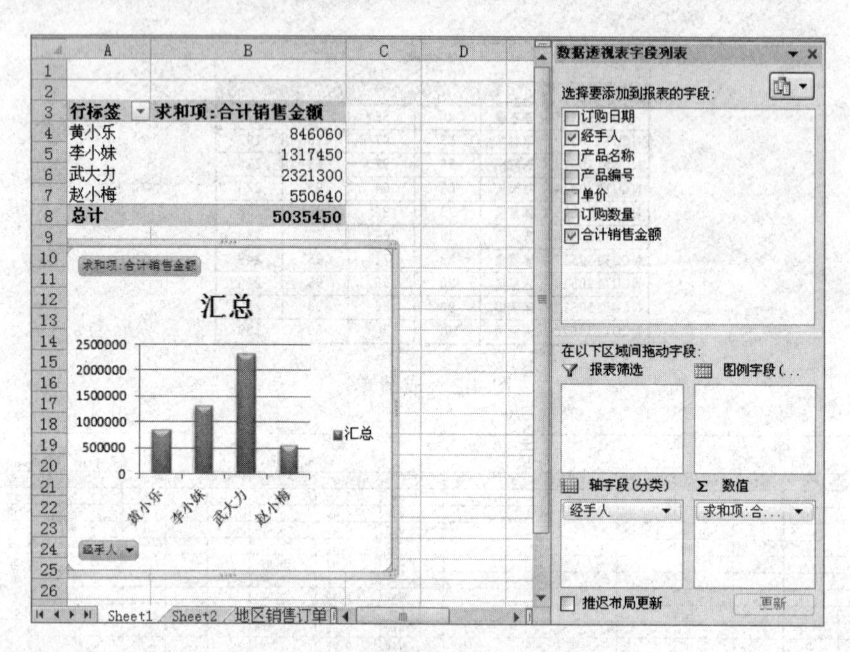

图 4.6　数据透视表应用举例

4.1.2 软件介绍

1. Excel 2010 软件

Excel 2010 可以通过比以往更多的方法分析、管理和共享信息，从而帮助用户做出更好、更明智的决策。全新的分析和可视化工具可帮助跟踪和突出显示重要的数据趋势，可以在移动办公时从几乎所有 Web 浏览器或 Smartphone 访问重要数据，甚至可以将文件上载到网站并与其他人同时在线协作。无论是生成财务报表还是管理个人支出，使用 Excel 2010 都能够更高效、更灵活地实现您的目标。

与旧版本的 Excel 相比，Excel 2010 最明显的变化就是取消了传统的菜单操作方式，而代之于各种功能区。在 Excel 2010 窗口上方看起来像菜单的名称其实是功能区的名称，当单击这些名称时并不会打开菜单，而是切换到与之相对应的功能区。每个功能区根据功能的不同又分为若干个组。

Excel 2010 普通视图下的工作界面如图 4.7 所示。

Excel 2010 作为 Microsoft Office 2010 产品中的一个重要组件，较 Excel 2007 来说新增了部分功能。例如：

（1）「迷你图」（见图 4.8）功能。「迷你图」是在一个单元格内显示出一组数据的变化趋势，让用户获得直观、快速的数据可视化显示。「迷你图」有三种样式：折线图、柱形图、盈亏图，如图 4.9 所示。

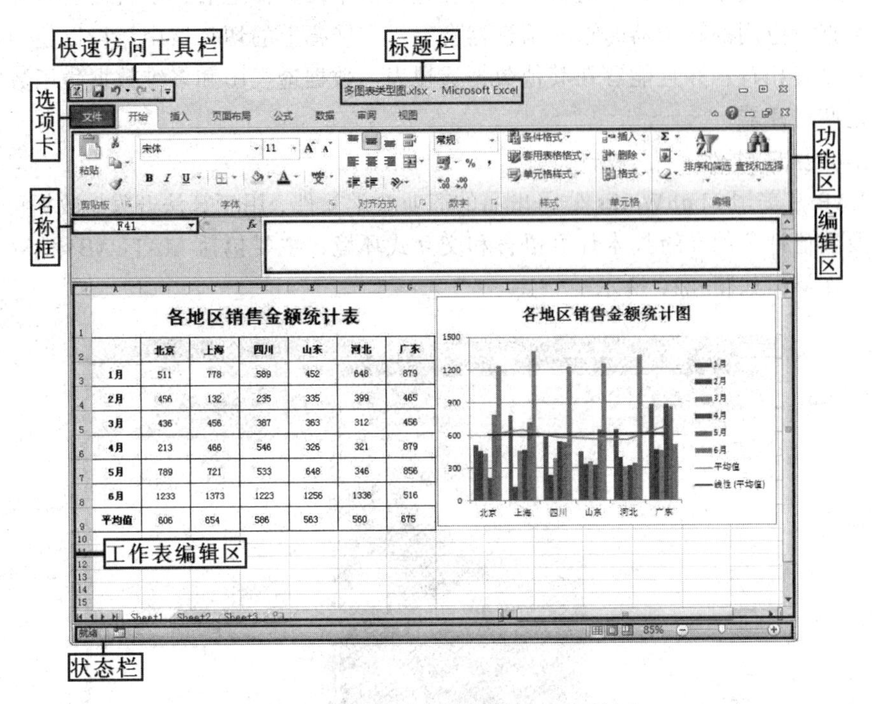

图 4.7　Excel 2010 普通视图工作界面

公司2018年销售分析表(万元)					
销售员	第1季度	第2季度	第3季度	第4季度	盈亏走势
第一分公司	¥128.00	¥481.00	¥309.00	¥441.00	
第二分公司	(¥138.00)	¥357.00	¥409.00	¥637.00	
第三分公司	¥86.00	¥301.00	¥327.00	¥349.00	
第四分公司	¥432.00	(¥116.00)	¥297.00	¥618.00	
第五分公司	¥670.00	¥486.00	¥427.00	¥331.00	
第六分公司	¥787.00	(¥24.00)	¥725.00	(¥128.00)	
第七分公司	¥436.00	¥603.00	¥196.00	¥90.00	

图 4.8　迷你柱形图

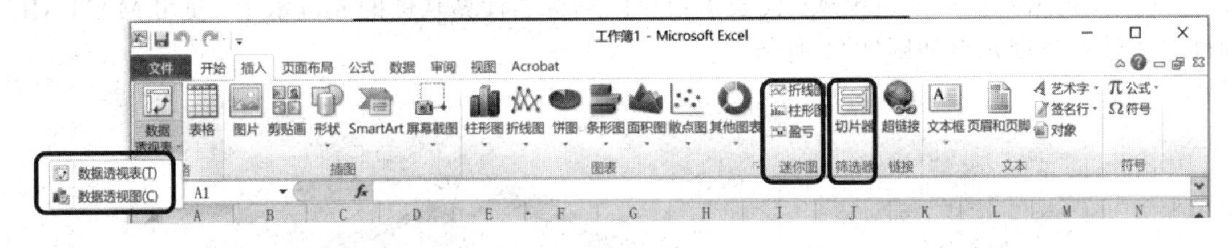

图 4.9　Excel 2010 部分新增功能

（2）数据透视图增强功能。Excel 2010 可以使用户更轻松地与数据透视图交互。特别是，通过添加和删除字段可以更轻松地在数据透视图中直接筛选数据和重新组织图表布局。类似地，只需单击一次鼠标即可隐藏数据透视图上的所有字段按钮。如图 4.9 所示。

（3）「切片器」功能（见图 4.9）。切片器是可视控件，可以利用它以一种直观的交互方式来快速筛选数据透视表中的数据。一旦插入切片器，即可使用按钮对数据进行快速分段和筛选，仅显示所需数据。此外，对数据透视表应用多个筛选器之后，不再需要打开一个列表来查看对数据所应用的筛选器，这些筛选器会显示在屏幕上的切片器中。可以使切片器与工作簿的格式设置相符，并且能够在其他数据透视表、数据透视图和多维数据集函数中轻松地重复使用这些切片器。

2. MATLAB 软件

MATLAB 是美国 MathWorks 公司出品的商业数学软件，用于算法开发、数据可视化、数据分析以及数值计算的高级技术计算语言和交互式环境，主要包括 MATLAB 和 Simulink 两大部分，工作界面如图 4.10 所示。

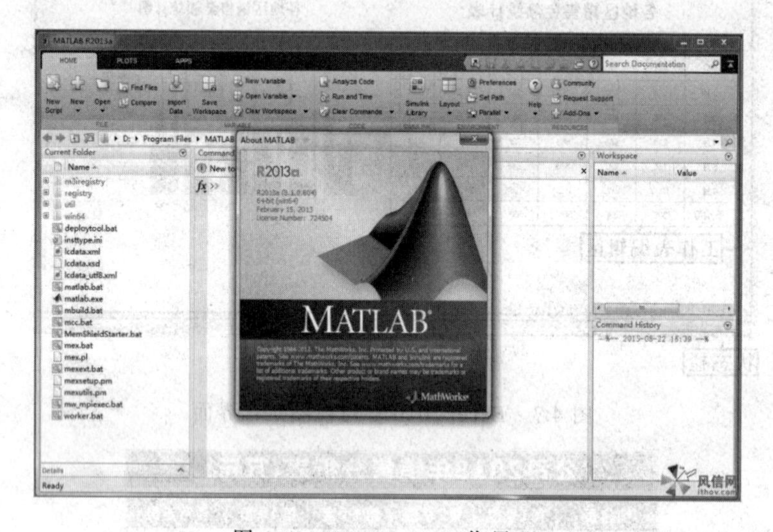

图 4.10　MATLAB 工作界面

MATLAB 是 Matrix & Laboratory 两个词的组合，意为矩阵工厂（矩阵实验室），是由美国 Mathworks 公司发布的主要面对科学计算、可视化以及交互式程序设计的高科技计算环境。它将数值分析、矩阵计算、科学数据可视化以及非线性动态系统的建模和仿真等诸多强大功能集成在一个易于使用的视窗环境中，为科学研究、工程设计以及必须进行有效数值计算的众多科学领域提供了一种全面的解决方案，并在很大程度上摆脱了传统非交互式程序设计语言（如 C、FORTRAN）的编辑模式，代表了当今国际科学计算软件的先进水平。使用 MATLAB 软件制作的效果图示例如图 4.11 所示。

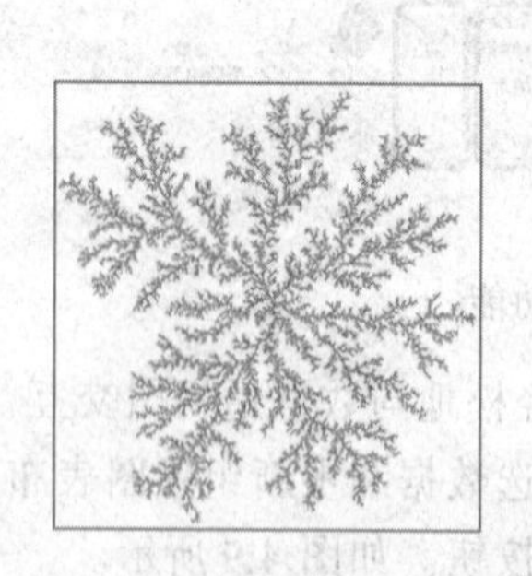
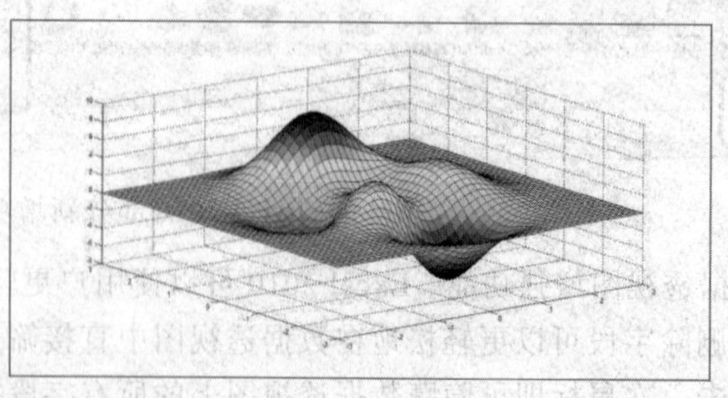

图 4.11　使用 MATLAB 软件制作的效果图示例

4.2 案 例

4.2.1 【案例1】简单表格的制作

案例描述

（1）在第一列插入“序号”列，并添加序列数字1至10。

（2）合并单元格A1至G1。设置标题字体为「微软雅黑」，字号18，字体颜色为「蓝色」，加粗，水平居中。

（3）设置表格内所有文字字体为「宋体」，字号11，水平、垂直居中。

（4）给表格添加外边框，蓝色双实线。添加内边框，蓝色实线。

（5）工作表重新命名为“汇总成绩”。

结果样张如图4.12所示。

	A	B	C	D	E	F	G
1	成绩单						
2	序号	学号	姓名	Word	Excel	PPT	总分
3	1	NCUT150511	李志豪	0	58	71	129
4	2	NCUT150512	李慧军	55	87	50	192
5	3	NCUT150513	高欣阳	56	97	63	216
6	4	NCUT150514	张天天	65	64	95	224
7	5	NCUT150515	傅浩楠	73	92	93	258
8	6	NCUT150516	宋天赐	76	62	50	188
9	7	NCUT150517	李智勇	83	71	95	249
10	8	NCUT150518	宋嘉成	90	55	95	240
11	9	NCUT150519	宋美娟	98	86	96	280
12	10	NCUT150520	洪武涛	100	0	69	169

汇总成绩 / Sheet2 / Sheet3

图4.12 “简单表格的制作”案例结果样张

知识要点

（1）自动填充。

（2）插入新的列。

（3）合并单元格。

（4）设置字体。

（5）设置表格边框。

（6）工作表的命名。

案例操作

操作过程视频见 MOOC 网站或扫描二维码。

扫码看案例

4.2.2 【案例 2】公式应用

案例描述

（1）使用乘法公式“销售额=销售数量*单价”，计算“销售额”列 D3:D11 单元格。

（2）使用加法公式计算“总计”行中 B12:D12 单元格。

（3）使用除法公式“所占百分比=销售额/总销售额（D12）”，计算“所占百分比”列 E3:E11 单元格，要求结果以百分比形式显示，保留小数点后 1 位。

（4）给表格 A2:E12 套用表格样式「表样式中等深浅 6」。

（5）自动调整表格 A1:E12 的行高和列宽。

结果样张如图 4.13 所示。

	A	B	C	D	E
1	产品销售情况统计表				
2	产品型号	销售数量	单价（元）	销售额(元）	所占百分比
3	A-1	123	654	80442	10.2%
4	B-1	84	1652	138768	17.6%
5	C-1	111	2098	232878	29.5%
6	A-2	66	2341	154506	19.6%
7	B-2	101	780	78780	10.0%
8	C-2	79	394	31126	3.9%
9	A-3	89	391	34799	4.4%
10	B-3	68	189	12852	1.6%
11	C-3	91	282	25662	3.2%
12	总计	812	8781	789813	

图 4.13 “公式应用”案例结果样张

知识要点

（1）数学公式的应用。

（2）单元格的绝对引用。

（3）套用表格样式。

（4）自动调整行高/列宽。

案例操作

操作过程视频见 MOOC 网站或扫描二维码。

扫码看案例

4.2.3 【案例3】基本函数应用

案例描述

（1）在工作表 Sheet1 中，使用 SUM 函数计算每个学生的总分 G2:G11 单元格。

（2）使用 AVERAGE 函数计算每个学生的平均分 H2:H11 单元格。

（3）使用 RANK.EQ 函数计算每个学生的成绩排名 I2:I11 单元格。

（4）分别计算全体女生和男生的总分的平均分 B13、B14 单元格。

结果样张如图 4.14 所示。

	A	B	C	D	E	F	G	H	I
1	学号	姓名	性别	Word	Excel	PPT	总分	平均分	排名
2	NCUT150511	李志豪	男	0	58	71	129	43	10
3	NCUT150512	李慧军	女	55	87	50	192	64	7
4	NCUT150513	高欣阳	女	56	97	63	216	72	6
5	NCUT150514	张天天	女	65	64	95	224	75	5
6	NCUT150515	傅浩楠	男	73	92	93	258	86	2
7	NCUT150516	宋天赐	男	76	62	50	188	63	8
8	NCUT150517	李智勇	男	83	71	95	249	83	3
9	NCUT150518	宋嘉成	男	90	55	95	240	80	4
10	NCUT150519	宋美娟	女	98	86	96	280	93	1
11	NCUT150520	洪武涛	男	100	0	69	169	56	9
12									
13	女生总分平均分	228							
14	男生总分平均分	206							

图 4.14 “基本函数应用”案例结果样张

知识要点

（1）SUM、AVERAGE、RANK.EQ 基本函数的应用。

（2）单元格的绝对和相对引用。

（3）连续区域、不连续区域的选择。

扫码看案例

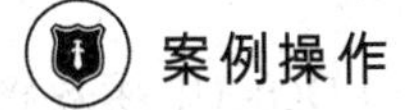

案例操作

操作过程视频见 MOOC 网站或扫描二维码。

4.2.4 【案例4】条件函数应用

案例描述

（1）在工作表 Sheet1 中，使用 COUNTIF 函数计算出男女生人数 B14、B15 单元格。

（2）使用 AVERAGEIF 函数计算出男女生总分平均成绩 C17、C18 单元格。

（3）使用 SUMIF 函数再次计算出男女生总分平均成绩 E17、E18 单元格。

结果样张如图 4.15 所示。

	A	B	C	D	E	F	G	H
1	学号	姓名	性别	Word	Excel	PPT	总分	平均分
2	NCUT150511	李志豪	男	0	58	71	129	43
3	NCUT150512	李慧军	女	55	87	50	192	64
4	NCUT150513	高欣阳	女	56	97	63	216	72
5	NCUT150514	张天天	女	65	64	95	224	75
6	NCUT150515	傅浩楠	男	73	92	93	258	86
7	NCUT150516	宋天赐	男	76	62	50	188	63
8	NCUT150517	李智勇	男	83	71	95	249	83
9	NCUT150518	宋嘉成	男	90	55	95	240	80
10	NCUT150519	宋美娟	女	98	86	96	280	93
11	NCUT150520	洪武涛	男	100	0	69	169	56
12								
14	女生人数	4						
15	男生人数	6						
16								
17	女生总分平均成绩	averageif函数	228	sumif函数	228			
18	男生总分平均成绩	averageif函数	206	sumif函数	206			

Sheet1 Sheet2 Sheet3

图 4.15 “条件函数应用”案例结果样张

知识要点

（1）COUNTIF 函数的应用。

（2）AVERAGEIF 函数的应用。

（3）SUMIF 函数的应用。

案例操作

扫码看案例

操作过程视频见 MOOC 网站或扫描二维码。

4.2.5 【案例 5】VLOOKUP 函数应用

案例描述

（1）根据工作表 Sheet1 中表 1、表 2、表 3 学生的单科成绩，使用 VLOOKUP 函数将总表中学生姓名和各科成绩一一对应填写完整。

（2）使用 SUM 函数计算出每个学生的总分 F2:F11。

（3）使用 AVERAGE 函数计算出每个学生成绩平均分 G2:G11。

（4）使用 IF 函数计算出每个学生成绩是否及格 H2:H11。

（5）使用嵌套函数计算出每个学生单科是否有不及格 I2:I11。

结果样张如图 4.16 所示。

	A	B	C	D	E	F	G	H	I
1	学号	姓名	Word	Excel	PPT	总分	平均分	是否及格	是否有挂科
2	NCUT150511	李志豪	0	58	71	129	43	否	是
3	NCUT150512	李慧军	55	87	50	192	64	是	是
4	NCUT150513	高欣阳	56	97	63	216	72	是	是
5	NCUT150514	张天天	65	64	95	224	75	是	否
6	NCUT150515	傅浩楠	73	92	93	258	86	是	否
7	NCUT150516	宋天赐	76	62	50	188	63	是	是
8	NCUT150517	李智勇	83	71	95	249	83	是	否
9	NCUT150518	宋嘉成	90	55	95	240	80	是	是
10	NCUT150519	宋美娟	98	86	96	280	93	是	否
11	NCUT150520	洪武涛	100	0	69	169	56	否	是

Sheet1 Sheet2 Sheet3

图 4.16 “VLOOKUP 函数应用”案例结果样张

知识要点

（1）VLOOKUP 函数的应用。

（2）AVERAGE 基本函数的应用。

（3）IF、COUNTIF 条件函数的应用。

（4）函数的嵌套应用。

扫码看案例

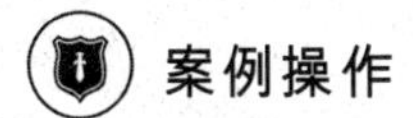

案例操作

操作过程视频见 MOOC 网站或扫描二维码。

4.2.6 【案例 6】自动筛选

案例描述

（1）对工作表中的内容进行自动筛选，筛选出所有图书销售数量大于 500 册的相关信息。将筛选出来的结果复制到新工作表，命名为“筛选 1”。

（2）使用自动筛选，筛选出所有图书销售数量大于 500 册同时该书销售额大于 20000 元的分店信息。将筛选出来的结果复制到新工作表，命名为“筛选 2”。

（3）对筛选出来的两个表格添加内外黑色实线边框。

结果样张如图 4.17、图 4.18 所示。

图书名称	季度	数量	单价	销售额(元)
计算机导论	1	569	￥32.80	￥18,663.20
计算机导论	2	645	￥32.80	￥21,156.00
程序设计基础	1	765	￥26.90	￥20,578.50

图书销售情况表 筛选1 筛选2

图 4.17 “自动筛选”案例结果样张 1

经销部门	图书名称	季度	数量	单价	销售额(元)
第1分店	计算机导论	2	645	￥32.80	￥21,156.00
第1分店	程序设计基础	1	765	￥26.90	￥20,578.50

图书销售情况表 筛选1 筛选2

图 4.18 “自动筛选”案例结果样张 2

知识要点

（1）数据的自动筛选。

（2）工作表的命名。

（3）表格内外边框的设置。

扫码看案例

案例操作

操作过程视频见 MOOC 网站或扫描二维码。

4.2.7 【案例 7】高级筛选

案例描述

（1）使用高级筛选方式，筛选出“计算机导论”图书销售数量大于 300 册同时该书销售额大于 10 000 元的信息。将筛选结果复制到 H5 单元格。

（2）使用高级筛选方式，筛选出图书销售数量大于 300 册或者销售额大于 10 000 元的信息。将筛选结果复制到 H18 单元格。

结果样张如图 4.19、图 4.20 所示。

	H	I	J	K	L	M
4						
5	经销部门	图书名称	季度	数量	单价	销售额(元)
6	第3分店	计算机导论	1	306	￥32.80	￥10,036.80
7	第2分店	计算机导论	2	312	￥32.80	￥10,233.60
8	第1分店	计算机导论	3	345	￥32.80	￥11,316.00
9	第2分店	计算机导论	4	412	￥32.80	￥13,513.60
10	第1分店	计算机导论	1	569	￥32.80	￥18,663.20
11	第1分店	计算机导论	2	645	￥32.80	￥21,156.00

图书销售情况表 Sheet2 Sheet3

图 4.19 “高级筛选”案例结果样张 1

	H	I	J	K	L	M
18	经销部门	图书名称	季度	数量	单价	销售额(元)
19	第3分店	程序设计基础	1	301	￥26.90	￥8,096.90
20	第3分店	计算机导论	1	306	￥32.80	￥10,036.80
21	第3分店	计算机应用基础	2	309	￥23.50	￥7,261.50
22	第2分店	计算机导论	2	312	￥32.80	￥10,233.60
23	第1分店	计算机应用基础	1	345	￥23.50	￥8,107.50
24	第1分店	计算机导论	3	345	￥32.80	￥11,316.00
25	第1分店	计算机应用基础	2	412	￥23.50	￥9,682.00
26	第2分店	计算机导论	4	412	￥32.80	￥13,513.60
27	第2分店	计算机应用基础	3	451	￥23.50	￥10,598.50
28	第1分店	计算机导论	1	569	￥32.80	￥18,663.20
29	第1分店	计算机导论	2	645	￥32.80	￥21,156.00
30	第1分店	程序设计基础	1	765	￥26.90	￥20,578.50

图书销售情况表 Sheet2 Sheet3

图 4.20 “高级筛选”案例结果样张 2

知识要点

（1）数据的高级筛选。

（2）筛选结果显示。

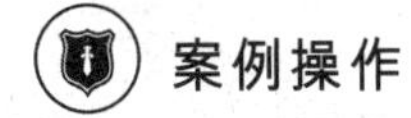

案例操作

操作过程视频见 MOOC 网站或扫描二维码。

扫码看案例

4.2.8 【案例 8】数据排序

案例描述

（1）对工作表“产品销售情况表”内数据清单的内容按主要关键字“分公司”的自定义顺序（东部、南部、西部、北部）和次要关键字“季度”升序进行排序。

（2）给表格添加蓝色单实线外边框，红色单实线内边框。

结果样张如图 4.21 所示。

季度	分公司	产品类别	产品名称	销售数量	销售额（万元）	销售额排名
1	东部	D-1	电视	67	18.43	6
2	东部	D-2	电冰箱	65	15.21	11
2	东部	D-1	电视	56	15.40	10
3	东部	D-2	电冰箱	39	9.13	18
3	东部	D-1	电视	66	18.15	7
1	南部	D-2	电冰箱	89	20.83	4
1	南部	D-1	电视	64	17.60	8
2	南部	D-2	电冰箱	45	10.53	16
2	南部	K-1	空调	63	22.30	2
3	南部	D-1	电视	46	12.65	13
1	西部	K-1	空调	89	12.28	14
1	西部	D-1	电视	21	9.37	17
2	西部	D-2	电冰箱	69	22.15	3
2	西部	D-1	电视	42	18.73	5
3	西部	K-1	空调	84	11.59	15
1	北部	D-2	电冰箱	43	13.80	12
2	北部	D-2	电冰箱	48	15.41	9
2	北部	K-1	空调	37	5.11	20
3	北部	K-1	空调	53	7.31	19
3	北部	D-1	电视	64	28.54	1

图 4.21 “数据排序”案例结果样张

知识要点

（1）数据（自定义）排序。

（2）表格内外边框的设置。

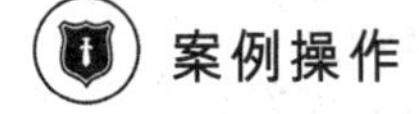

案例操作

操作过程视频见 MOOC 网站或扫描二维码。

扫码看案例

4.2.9 【案例 9】分类汇总

案例描述

（1）对工作表“图书销售情况表”内数据清单的内容先按照第一关键字“季度”的递增次序和第二关键字“图书名称”的递减次序进行排序。

（2）对排序后的数据进行分类汇总，分类字段为“图书名称”、汇总方式为“求和”、汇总项为“销售额”和“数量”，汇总结果显示在数据下方。

结果样张如图 4.22 所示。

某图书销售集团销售情况表					
经销部门	图书名称	季度	数量	单价	销售额(元)
第2分店	计算机应用基础	1	167	￥23.50	￥3,924.50
第2分店	计算机应用基础	1	206	￥23.50	￥4,841.00
第1分店	计算机应用基础	1	345	￥23.50	￥8,107.50
	计算机应用基础 汇总		718		￥16,873.00
第2分店	计算机导论	1	221	￥32.80	￥7,248.80
第3分店	计算机导论	1	306	￥32.80	￥10,036.80
第1分店	计算机导论	1	569	￥32.80	￥18,663.20
	计算机导论 汇总		1096		￥35,948.80
第2分店	程序设计基础	1	190	￥26.90	￥5,111.00
第3分店	程序设计基础	1	301	￥26.90	￥8,096.90
第1分店	程序设计基础	1	765	￥26.90	￥20,578.50
	程序设计基础 汇总		1256		￥33,786.40
第2分店	计算机应用基础	2	145	￥23.50	￥3,407.50
第3分店	计算机应用基础	2	309	￥23.50	￥7,261.50
第1分店	计算机应用基础	2	412	￥23.50	￥9,682.00
	计算机应用基础 汇总		866		￥20,351.00
第3分店	计算机导论	2	119	￥32.80	￥3,903.20
第2分店	计算机导论	2	312	￥32.80	￥10,233.60
第1分店	计算机导论	2	645	￥32.80	￥21,156.00
	计算机导论 汇总		1076		￥35,292.80
第1分店	程序设计基础	2	123	￥26.90	￥3,308.70
第2分店	程序设计基础	2	211	￥26.90	￥5,675.90
第3分店	程序设计基础	2	242	￥26.90	￥6,509.80
	程序设计基础 汇总		576		￥15,494.40
第1分店	计算机应用基础	3	234	￥23.50	￥5,499.00
第3分店	计算机应用基础	3	278	￥23.50	￥6,533.00
第2分店	计算机应用基础	3	451	￥23.50	￥10,598.50
	计算机应用基础 汇总		963		￥22,630.50
第3分店	计算机导论	3	111	￥32.80	￥3,640.80
第2分店	计算机导论	3	281	￥32.80	￥9,216.80
第1分店	计算机导论	3	345	￥32.80	￥11,316.00
	计算机导论 汇总		737		￥24,173.60
第2分店	程序设计基础	3	205	￥26.90	￥5,514.50
第3分店	程序设计基础	3	218	￥26.90	￥5,864.20
第1分店	程序设计基础	3	232	￥26.90	￥6,240.80
	程序设计基础 汇总		655		￥17,619.50
第3分店	计算机应用基础	4	180	￥23.50	￥4,230.00
第2分店	计算机应用基础	4	189	￥23.50	￥4,441.50
第1分店	计算机应用基础	4	278	￥23.50	￥6,533.00
	计算机应用基础 汇总		647		￥15,204.50
第3分店	计算机导论	4	230	￥32.80	￥7,544.00
第1分店	计算机导论	4	236	￥32.80	￥7,740.80
第2分店	计算机导论	4	412	￥32.80	￥13,513.60
	计算机导论 汇总		878		￥28,798.40
第3分店	程序设计基础	4	168	￥26.90	￥4,519.20
第1分店	程序设计基础	4	178	￥26.90	￥4,788.20
第2分店	程序设计基础	4	196	￥26.90	￥5,272.40
	程序设计基础 汇总		542		￥14,579.80
	总计		10010		￥280,752.70

图 4.22 “分类汇总”案例结果样张

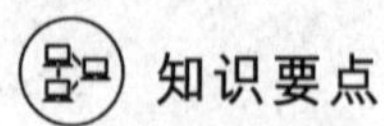

（1）数据排序。

（2）分类汇总。

扫码看案例

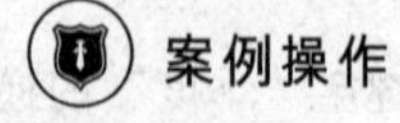

操作过程视频见 MOOC 网站或扫描二维码。

4.2.10 【案例 10】簇状柱形图应用

案例描述

（1）选取“某图书销售集团销售情况表”的 A2:E8 单元格的内容建立“簇状柱形图”。

（2）为图表添加标题为“图书销售统计图”（位于图表上方），图例靠右。

（3）添加横向主要网格线。

结果样张如图 4.23 所示。

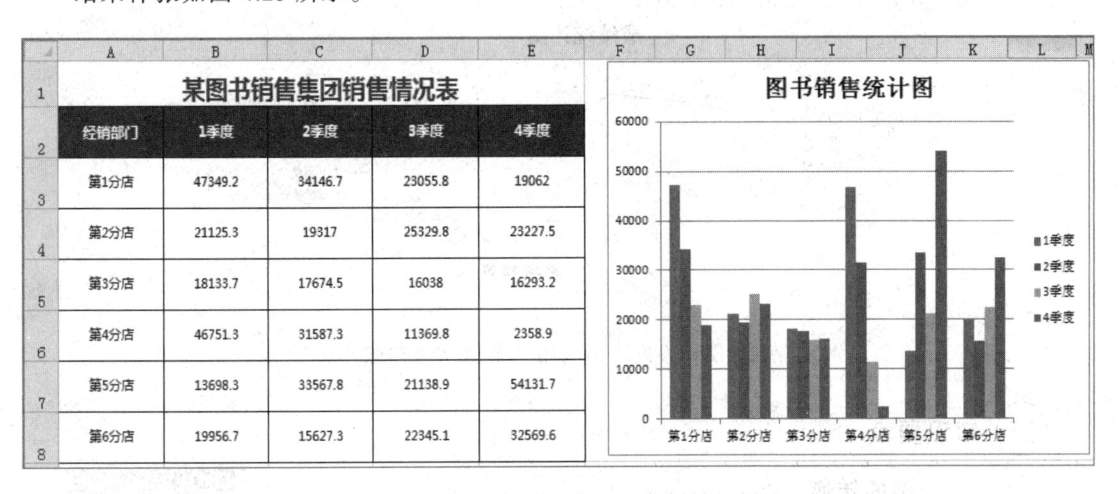

某图书销售集团销售情况表

经销部门	1季度	2季度	3季度	4季度
第1分店	47349.2	34146.7	23055.8	19062
第2分店	21125.3	19317	25329.8	23227.5
第3分店	18133.7	17674.5	16038	16293.2
第4分店	46751.3	31587.3	11369.8	2358.9
第5分店	13698.3	33567.8	21138.9	54131.7
第6分店	19956.7	15627.3	22345.1	32569.6

图 4.23 “簇状柱形图应用”案例结果样张

知识要点

（1）创建簇状柱形图。

（2）图表的编辑。

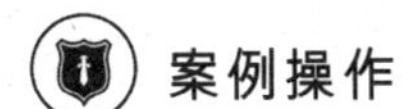

案例操作

操作过程视频见 MOOC 网站或扫描二维码。

扫码看案例

4.2.11 【案例 11】折线图应用

案例描述

（1）将图 4.24 所示的柱状图中的“高等数学成绩”系列删除。

（2）将此图表类型改为「折线图」，图表样式采用「样式 2」，并且在右侧显示图例。

（3）设置图表的分类（X）轴标题字体为「隶书」，字形为「倾斜」，字号 16，并将图表标题的文字设为「宋体」、字号 16。

结果样张如图 4.25 所示。

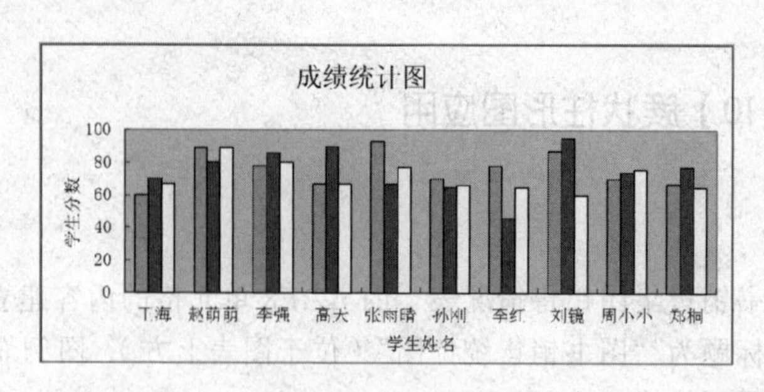

图 4.24　柱状图

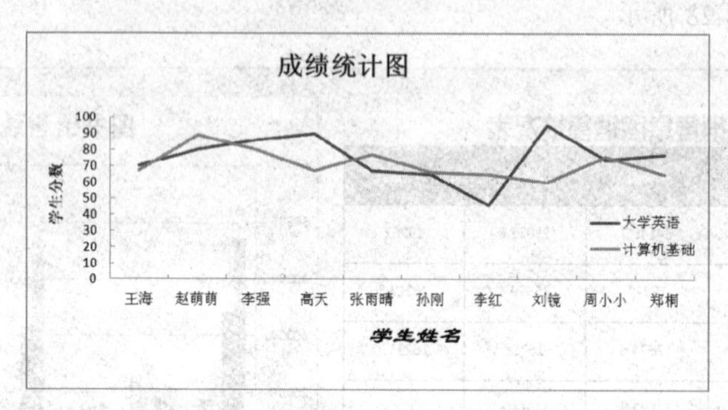

图 4.25　“折线图应用”案例结果样张

知识要点

（1）图表类型的转换。

（2）图例的设置。

（3）轴标题的设置。

扫码看案例

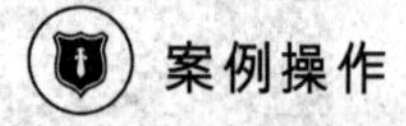

案例操作

操作过程视频见 MOOC 网站或扫描二维码。

4.2.12 【案例 12】多种图表类型集成应用

案例描述

（1）根据表中的数据，创建“簇状柱形图”。

（2）图表中使用「切换行、列」，使其“地区”为数据图表的水平轴标签。

（3）为图表添加标题为“各地区销售金额统计图”（位于图表上方），图例靠右。

（4）修改图表主要纵坐标轴最小值为 0.0，最大值为 1500，主要刻度单位为 300。

（5）更改“平均值”数据系列图表类型为「折线图」。

（6）为“平均值”系列添加「线性趋势线」，要求线条为「实线」，颜色为「红色」，线型宽度为「2 磅」。

结果样张如图 4.26 所示。

各地区销售金额统计表

	北京	上海	四川	山东	河北	广东
1月	511	778	589	452	648	879
2月	456	132	235	335	399	465
3月	436	456	387	363	312	456
4月	213	466	546	326	321	879
5月	789	721	533	648	346	856
6月	1233	1373	1223	1256	1336	516
平均值	606	654	586	563	560	675

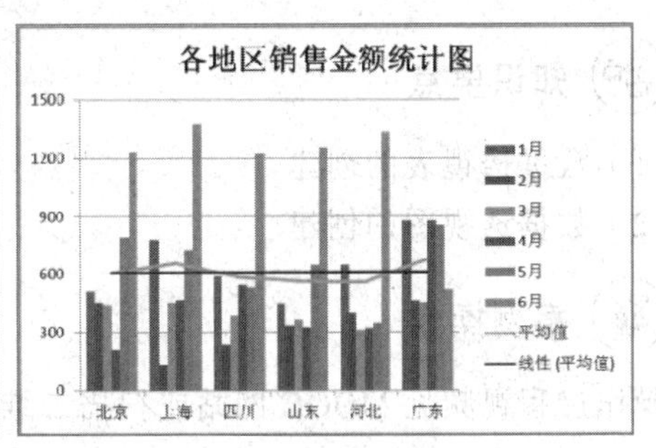

图 4.26 “多种图表类型集成应用”案例结果样张

知识要点

（1）图表的创建。
（2）图表行列坐标轴的切换。
（3）图表坐标轴刻度的设置。
（4）更改图表系列类型。
（5）添加趋势线。

扫码看案例

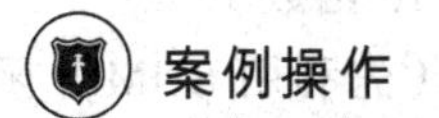

案例操作

操作过程视频见 MOOC 网站或扫描二维码。

4.2.13 【案例 13】数据透视图表

案例描述

（1）根据图表信息，建立一个数据透视表。新建工作表，命名为“透视图表”，其中显示各经手人对各类产品的销售总金额。

（2）行字段为“经手人”、列字段为“产品名称”、数据区域为“合计销售金额”，汇总方式为“求和”。

（3）同时在“透视图表”中建立一个数据透视图，X 轴为“经手人”，Y 轴为“订购数量”，汇总方式为“计数”，图例为各“产品名称”。

结果样张如图 4.27 所示。

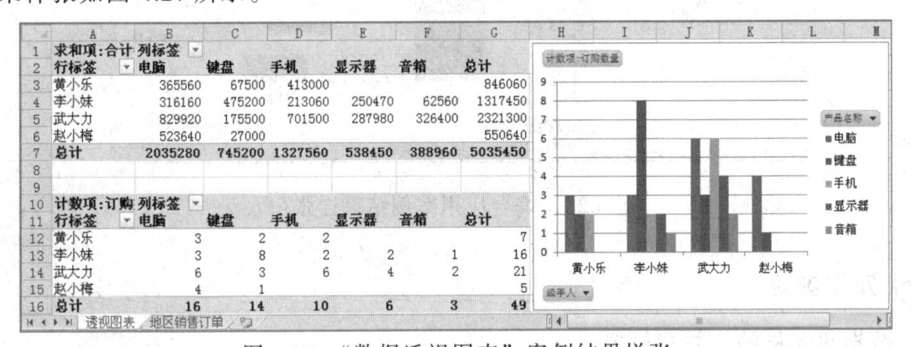

求和项:合计	列标签					
行标签	电脑	键盘	手机	显示器	音箱	总计
黄小乐	365560	67500	413000			846060
李小妹	316160	475200	213060	250470	62560	1317450
武大力	829920	175500	701500	287980	326400	2321300
赵小梅	523640	27000				550640
总计	2035280	745200	1327560	538450	388960	5035450

计数项:订购	列标签					
行标签	电脑	键盘	手机	显示器	音箱	总计
黄小乐	3	2	2			7
李小妹	3	8	2	2	1	16
武大力	6	3	6	4	2	21
赵小梅	4	1				5
总计	16	14	10	6	3	49

图 4.27 “数据透视图表”案例结果样张

知识要点

（1）数据透视表的创建。

（2）数据透视图的创建。

扫码看案例

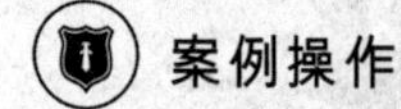

案例操作

操作过程视频见 MOOC 网站或扫描二维码。

4.2.14 【案例 14】综合应用案例

案例描述

（1）将 Sheet1 工作表的 A1:E1 单元格合并为一个单元格，内容水平居中。

（2）在 E4 单元格内计算所有考生的平均分数（利用 AVERAGE 函数，数值型，保留小数点后 1 位，负数用带负号的黑色文字表示）。

（3）在 E5 和 E6 单元格内计算笔试人数和上机人数（利用 COUNTIF 函数）。

（4）在 E7 和 E8 单元格内计算笔试的平均分数和上机的平均分数（先利用 SUMIF 函数分别求总分数，数值型，保留小数点后 1 位，负数用带负号的黑色文字表示），将工作表命名为“分数统计表”。

（5）分别建立数据透视表和数据透视图，轴字段为「类别」，数值区域为「分数」，汇总方式为“计数”，图表标题为“类别统计表”。

结果样张如图 4.28 所示。

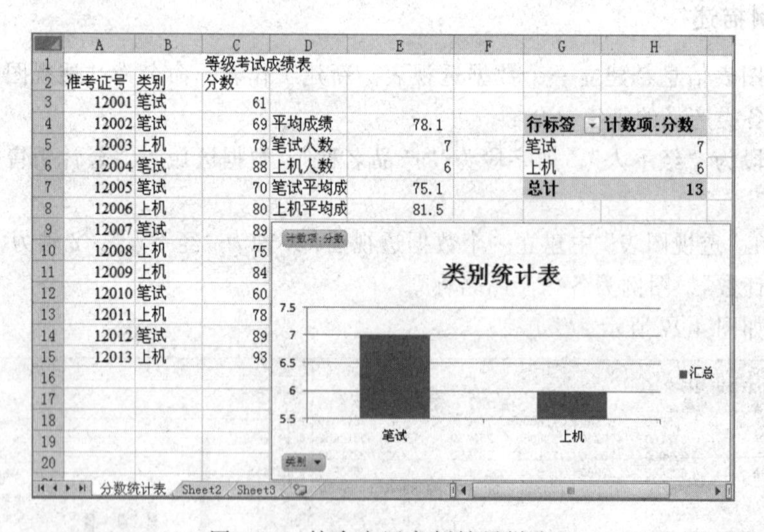

	A	B	C	D	E	F	G	H
1			等级考试成绩表					
2	准考证号	类别	分数					
3	12001	笔试	61					
4	12002	笔试	69	平均成绩	78.1		行标签	计数项:分数
5	12003	上机	79	笔试人数	7		笔试	7
6	12004	笔试	88	上机人数	6		上机	6
7	12005	笔试	70	笔试平均成	75.1		总计	13
8	12006	上机	80	上机平均成	81.5			
9	12007	笔试	89					
10	12008	上机	75					
11	12009	上机	84					
12	12010	笔试	60					
13	12011	上机	78					
14	12012	笔试	89					
15	12013	上机	93					

图 4.28　综合应用案例结果样张

知识要点

（1）数据单元格的合并和设置。

（2）AVERAGE 函数、COUNTIF 函数、SUMIF 函数的应用。

（3）工作表的重命名。

（4）数据透视表的创建。

（5）数据透视图的创建。

扫码看案例

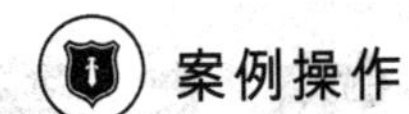

操作过程视频见 MOOC 网站或扫描二维码。

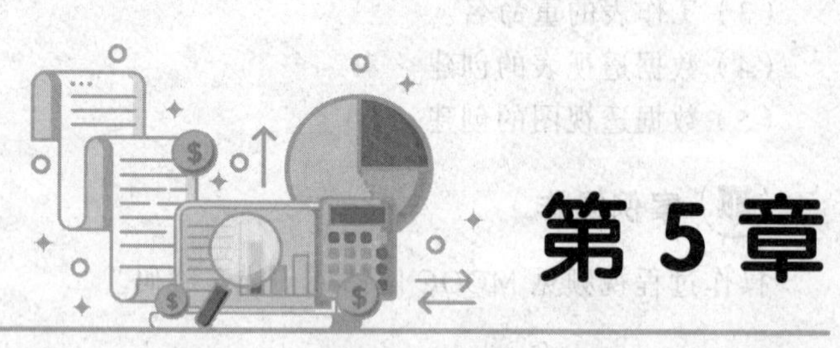

第5章 >>> 图像处理

本章概要

Adobe Photoshop 是一款优秀的图形图像处理软件，在图形绘制、文字编排、图像处理和动画制作上都具有十分完善和强大的功能，使用它可以进行平面设计、产品设计、照片后期处理以及电脑绘画等操作，大学生掌握必要的图像处理方法和技巧是非常必要的。

学习目标

（1）掌握图像处理的基础知识；
（2）掌握图像处理的基本步骤；
（3）掌握基本的创建选区工具（矩形和椭圆，以及选区的运算）；
（4）掌握套索工具的使用（多边形和磁性套索）；
（5）掌握魔棒和快速选择工具；
（6）掌握画笔的使用（特别是修复画笔、修补工具等）；
（7）掌握图层的使用。

5.1 概　述

图像处理的工具很多，美图秀秀对人物图片的处理能力比较强，现在还具有网页版的形式，让用户在线处理图片比较方便，如图 5.1 所示。

图 5.1　美图秀秀网页版

Coreldraw Graphics Suite 是加拿大 Corel 公司出品的矢量图形制作工具软件，该软件给设计师提供了矢量动画、页面设计、网站制作、位图编辑和网页动画等多种功能，如图 5.2 所示。

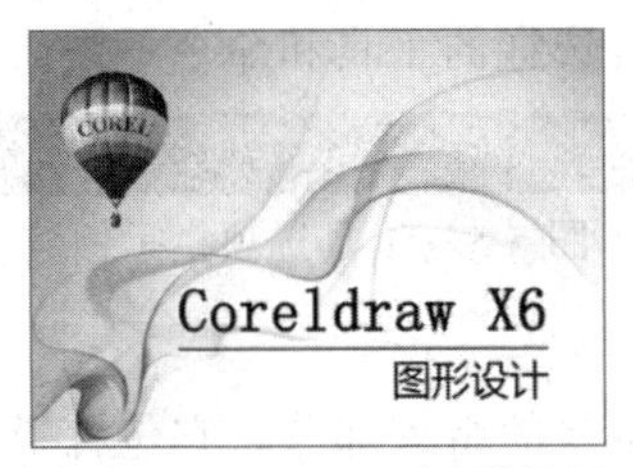

图 5.2 Coreldraw 图形设计

Photoshop 是目前全世界采用最广泛的图形图像处理软件，也是被公认为最好的通用平面设计软件，它的功能完善，性能稳定，使用方便，几乎在所有的电影、广告、出版、软件等领域都广为使用。现在的 Photoshop CS6 在保持原来风格的基础上还将工作界面和菜单做了更加合理和规范的改变与调整，并且新增了许多的功能，包括裁剪、视频创建等。在实际体验上，有五大新增的功能：内容识别修补、全新的裁剪工具、全新的 Blur Gallery 以及直观的视频创建和自动恢复、后台存储。这五个新功能让图片处理更加高效，更重要的是更加智能。

Photoshop CS6 的操作界面是由菜单栏、工具选项栏、工具箱、面板以及工作区几部分组成。

1. 菜单栏

Photoshop CS6 中的菜单栏和以前的版本改动不大，上面有一些常用的菜单命令，如图 5.3 所示。

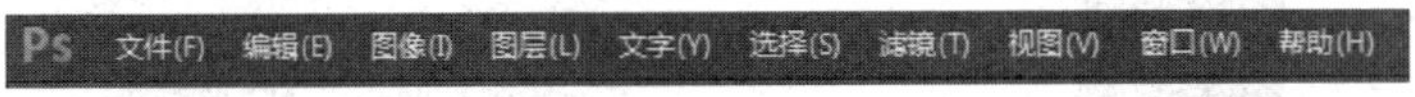

Ps 文件(F) 编辑(E) 图像(I) 图层(L) 文字(Y) 选择(S) 滤镜(T) 视图(V) 窗口(W) 帮助(H)

图 5.3 菜单栏

Photoshop CS6 默认的菜单和界面的外观颜色是黑色（深邃的颜色），如果用户不习惯这种颜色，可以通过执行「编辑→首选项→界面」命令，弹出「首选项」对话框，如图 5.4 所示。在「界面」选项中设置相应的颜色。

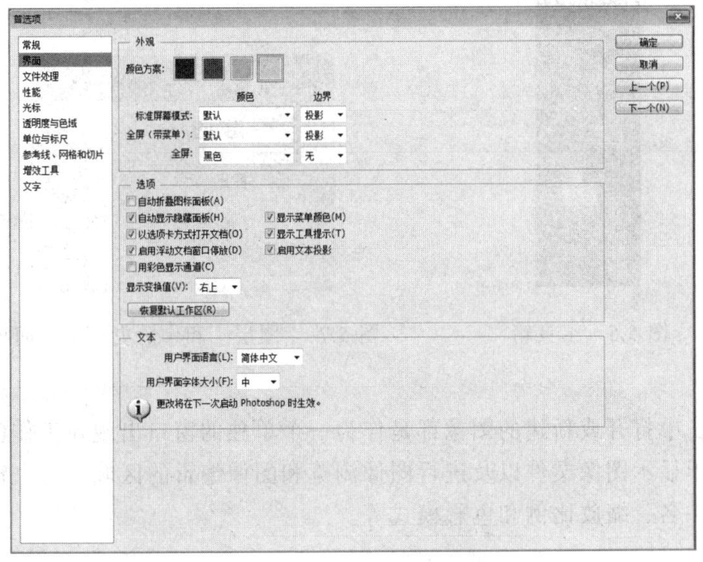

图 5.4 「首选项」对话框

2．工具选项栏

工具选项栏位于菜单栏下方，提供当前所选择的工具或命令的有关信息以及可进行的进一步的编辑和操作等。选项栏随着选择的工具和命令不同而变化，如图 5.5 所示。

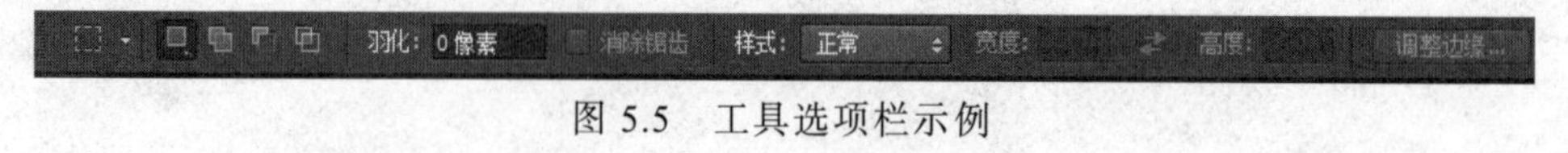

图 5.5　工具选项栏示例

3．工具箱

工具箱是 Photoshop 中非常重要的组成部分，它包含了 Photoshop 中的各种处理工具。绝大部分工具图标的右下角都带有一个黑色的小三角形标记,这表示该工具中还有隐含工具，是一个工具组。如果要选择其隐含的工具，用鼠标点击黑三角等三秒或点击鼠标右键就可以出现工具组的其他工具。单击工具栏上方的双向三角箭头，工具栏即可转换成两栏模式，如图 5.6 所示。

4．操作面板

操作面板一般出现在界面的右边，其主要功能是提供图像各种属性及特性工具属性相关的操作和修改，有些还提供相关的预览图，如图 5.7 所示。如果在操作界面中找不到某个面板时，可从「窗口」菜单中打开。

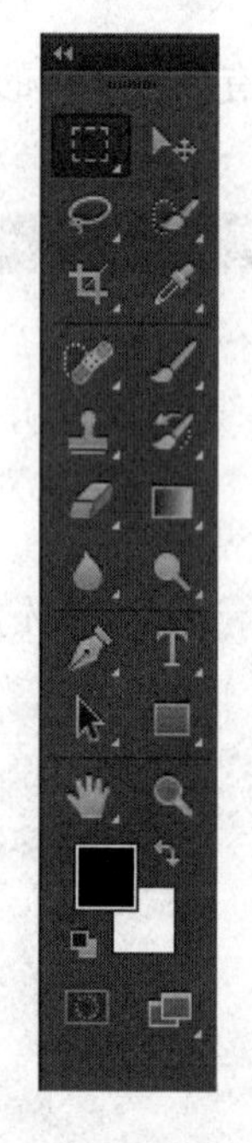

图 5.6　工具箱

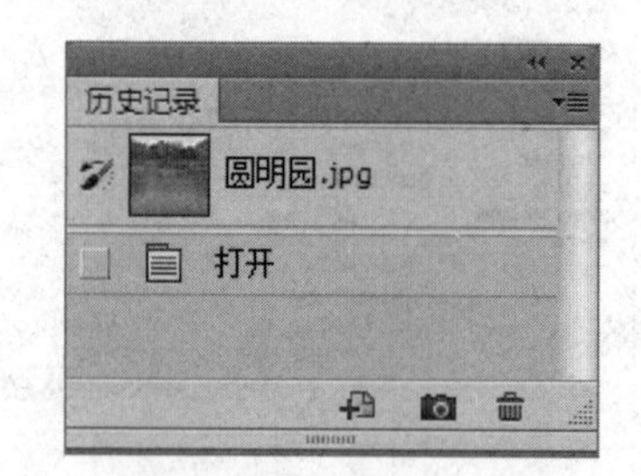

图 5.7「图层」和「历史记录」面板

5．工作区

在 Photoshop 中打开或新建的图像都是作为一个单独的窗口出现在工作区中，图像窗口是 Photoshop 用于显示图像文件以及进行图像浏览和图像编辑的区域。每个窗口都带有自己的标题，包括文件名、缩放比例和色彩模式等。

5.2 案 例

本节提供了6个案例，演示了图像合成、图像背景变换、图像的局部替换、图像修复、带有背景图像的复制以及图像制作方法和技巧。

5.2.1 【案例1】图像合成

案例描述

将如图5.8（a）和（b）所示的图像进行合成，合成后的效果如图5.8（c）所示。

（a）案例素材1

（b）案例素材2

（c）图像合成效果

图5.8 “图像合成”案例结果样张

知识要点

（1）魔棒工具的使用。

（2）移动工具的使用。

（3）选择工具的使用。

（4）快捷键的使用。本案例中使用了以下几个常用的快捷键：复制Ctrl+C、粘贴Ctrl+V、自由变换Ctrl+T，此外，在拖动鼠标时按住Shift+Alt键，可以使图像从中间等比例放大或缩小。

案例操作

操作过程视频见MOOC网站或扫描二维码。

扫码看案例

5.2.2 【案例2】图像背景变换

案例描述

将图5.9（a）所示的图片中单调的背景换成另外一张背景，最后的结果如图5.9（b）所示。

（a）案例素材

（2）处理结果

图 5.9 “图像背景变换”案例结果样张

知识要点

（1）图层的使用。
（2）选择工具的使用。

扫码看案例

案例操作

操作过程视频见 MOOC 网站或扫描二维码。

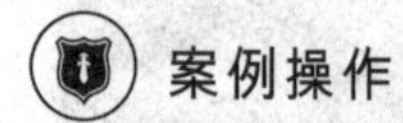

5.2.3 【案例 3】图像的局部替换

案例描述

将如图 5.10（a）所示的图中的脸替换成图 5.10（b）图中的脸，其他地方不变，最后的效果如图 5.10（c）所示。替换过程中关键是边界要融合自然，不要留下痕迹，脸部的方向也要调整合适。

（a）案例素材 1

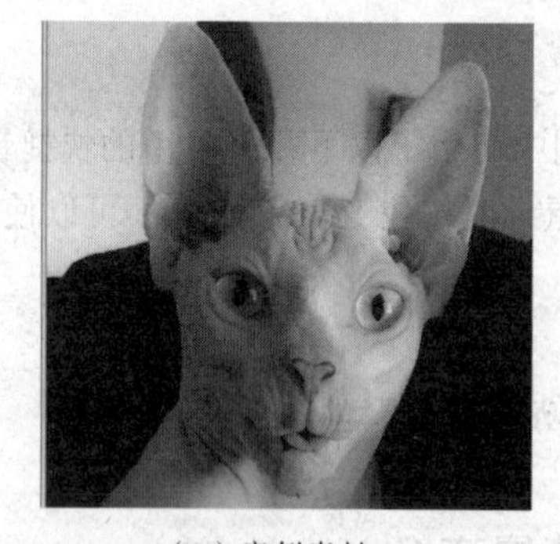
（b）案例素材 2

（c）处理结果

图 5.10 “图像的局部替换”案例结果样张

知识要点

（1）旋转工具，透明度的使用。

（2）图层的锁定与激活。
（3）羽化工具的使用。

扫码看案例

案例操作

操作过程视频见 MOOC 网站或扫描二维码。

5.2.4 【案例 4】图像修复

案例描述

修复如图 5.11（a）所示图中小男孩脸上的雀斑，修复后的效果如图 5.11（b）所示。

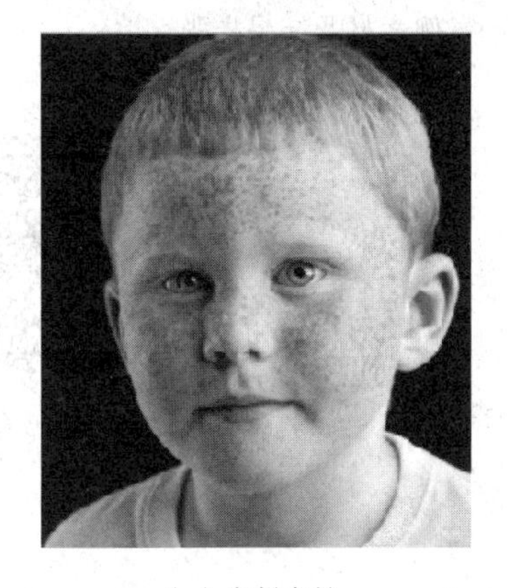
（a）案例素材

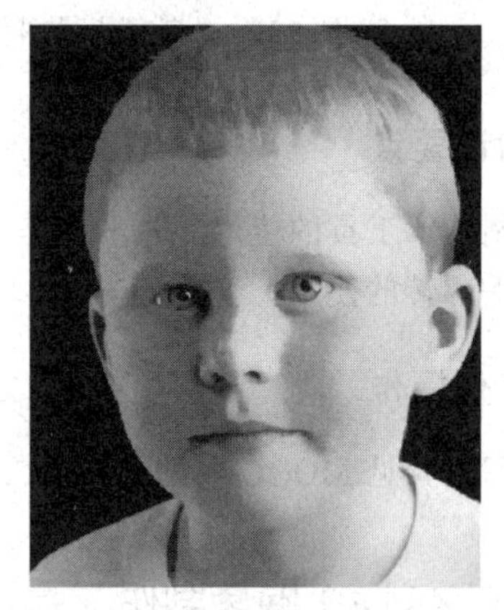
（b）处理后的效果

图 5.11　“图像修复”案例结果样张

知识要点

（1）图层的复制。
（2）模糊工具。
（3）修复画笔工具。
（4）添加杂色滤镜。

扫码看案例

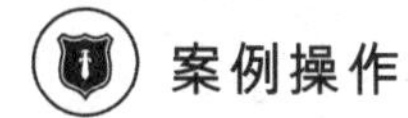

案例操作

操作过程视频见 MOOC 网站或扫描二维码。

5.2.5 【案例 5】带有背景图像的复制

案例描述

将如图 5.12（a）所示图中的小孩复制一份，变成图 5.12（b）中的 2 个小孩。

（a）案例素材

（b）处理后的效果

图 5.12 “带有背景图像的复制”案例素材及结果样张

知识要点

（1）仿制图章工具的使用。

（2）水平翻转的使用。

案例操作

操作过程视频见 MOOC 网站或扫描二维码。

扫码看案例

5.2.6 【案例 6】图像制作

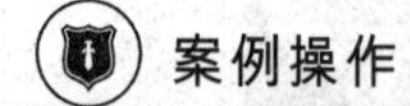

案例描述

制作一张明信片——一起去看红叶，最后效果如图 5.13 所示。

图 5.13 制作的图像效果

知识要点

（1）熟练使用画笔工具，设置画笔工具的形状、散布、形状动态和颜色动态，画出大小不一的红叶。

（2）利用铅笔工具画出分割线和填写邮政编码的数字框。

（3）利用图层的样式工具，使添加的文字带有阴影效果。

（4）多图层的创建及选择方法。

（5）利用参考线精确定位图像的方法。

案例操作

操作过程视频见 MOOC 网站或扫描二维码。

1　　2　　3

扫码看案例

第6章

>>>零基础App Inventor移动开发

本章概要

在人工智能、机器学习、大数据等先进技术迅猛发展的今天，开发属于自己的App是每个大学生都应该具备的基本能力。App Inventor是一个基于网络、图形化积木式的Android App开发环境，它简单易学，无须编写传统枯燥的代码，而是通过拼装一个个预设好的图形化积木块来实现App开发，避免了复杂的语法错误，从而使得软件开发变得前所未有的轻松和有趣。开发人员可以专注于创意的实现，在寓教于乐中培养计算思维能力。

学习目标

（1）熟悉App Inventor开发环境；

（2）掌握App Inventor开发平台的搭建；

（3）掌握App Inventor编程基础；

（4）掌握App Inventor常用组件的使用方法。

6.1 概　述

6.1.1 App Inventor简介

App Inventor是用来开发Android应用程序的平台，同时可以在多种浏览器中使用，例如Safari、FireFox、Chrome等（不支持IE浏览器），开发程序系统支持Mac OS X 、GUI/Linux，当然还有Windows操作系统。

同时，App Inventor是通过网络进行设计的，因此所有的设计方案都存储在云端服务器上，方便用户在任何一台机器上进行设计。App Inventor主要有三大作业模块：

（1）组件设计（Designer）：主要作用是界面设计，组件布局与组件属性设定；

（2）逻辑设计（Blocks）：主要作用是通过搭建积木块的方式，将封装好的程序代码进行连接，可以同时操作不同属性的元素组件、行为组件和函数组件等来进行“程序设计”，当然这些操作都不涉及直接编辑代码；

（3）模拟器（Emulator）：在没有Android设备时，可用模拟器来进行案例测试，但模拟器在部分功能上无法提供测试（如打电话或拍照等）。

App Inventor 可以在几分钟之内就构建完成一个小应用，组件设计和逻辑设计工作都可以在浏览器中进行，并且能够实现实时测试。

6.1.2 App Inventor 2 开发环境

App Inventor 2 需要连接 Internet 在 Web 浏览器上运行。通过 WiFi 或者 USB 数据线连接 Android 手机，或用模拟器就能创建你想要开发的 App。

1．开发网址

（1）http://appinventor.mit.edu/。这是 App Inventor 的官方网址，但由于国内网络环境问题，目前不能畅通地访问 Google 部分网站，其中包括 Gmail 服务。因此暂时还不能顺畅地在 App Inventor 2 的官网平台进行 App 的开发。

（2）http://app.gzjkw.net。这是 MIT App Inventor 团队和广州市教育信息中心（广州教科网）合作在国内部署的一个同步开发网站，用户可以利用 QQ 账号直接登录，也可以通过已有的电子邮箱申请账号登录。网址登录界面如图 6.1 所示。

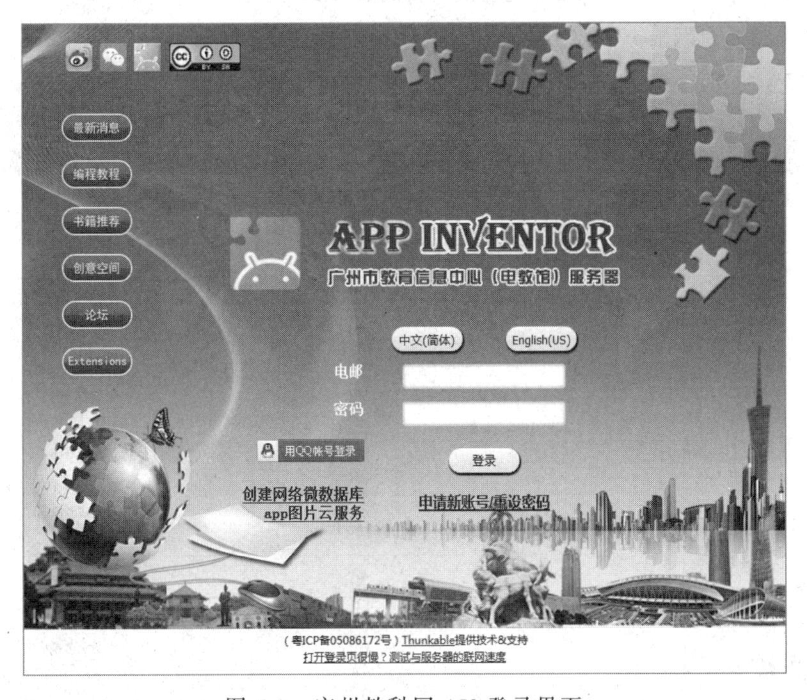

图 6.1　广州教科网 AI2 登录界面

（3）https://app.wxbit.com。这是由华南理工大学杨道全老师基于 MIT App Inventor 开源项目二次开发的 AI2 开发平台 WxBit 汉化版，服务器及网络由广东省计算机网络重点实验室支持，免费提供服务，并提供发布、交流 App Inventor 作品的展厅。网址登录界面如图 6.2 所示，该版本只能使用 QQ 账号登录。

登录 AI2 开发平台（以 http://app.gzjkw.net 广州教科网平台为例）并创建项目后的界面如图 6.3 所示。界面包括「组件设计」和「逻辑设计」两种模式，「组件设计」模式下界面包括「组件面板」、「工作面板」、「组件列表」和「组件属性」4 个部分，「逻辑设计」模式下包括「模块」和「工作面板」两部分。

图 6.2　网易汉化测试版 AI2 登录界面

图 6.3　AI2 开发界面

2. 手机移动端软件安装

在如图 6.3 所示的开发环境中，点击「帮助→AI 伴侣信息」命令，将会弹出如图 6.4 所示的安卓移动端下载地址和二维码，通过扫描二维码（如果利用微信扫描出现错误提示，可以使用 QQ 或其他扫描工具进行扫描）或者直接点击下载地址，然后按照提示向导将软件安装到手机移动端。

图 6.4　安卓移动端下载地址和二维码

3. 在安卓移动端运行 App 应用

在确保安卓移动端设备连接上 WiFi 后，打开移动端上安装的 MIT AI2 Companion.apk 文件，出现如图 6.5 所示的运行界面。

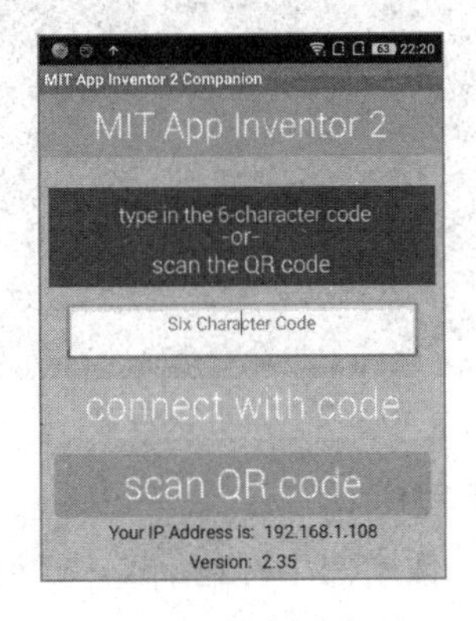

图 6.5　AI 伴侣运行界面

打开开发界面，点击「连接→AI 伴侣」命令，将出现如图 6.6 所示的二维码，通过点击图 6.5 中的 scan QR code 按钮扫描图 6.6 中的二维码，或直接输入二维码右侧的编码字符串，App 应用程序就可以在安卓移动端运行了。

图 6.6　应用二维码

4. 在手机上安装 App 应用

在计算机端的开发界面中点击「打包 apk→打包 apk 并显示二维码」命令，将显示二维码，直接扫描该二维码，就可以将 App 应用下载安装到安卓手机端了。

5. 在安卓模拟器上运行 App 应用

如果没有安卓设备或 WIFI，就需要在计算机上安装安卓模拟器来运行 App。安卓模拟器类型很多，这里介绍雷电安卓模拟器的使用方法。

（1）雷电安卓模拟器的下载及安装。通过百度等搜索引擎直接搜索“雷电模拟器”，就可以直接找到该模拟器，然后下载安装即可。安装后打开模拟器，将出现如图 6.7 所示的界面。

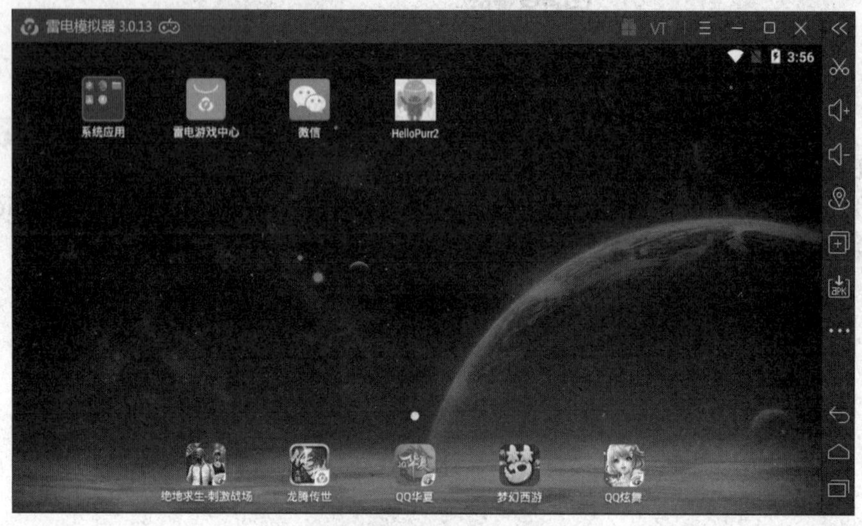

图 6.7　雷电模拟器

（2）在模拟器上运行 App 应用程序。

① 打包 apk 文件。点击开发界面中的「打包 apk→打包 apk 并下载到电脑」命令，将应用打包成 apk 文件并下载到计算机。

② 直接打开计算机中的 apk 文件，或点击模拟器右边的 apk 按钮，就可以将 apk 文件添加到模拟器，如图 6.7 中的 HelloPurr2 应用。

③ 点击 App 应用程序图标，就可以测试运行 App 应用程序。

6.1.3 利用 App Inventor 开发 App 的过程

采用 App Inventor 进行 App 开发大大降低了技术门槛，可以让开发者更好地去实现他们的创意和创新思想。一般的 App 开发过程如图 6.8 所示，具体步骤如下：

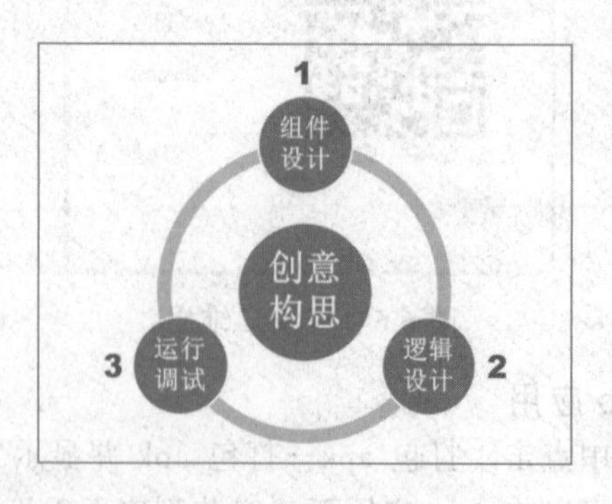

图 6.8　App Inventor 开发 App 过程

（1）创意构思。首先对要开发的 App 进行构思，确定该 App 具有什么样的外观，实现什么样的功能，怎样与使用者交互等。

（2）界面设计。在 App Inventor 的开发环境中进行界面和组件设计，搭建出 App 的外观。

（3）逻辑设计。也就是对这个 App 进行代码设计，添加 App 的行为。

（4）运行调试。利用安卓移动设备或安卓模拟器运行 App，测试该 App 是否达到了预期的效果。

6.2 案　例

本节通过 28 个案例详细介绍利用 App Inventor 开发移动 App 的方法和技巧。

6.2.1 【案例 1】HelloPurr：你好猫猫

案例描述

设计一个 App 应用程序，界面上有一只猫图，当触摸这只猫时，它会发出“喵呜”的声音，手机也会随之震动；当你摇晃手机时，它也会发出声音。

知识要点

（1）创建 App 应用的基本过程。

（2）从计算机中上传素材文件的方法。

（3）组件设计方法。

（4）逻辑设计方法。

（5）利用安卓手机或模拟器测试运行 App 的方法。

（6）将 App 安装到安卓设备上的方法。

（7）按钮组件、标签组件、音效组件和加速度传感器组件的使用方法。

案例操作

1. 界面设计

（1）登录 AI2 服务器并创建 HelloPurr 项目。

（2）上传素材。单击「素材」管理器下面的「上传文件」按钮，将本应用中所需要的素材“Kitty.png”和“meow.mp3”上传到服务器。

（3）根据案例描述设计如图 6.9 所示的界面，所用组件清单如表 6.1 所示。

表 6.1　案例 HelloPurr 组件清单

组件类型	组件面板	组件名称	用　途	属性设置
按钮	用户界面	按钮 1	显示猫的图片，点击后发出猫叫的声音	文本： 图像：Kitty.png

续表

组件类型	组件面板	组件名称	用　　途	属性设置
标签	用户界面	标签 1	显示提示信息	背景颜色：品红 字号：32 文本：Pet the kitty!
音效	多媒体	音效 1	发出猫叫声音，让手机震动	源文件：meow.mp3
加速度传感器	传感器	加速度传感器 1	晃动手机时引发事件	

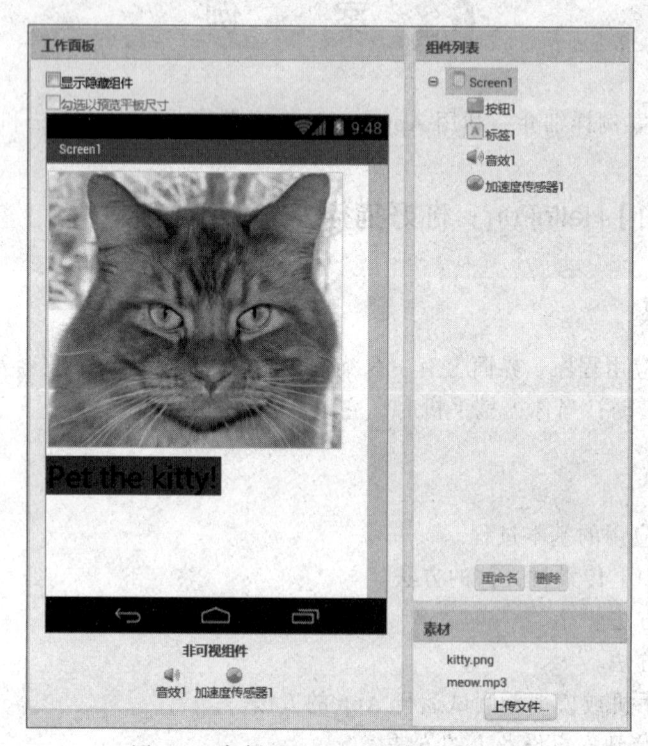

图 6.9　案例 HelloPurr 组件设计界面

2. 逻辑设计

（1）点击按钮事件。当点击「按钮」时，调用「音效」的播放方法播放声音，并调用「音效」的震动方法使手机震动。

（2）晃动手机事件。当晃动手机时，会触发「加速度传感器」的被晃动事件，通过调用「音效」的播放方法播放声音。

逻辑设计代码如图 6.10 所示。

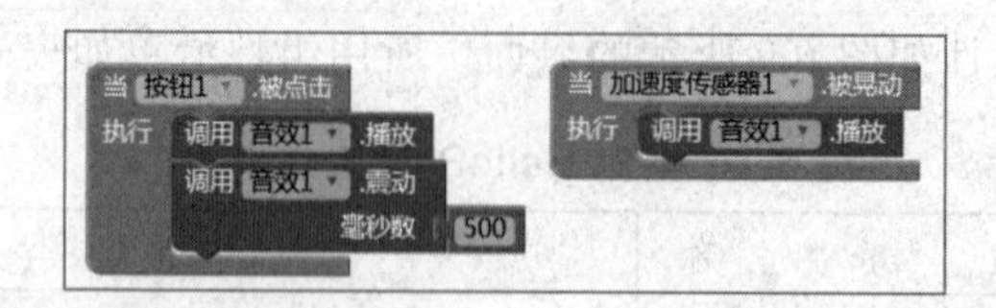

图 6.10　案例 HelloPurr 逻辑设计代码

3．测试运行

逻辑设计完成后，可以利用安卓移动设备来测试案例运行结果，也可以利用安卓模拟器在计算机上进行测试。案例运行结果界面如图 6.11 所示。当触摸这只猫时，它会发出“喵呜”的声音，手机也会随之震动；当摇晃手机时，它也会发出同样的声音。

操作过程视频见 MOOC 网站或扫描二维码。

图 6.11　案例 HelloPurr 运行结果

扫码看案例

4．思考提升

如果要开发一个“动物园”的 App 应用程序，使用 2 种以上的动物，当单击或触摸某个动物时，该动物就会发出相应的叫声，应如何进行设计？

6.2.2 【案例 2】CelsiusToFahrenheit：摄氏/华氏温度转换器

案例描述

设计一个根据摄氏温度 C 求华氏温度 F 的 App 应用，计算公式如下：

$$F = (9/5) * C + 32$$

知识要点

（1）变量的定义方法。变量在内存中占据一定的存储单元，其值可以变化。在 AI 中，变量必须首先声明才能使用。根据作用范围不同，变量分为全局变量和局部变量。利用 AI「内置」块中的「变量」块来声明变量。

（2）程序顺序结构的实现方法。这是最简单的程序流程，表示程序按照代码的先后顺序来执行。

（3）利用 AI 逻辑代码表示基本数学表达式的方法。一般要用到 AI「内置」块中的「数学」块和「逻辑」块来表示。

案例操作

1．界面设计

（1）登录 AI2 服务器并创建 CelsiusToFahrenheit 项目。

（2）根据案例描述设计如图 6.12 所示的界面，所用组件清单如表 6.2 所示。

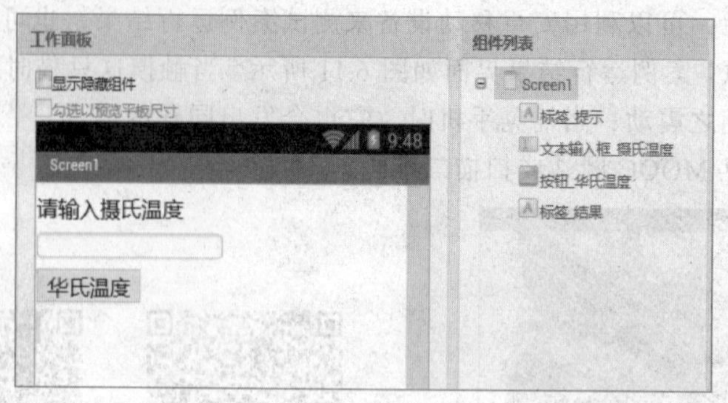

图 6.12　案例 CelsiusToFahrenheit 组件设计界面

表 6.2　CelsiusToFahrenheit 组件清单

组件类型	组件面板	组件名称	用　途	属性设置
标签	用户界面	标签_提示	提示信息	文本：请输入摄氏温度 字号：20
文本输入框	用户界面	文本输入框_摄氏温度	输入摄氏温度的值	字号：20 提示：
按钮	用户界面	按钮_华氏温度	执行运算	文本：华氏温度 字号：20
标签	用户界面	标签_结果	显示计算结果	背景颜色：黄色 字号：20 文本：

2. 逻辑设计

（1）全局变量的定义。根据摄氏温度转换为华氏温度的计算公式可以看出，公式涉及 2 个变量：摄氏温度和华氏温度，因此首先定义 2 个全局变量 C 和 F 并初始化为 0。

（2）点击按钮事件。当点击「华氏温度」按钮时，先将文本输入框中的值赋给变量 C，然后根据公式求出 F，最后将结果显示在「结果」标签中。逻辑设计代码如图 6.13 所示。

```
初始化全局变量 C 为 0
初始化全局变量 F 为 0

当 按钮_华氏温度 .被点击
执行 设置 global C 为 文本输入框_摄氏温度 . 文本
     设置 global F 为 ( ( 9 / 5 ) × 取 global C ) + 32
     设置 标签_结果 . 文本 为 取 global F
```

图 6.13　案例 CelsiusToFahrenheit 逻辑设计代码

3. 测试运行

App 运行后的界面如图 6.14 所示。首先在文本输入框中输入摄氏温度的值，然后点击按钮，此时华氏温度的值将显示在下面的标签中。

操作过程视频见 MOOC 网站或扫描二维码。

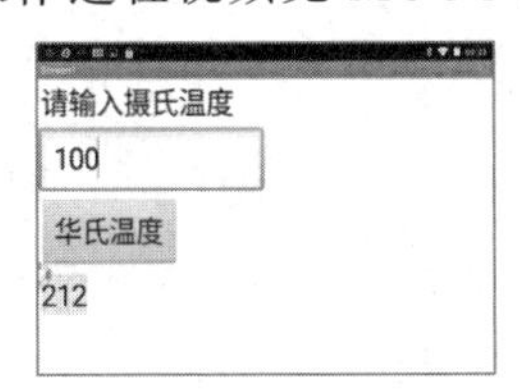

图 6.14　案例 CelsiusToFahrenheit 运行结果

1

2

扫码看案例

4. 思考提升

如果该应用采用局部变量，应如何进行逻辑设计？

6.2.3 【案例 3】FacialMakeup：变脸游戏

案例描述

设计一个变脸游戏 App，当触摸手机屏幕或摇晃手机时，脸谱会随机变换成另一个画面。

知识要点

（1）列表的定义和使用方法。列表是一个可以存放多个元素的集合，它相当于其他编程语言中的数组，并且是一个动态数组，列表元素的个数可以动态增加。列表值通过列表名和它的索引值引用。列表可以是一维、二维和多维。利用「列表」块来创建和使用列表。

（2）随机数的产生及使用方法。可以利用「数学」块中的“随机数从……到……”的方法产生随机数。

（3）画布的使用方法。画布是「绘图动画」面板中的一个组件，它是一个二维的、具有触感的矩形面板，用户可以在其中绘画，或让精灵在其中移动。

（4）加速度传感器的使用方法。加速度传感器属于「传感器」面板中的一个非可视组件，它可以检测到摇晃，并测出 3 个维度上的加速度分量的近似值。最小间隔属性设置监测两次手机摇晃的最小时间间隔，灵敏度属性设置加速度的灵敏程度。

案例操作

1. 界面设计

（1）登录 AI2 服务器并创建 FacialMakeup 项目。

（2）添加素材，将 00.jpg～10.jpg 共 11 个图片文件上传到服务器。

（3）根据案例描述设计如图 6.15 所示的界面，所用组件清单如表 6.3 所示。

表 6.3　案例 FacialMakeup 组件清单

组件类型	组件面板	组件名称	用途	属性设置
Screen	默认屏幕	Screen1		标题：变脸游戏
画布	绘图动画	画布 1	显示图片，并实现触摸功能	背景图片：00.jpg
加速度传感器	传感器	加速度传感器 1	实现晃动手机事件	

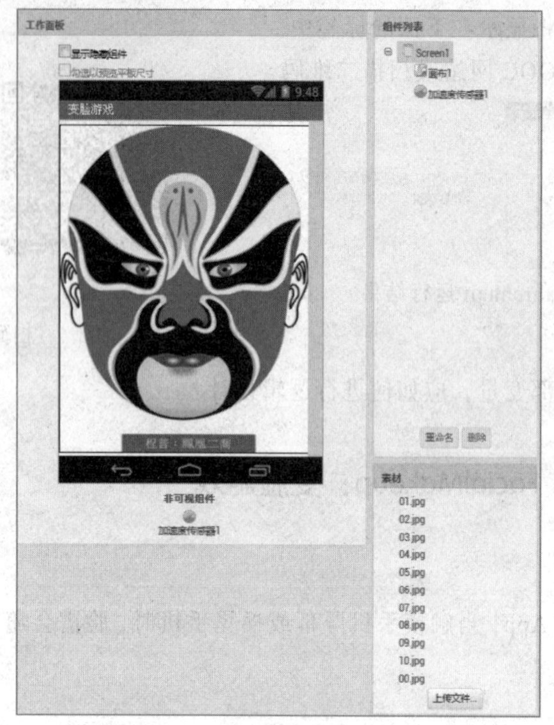

图 6.15　案例 FacialMakeup 组件设计界面

2．逻辑设计

（1）全局变量的定义。首先定义一个全局列表类型变量 pics 存储 10 个脸谱图片。列表的功能类似于计算机语言中的数组，可以存储多个数据。

（2）手机晃动事件。当手机被晃动时，将触发「加速度传感器」被晃动事件，此时从列表中的 10 个图片中随机选择一个作为画布的背景图片。

（3）触摸手机屏幕事件。当触摸手机屏幕时，将触发「画布」被按压事件，此时从列表中的 10 个图片中随机选择一个作为画布的背景图片。以上 3 个步骤的逻辑设计代码如图 6.16 所示。

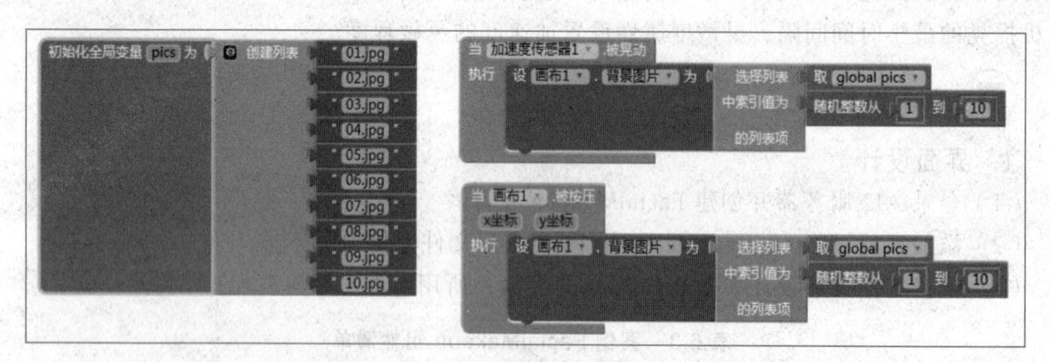

图 6.16　案例 FacialMakeup 逻辑设计代码

3．测试运行

App 运行后的界面如图 6.17 所示，手机界面上首先出现一个脸谱，当晃动手机或者用手指触摸手机屏幕时，脸谱即发生随机变化。

操作过程视频见 MOOC 网站或扫描二维码。

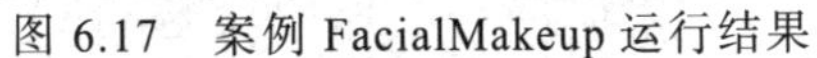

图 6.17　案例 FacialMakeup 运行结果

扫码看案例

4. 思考提升

如果让随机出现的脸谱图片每次都按照同一个顺序出现，应该如何修改代码块？

6.2.4 【案例 4】Grade：成绩等级的判定

案例描述

开发一个判定成绩等级的 App 应用。成绩等级判定规则如下：如果输入的成绩大于 100 或小于 0，显示成绩输入有误；如果成绩大于等于 90 分且小于等于 100 分，成绩等级判定为优秀；如果成绩大于等于 80 分且小于 90 分，成绩等级判定为良好；如果成绩大于等于 70 分且小于 80 分，成绩等级判定为中等；如果成绩大于等于 60 分且小于 70 分，成绩等级判定为及格；如果成绩大于等于 0 分且小于 60 分，成绩等级判定为不及格。

知识要点

（1）选择结构的使用方法。「控制」模块中的「选择」模块包括单分支、双分支、多分支和多条件 4 种类型，如图 6.18 所示。设计代码时应根据实际需要选择合适的分支类型。

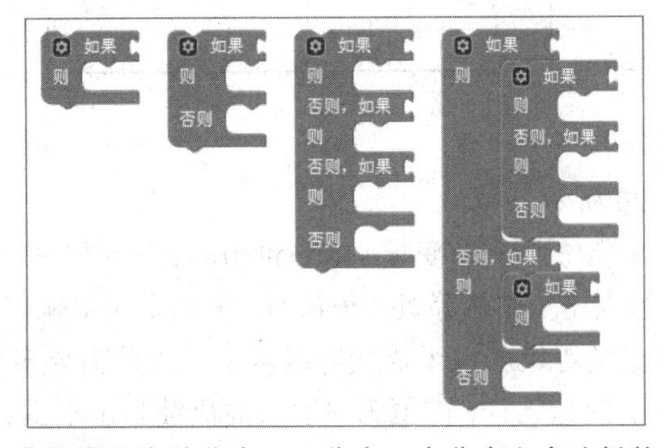

图 6.18　条件模块中单分支、双分支、多分支和多选择的 4 种类型

（2）逻辑表达式的代码表示方法。逻辑表达式通过「逻辑」块来实现，「逻辑」块中主要包括“逻辑与”、“逻辑或”和“逻辑非”运算。

（3）关系表达式的代码表示方法。关系表达式通过「数学」块中的“>”、“<”、“≥”、“≤”、“=”和“≠”运算来实现。

案例操作

1. 界面设计

（1）登录 AI2 服务器并创建 Grade 项目。

（2）根据案例描述设计如图 6.19 所示的界面，所用组件清单如表 6.4 所示。

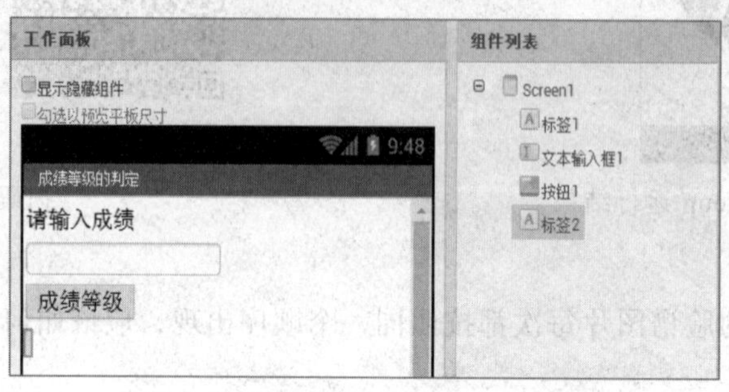

图 6.19　案例 Grade 组件设计界面

表 6.4　案例 Grade 组件清单

组件类型	所属组件组	组件名称	用　途	属性设置
Screen	默认屏幕	Screen1		应用名称：Grade 标题：成绩等级的判定
标签	用户界面	标签 1	提示信息	字号：20 文本：请输入成绩
文本输入框	用户界面	文本输入框 1	输入成绩	字号：20 提示：
按钮	用户界面	按钮 1	执行运算	字号：20 文本：成绩等级
标签	用户界面	标签 2	显示成绩等级	背景：黄色 字号：20 文本： 文本颜色：红色

2. 逻辑设计

逻辑设计代码如图 6.20 所示。

（1）全局变量定义。定义 2 个全局变量 score 和 grade 分别用来存储成绩和成绩等级。

（2）按钮事件过程。当点击「成绩等级」按钮时，先将「文本输入框」中的值赋给 score，然后根据 score 的值判断成绩等级。由于成绩等级较多，因此需要多分支结构，具体如下：如果 score>100 或 score<0，则让 grade 的值为“输入的成绩超出范围，请重新输入!”；否则，如果 score≥90，grade 为“优秀”；否则，如果 score≥80，grade 为“良好”；否则，如果 score≥70，grade 为“中等”；否则，如果 score≥60，grade 为“及格”；否则，grade 为“不及格”；最后将 grade 的值显示在「标签 2」中。

注意：在条件结构中，「否则」本身就是一种条件，要学会正确使用。例如：「如果 score≥90」，grade 为“优秀”；「否则，如果 score≥80」，grade 为“良好”。第 2 个「如果」后面就不用再写 score<90 了，因为「否则」本身就包含了 score<90。

图 6.20　案例 Grade 逻辑设计代码

3．测试运行

App 运行后的界面如图 6.21 所示。首先在文本输入框中输入成绩值，然后点击「成绩等级」按钮，此时将会在按钮下方的标签中显示相应的成绩等级，如果输入的值小于 0 或大于 100，则在标签中显示“输入的成绩超出范围，请重新输入!”的提示。

操作过程视频见 MOOC 网站或扫描二维码。

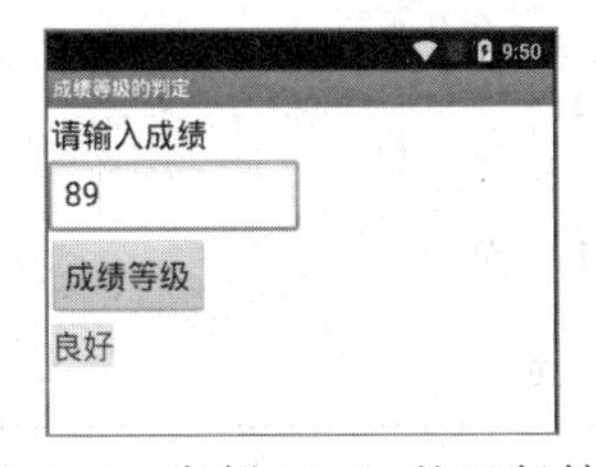

图 6.21　案例 Grade 的运行结果

1　　2

扫码看案例

4．思考提升

（1）如果不采用“如果……则……否则，如果……”结构，而是采用多个“如果……则……”结构，是否能够实现程序要求？

（2）参考该案例，如何设计和实现一个闰年计时器？

6.2.5 【案例 5】TriangleArea：三角形面积计算器

案例描述

设计一个根据三角形的三条边求三角形面积的 App 应用。根据三角形三条边计算三角形面积的公式如下：

$$area = \sqrt{s*(s-a)*(s-b)*(s-c)}$$

其中，area 为三角形面积，a、b、c 为三角形的三条边长，$s=(a+b+c)/2$。

知识要点

（1）数学函数的使用方法。「数学」块中包含了很多数学函数，例如求平方根函数、求最大值函数等。本例利用求平方根函数求解三角形面积。

（2）条件模块的使用方法。

（3）逻辑表达式的代码表示方法。

（4）界面布局组件的使用方法。界面布局组件是界面设计时用来安排组件排列规则的组件，包括水平布局、垂直布局和表格布局 3 种类型。

案例操作

1．界面设计

（1）登录 AI2 服务器并创建 TriangleArea 项目。

（2）组件设计如图 6.22 所示，组件属性设置如表 6.5 所示。

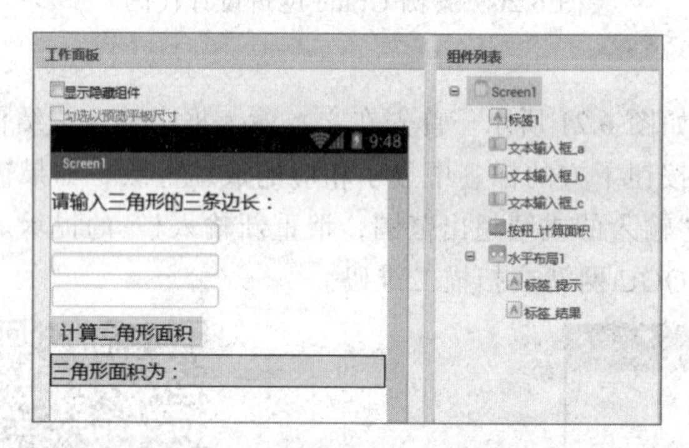

图 6.22　案例 TriangleArea 组件设计界面

表 6.5　案例 TriangleArea 组件清单

组件类型	组件面板	组件名称	用　途	属性设置
标签	用户界面	标签 1	提示信息	文本：请输入三角形的三条边长： 字号：20
文本输入框	用户界面	文本输入框_a	输入三角形第一条边的长度	提示：第 1 条边长 字号：20
文本输入框	用户界面	文本输入框_b	输入三角形第二条边的长度	提示：第 2 条边长 字号：20
文本输入框	用户界面	文本输入框_c	输入三角形第三条边的长度	提示：第 3 条边长 字号：20
按钮	用户界面	按钮_计算面积	实现判断、计算和显示结果	文本：计算 字号：20
水平布局	界面布局	水平布局 1	实现两个标签的水平布局	

续表

组件类型	组件面板	组件名称	用　途	属性设置
标签	用户界面	标签_提示	提示信息	文本：三角形面积为： 字号：20
标签	用户界面	标签_结果	显示结果	背景颜色：黄色 文本： 字号：20 文本颜色：红色

2. 逻辑设计

（1）全局变量的定义。从计算公式可以看出，三角形面积求解过程中涉及5个变量：三角形的三条边长 a、b、c，中间变量 s，以及三角形的面积 area。因此，在代码中首先定义这5个全局变量并初始化为0。

（2）点击按钮事件。当点击「计算三角形面积」按钮时，首先将3个文本输入框中的值赋值给变量 a、b 和 c，然后判断这3条边长是否符合三角形的构成规则（任意两边之和大于第三边），如果符合，则求出 s 的值，并根据公式求出 area，最后把 area 的值显示在标签中；如果不符合，则在标签中直接显示“三角形的两边之和小于第三边”。逻辑设计代码如图6.23所示。

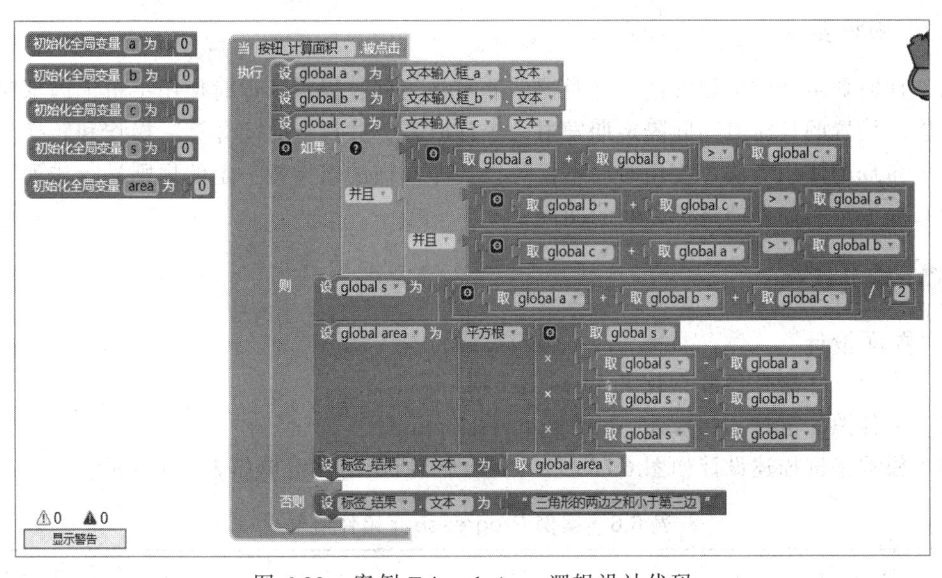

图 6.23　案例 TriangleArea 逻辑设计代码

3. 测试应用

App 运行后的界面如图6.24所示。首先在3个文本输入框中分别输入三角形的3条边长，然后点击「计算三角形面积」按钮，结果将显示在下面的标签中。如果输入的边长出现两边之和小于第三边的情况，则在标签中显示“三角形的两边之和小于第三边”的提示。

操作过程视频见 MOOC 网站或扫描二维码。

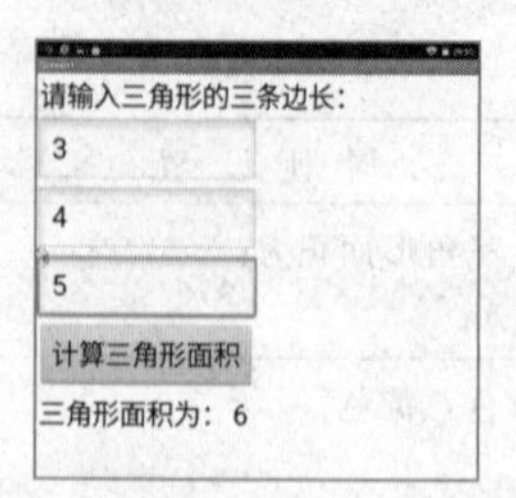

图 6.24　案例 TriangleArea 运行结果

1

2

扫码看案例

4．思考提升

根据该案例的实现方法，如何实现一元二次方程 $ax^2+bx+c=0$ 的求根运算？

6.2.6 【案例 6】ProgressBar：进度条

案例描述

设计一个进度条效果，每 500ms 改变一次进度，用户单击「停止」按钮时进度停止，且按钮变为「开始」；当用户单击「开始」按钮时进度继续，且按钮变为「停止」。

知识要点

（1）计时器组件的使用方法。计时器是非可视组件，提供了即时使用手机上内部时钟功能，它能以设置的计时时间间隔定期发射一个计时器，并执行时间计算、操作和转换。

（2）布局的使用方法。使用布局不仅可以使布局内的组件按一定的规则进行排列，还可以利用布局调整布局外的组件之间的间隔。

案例操作

1．界面设计

（1）登录 AI2 服务器并创建 ProgressBar 项目。

（2）上传图片素材 progress0.png～progress7.png。

（3）根据案例描述设计如图 6.25 所示的界面，所用组件清单如表 6.6 所示。

表 6.6　案例 ProgressBar 组件清单

组件类型	组件面板	组件名称	用　途	属性设置
Screen	默认屏幕	Screen1	应用主界面	水平对齐：居中 垂直对齐：居上 标题：进度条展示
标签	用户界面	标签 1	显示文字信息	粗体：选择 字号：24 文本：少安毋躁，正在处理 文本颜色：蓝色
水平布局	界面布局	水平布局 2	拉开标签和图像框之间的距离	高度：8 像素 宽度：充满

续表

组件类型	组件面板	组件名称	用　途	属性设置
水平布局	界面布局	水平布局 1	实现图像框的布局	垂直对齐：居中 高度：32 像素 宽度：300 像素 图片：Progress0.png
图像框	用户界面	图像_进度条	显示进度图片	
水平布局	界面布局	水平布局 3	拉开图像框和按钮之间的距离	高度：8 像素 宽度：充满
按钮	用户界面	按钮_停止	通过点击事件实现停止或开始进度改变	文本：停止
计时器	传感器	计时器 1	计时	一直计时：选择 启用计时：选择 计时间隔：500

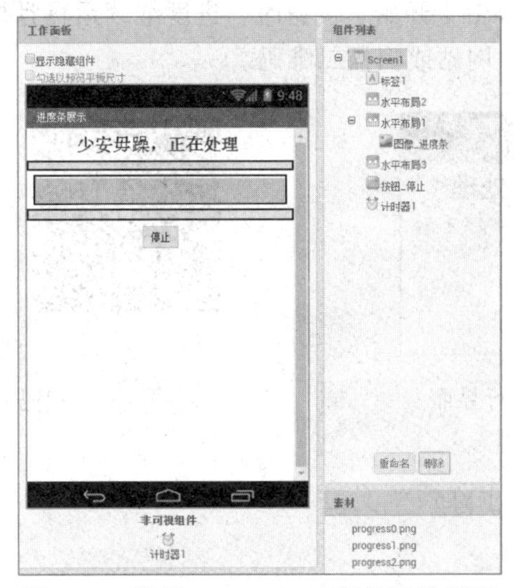

图 6.25　案例 ProgressBar 组件设计界面

2．逻辑设计

（1）全局变量的定义。定义全局列表变量 pics，存储进度图片 progress1.png～progress7.png；定义全局变量 i，存储当前显示的进度图片的索引号，初始值设为 1。

（2）计时器的计时事件。在图片框中按顺序循环显示进度图片，如果图片显示到最后 1 个时，再从第 1 个图片开始显示。以上 2 步的逻辑设计代码如图 6.26 所示。

图 6.26　全局变量初始化和计时器计时事件

（3）停止/开始按钮事件。当点击「停止/开始」按钮时，如果按钮文本为“停止”，则让按钮文本为“开始”，并启用计时器的计时事件，让进度条前进；否则，让按钮文本为“停止”，并关闭计时器的计时事件，让进度条停止前进。逻辑设计代码如图 6.27 所示。

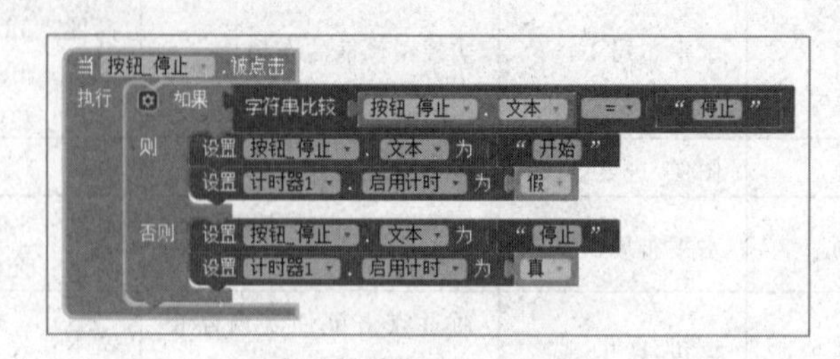

图 6.27　按钮点击事件

3．测试运行

App 运行后的界面如图 6.28 所示。当用户点击「停止」按钮时，进度条停止运行且按钮文字变为“开始”；当用户单击「开始」按钮时，进度继续运行且按钮文字变为“停止”。

操作过程视频见 MOOC 网站或扫描二维码。

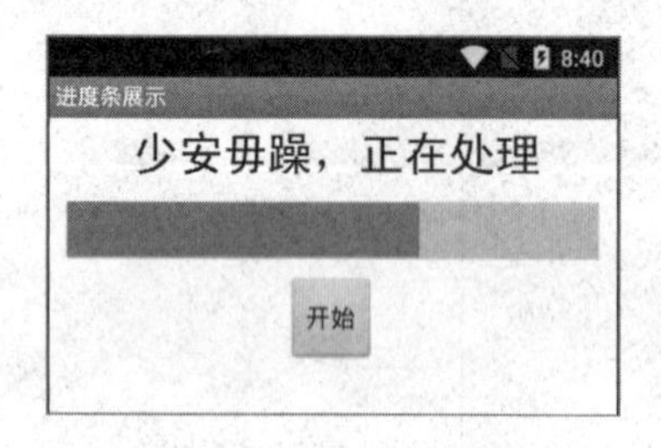

图 6.28　进度条运行界面

扫码看案例

4．思考提升

如何控制进度条的进度快慢？

6.2.7 【案例 7】Factorial：阶乘计算器

案例描述

编写一个计算阶乘的 App 应用。n 的阶乘计算方法是：当 n=1 时，n 的阶乘为 1，当 n>1 时，n 的阶乘为 1 到 n 之间所有数字的乘积。

知识要点

循环结构的使用方法。在 AI 中有 3 种循环：计数循环（for）、逐项循环（for…in list）和条件循环（while）。这 3 种循环模块都在「控制」块中，如图 6.29 所示。

（1）计数循环使循环变量（图 6.29 中的“变量名”）从起点（图 6.29 中的第 1 个数字 1）开始，每执行 1 次循环体就增加 1 个步长（图 6.29 中的第 3 个数字 1），直到增加到终点（图 6.29 中的第 2 个数字 5）为止。

（2）逐项循环是从列表中的第一个元素开始执行循环体，直到列表最后一个元素执行最后一次循环体。

（3）条件循环首先判断条件是否满足，如果满足就执行循环体，直到不满足条件时退出循环。

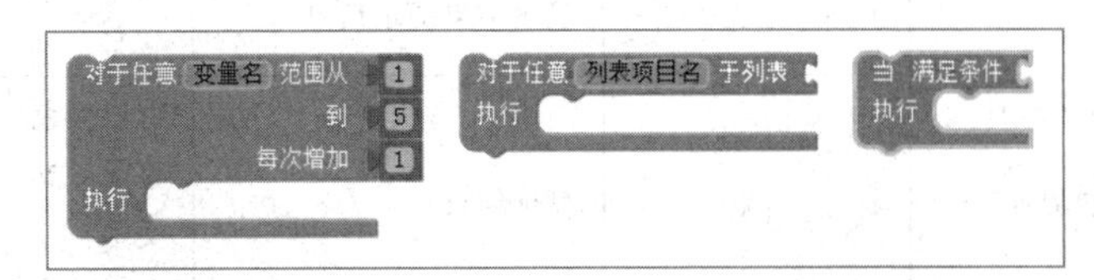

图 6.29　计数循环（for）、逐项循环（for...in list）和条件循环（while）模块

案例操作

1. 界面设计

（1）登录 AI2 服务器并创建 Factorial 项目。

（2）根据案例描述设计如图 6.30 所示的界面，所用组件清单如表 6.7 所示。

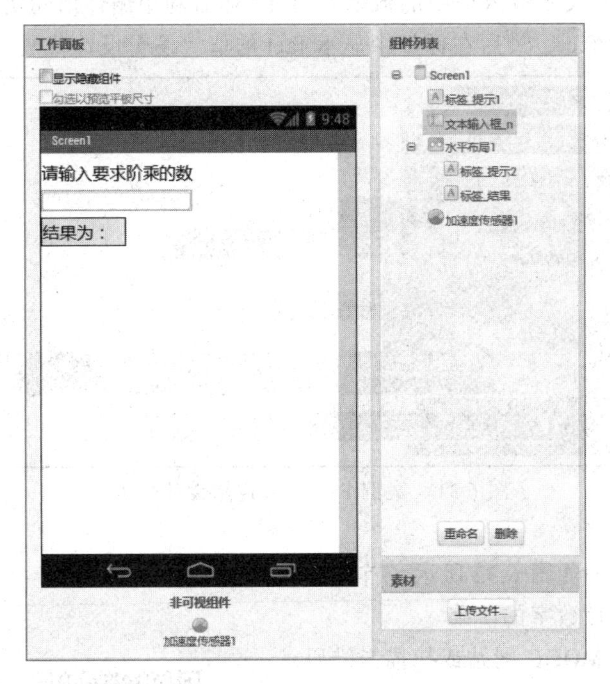

图 6.30　案例 Factorial 组件设计界面

表 6.7　案例 Factorial 组件清单

组件类型	组件面板	组件名称	作　用	属性设置
标签	用户界面	标签_提示 1	提示输入信息	文本：请输入要求阶乘的数 字号：20
文本输入框	用户界面	文本输入框_n	输入数据	文本： 字号：20
水平布局	界面布局	水平布局 1	将结果提示标签和结果标签在同一行显示	

续表

组件类型	组件面板	组件名称	作　用	属性设置
标签	用户界面	标签_提示 2	显示结果提示信息	文本：结果为： 字号：20
标签	用户界面	标签_结果	显示结果	背景颜色：黄色 字号：20 文本： 文本颜色：红色
加速度传感器	传感器	加速度传感器 1	实现晃动手机事件	

2．逻辑设计

（1）全局变量的定义。定义全局变量 n 和 fact 并初始化为 1，n 用来存放要计算阶乘的数，fact 用来存放 n 的阶乘。

（2）摇晃手机事件。晃动手机时将触发「加速度传感器」的被晃动事件，此时首先将 fact 的值初始化为 1，再将文本输入框中的数赋值给 n，然后利用循环语句实现 $1\times2\times3\times\cdots\times n$，并将结果赋值给变量 fact，最后在标签中显示 fact 的值。逻辑设计代码如图 6.31 所示。

```
初始化全局变量 n 为 1
初始化全局变量 fact 为 1
当 加速度传感器1 .被晃动
执行 设置 global fact 为 1
     设置 global n 为 文本输入框_n . 文本
     对于任意 i 范围从 1
                  到 取 global n
            每次增加 1
     执行 设置 global fact 为 取 global fact × 取 i
     设置 标签_结果 . 文本 为 取 global fact
```

图 6.31　案例 Factorial 逻辑设计代码

3．测试运行

App 运行后的界面如图 6.32 所示。首先在文本输入框中输入一个数字，当晃动手机时，会在下面标签中显示该数字的阶乘。

操作过程视频见 MOOC 网站或扫描二维码。

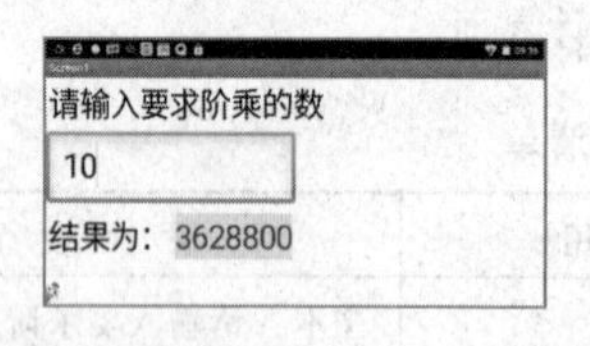

图 6.32　Factorial 运行界面

1

2

扫码看案例

4．思考提升

（1）根据该应用的实现方法，如何实现 $1+3+\cdots\cdots+2n-1$？

（2）根据该应用的实现方法，如何实现 $1!+2!+3!+\cdots\cdots+n$？

6.2.8 【案例 8】TricolorFlag：三色旗变换

案例描述

三色旗是由 3 种颜色组成的旗帜，很多国家（如荷兰、法国等）的国旗都采用三色旗。本案例编写一个三色旗 App 应用，使三色旗的颜色既可以通过点击按钮或晃动手机来实现变化，也可以每隔一定时间自动发生变化。

知识要点

（1）颜色块的使用方法。实现三色旗的三种颜色变换使用了 RGB 原理。RGB 是指 Red、Green 和 Blue 三种颜色。自然界中大多数颜色都可以通过 RGB 三种颜色按照不同的比例合成，通过改变 RGB 三种颜色的值（每种颜色值的范围在 0～255 之间），以及 Alpha（透明度，值的范围在 0～255 之间）的值，就可以完整地表示一种颜色。本案例中，每个画布的背景颜色是由随机产生的 4 个 0～255 之间的数字形成的，4 个数字分别表示 RGB 三种颜色和 Alpha 的值。

（2）过程的定义和调用方法。过程是存放在某个名称之下的一系列块的组合，这个名称就是过程块的名称。过程相当于其他计算机语言中的函数或方法，通过定义过程，可以减少代码冗余。一个过程可以有返回值，也可以没有，可以包含一个或多个参数，也可以没有参数。调用过程时的实际参数要与定义过程时的形式参数相对应，实现实参向形参的传递。

（3）计时器组件的使用方法。

案例操作

1. 界面设计

（1）登录 AI2 服务器并创建 TricolorFlag 项目。

（2）根据案例描述设计如图 6.33 所示的界面，各组件清单如表 6.8 所示。

表 6.8　案例 TricolorFlag 组件清单

组件类型	组件面板	组件名称	用　途	属性设置
水平布局	界面布局	水平布局 1	实现 3 个画布水平布局	
画布	绘图动画	画布 1	第一种颜色	宽度：100 像素 高度：200 像素
画布	绘图动画	画布 2	第二种颜色	宽度：100 像素 高度：200 像素
画布	绘图动画	画布 3	第三种颜色	宽度：100 像素 高度：200 像素
按钮	界面布局	按钮 1	实现点击事件	文本：随机改变颜色
计时器	传感器	计时器 1	实现计时事件	计时间隔：5000
加速度传感器	传感器	加速度传感器 1	实现晃动手机事件	

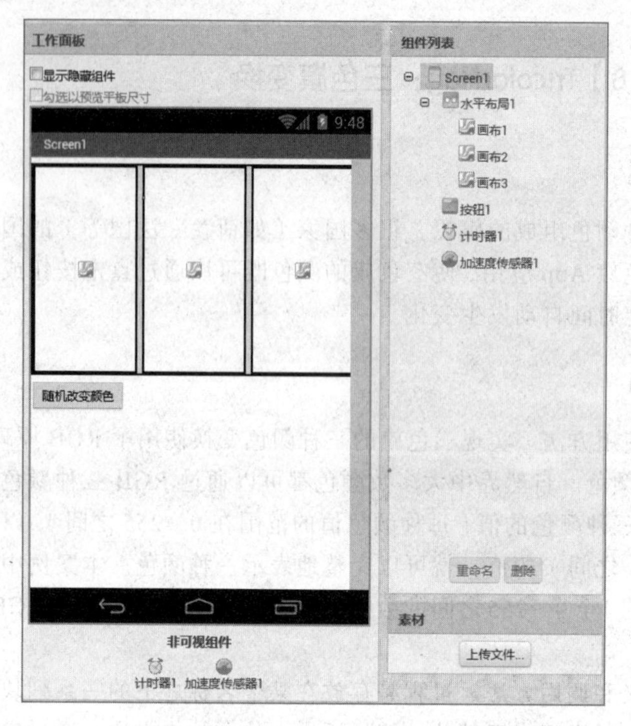

图 6.33 案例 TricolorFlag 组件设计界面

2. 逻辑设计

（1）变量的定义。定义一个包含 4 个元素的列表类型的全局变量 ColorList 并初始化，4 个元素分别用来表示 RGB 三种颜色和透明度 Alpha 的值；再定义一个全局变量 Color 用来存储一种颜色，其初始值可以是任意一种颜色。逻辑代码设计如图 6.34 所示。

（2）定义 CreateColor 过程。该过程利用随机数生成一种颜色并赋值给 Color 变量。首先利用循环的方法产生 4 个 0～255 之间的随机数并赋值给 ColorList，然后利用合成颜色的方法将 ColorList 中的 4 个元素合成一种颜色并赋值给 Color 变量。代码设计如图 6.35 所示。

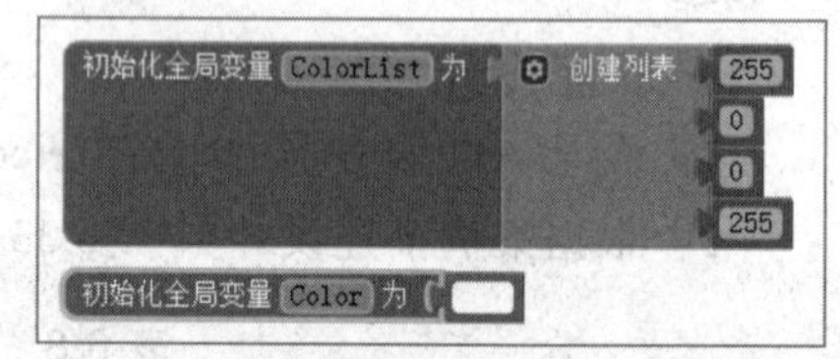

图 6.34 全局变量的定义及初始化

（3）点击按钮事件。当点击按钮时，首先调用 CreateColor 过程生成一种颜色，并将「画布 1」的背景颜色设置为新创建的这种颜色。「画布 2」和「画布 3」的背景颜色生成过程与「画布 1」完全一样。代码设计如图 6.36 所示。

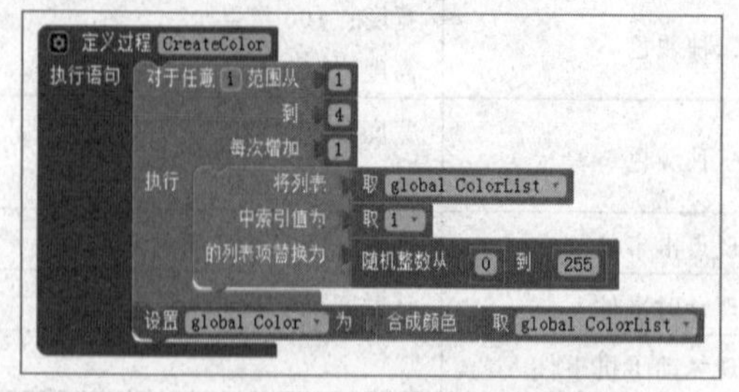

图 6.35 定义 CreateColor 过程

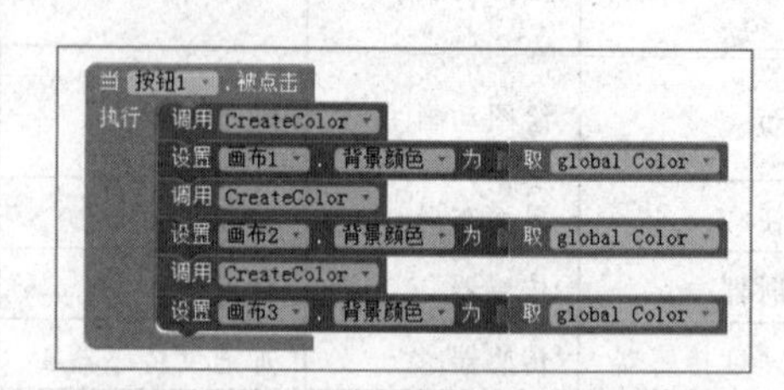

图 6.36 点击按钮事件逻辑设计代码

（4）计时事件。计时器每隔一个「计时间隔」就会触发一次「计时」事件，事件过程与点击按钮事件完全一致。代码设计如图 6.37 所示。

（5）晃动手机事件。当晃动手机时，将触发「加速度传感器」的被晃动事件，事件过程与点击按钮过程完全一致。逻辑设计代码如图 6.38 所示。

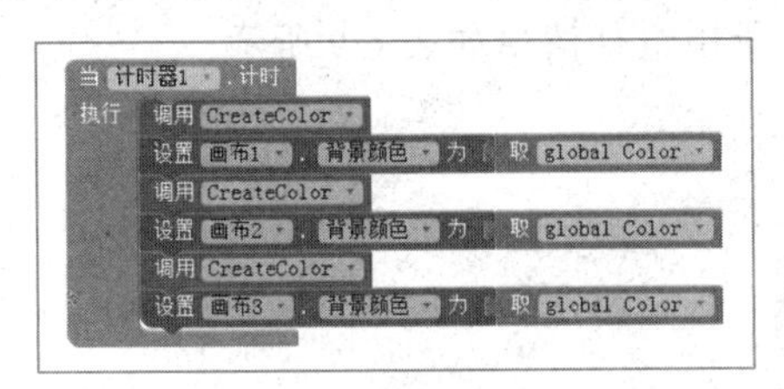

图 6.37　计时事件逻辑设计代码

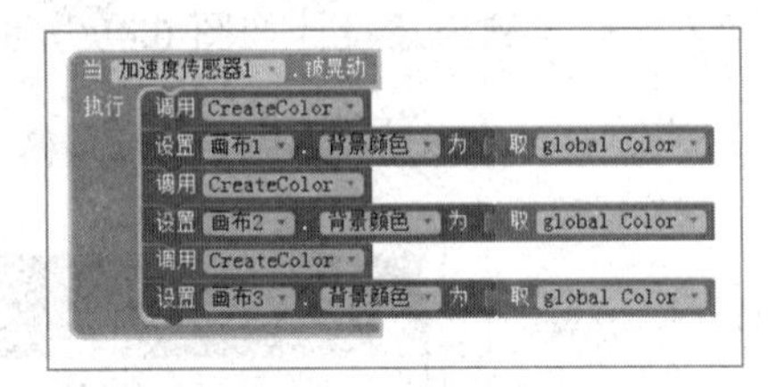

图 6.38　晃动手机事件逻辑设计代码

3. 测试运行

App 应用运行后的界面如图 6.39 所示，当点击按钮、晃动手机时都可以改变三色旗的颜色，即使没有点击按钮和晃动手机事件发生，在计时器的作用下，三色旗的颜色也会每隔 5s 变换一次。

操作过程视频见 MOOC 网站或扫描二维码。

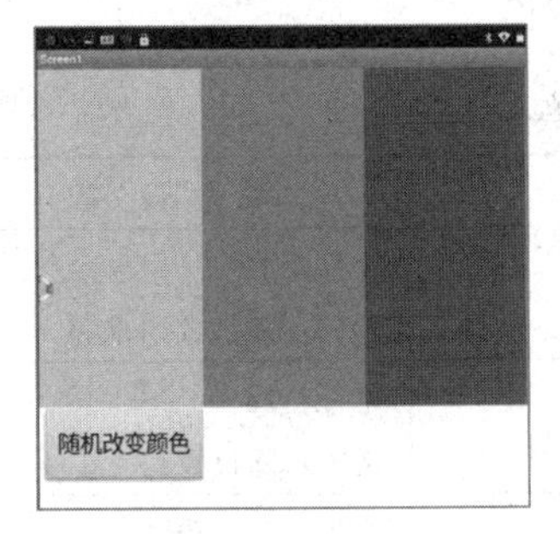

图 6.39　案例 TricolorFlag 运行结果

1

2

3

扫码看案例

4. 思考提升

如果不利用过程来实现，该案例逻辑设计代码应该如何编写？

6.2.9 【案例 9】RandomSum：随机数列求和

案例描述

设计一个应用，能够产生随机数列并求和。窗口加载时产生第一组随机数（6 个数，不超过 100，可带 2 位小数），单击「求和」按钮时求出它们的和并显示在下面。当用户摇晃手机时重新产生一组数并显示出来。

知识要点

（1）「循环」控制块的使用方法。

（2）产生保留小数点后几位的随机数的产生方法。

（3）向空列表中追加列表项的方法。

案例操作

1. 界面设计

（1）登录 AI2 服务器并创建 RandomSum 项目。

（2）根据案例描述设计如图 6.40 所示的界面，所用组件清单如表 6.9 所示。

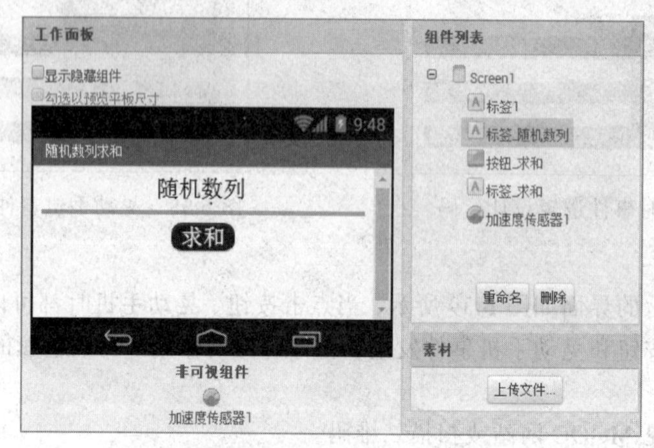

图 6.40 案例 RandomSum 组件设计界面

表 6.9 案例 RandomSum 组件清单

组件类型	组件面板	组件名称	用途	属性设置
Screen	默认屏幕	Screen1	应用主界面	水平对齐：居中 标题：随机数列求和
标签	用户界面	标签 1	显示文字信息	字号：24 文本：随机数列
标签	用户界面	标签_随机数列	显示随机数列	背景颜色：浅灰 字号：24 宽度：300 像素 文本：
按钮	用户界面	按钮_求和	通过点击事件实现数列求和	背景颜色：蓝色 字号：24 形状：圆角 文本：求和 文本颜色：白色
标签	用户界面	标签_总和	显示求和结果	字号：24 文本颜色：蓝色 文本：
加速度传感器	传感器	加速度传感器 1	通过手机晃动产生随机数列	

2. 逻辑设计

（1）变量的定义。定义全局列表变量 nums 用来存储随机数，并初始化为空列表；定义全局变量 n 来存储列表元素个数，并初始化为 6。

（2）屏幕初始化事件。当 App 运行后将触发该事件。利用循环方法产生 6 个随机数（保留小数点后 2 位）追加至列表变量 nums 中，并将 nums 中所有数显示在标签中。逻辑设计代码如图 6.41 所示。

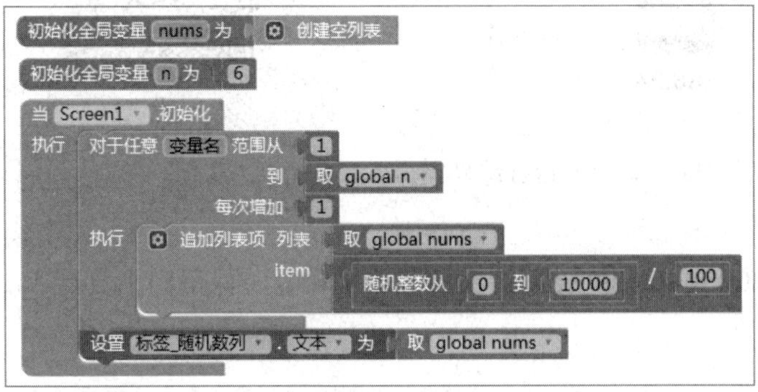

图 6.41　全局变量初始化和屏幕初始化事件

（3）点击按钮事件。利用逐项循环求出随机数列的和并显示在“标签_求和”中，如图 6.42 所示。

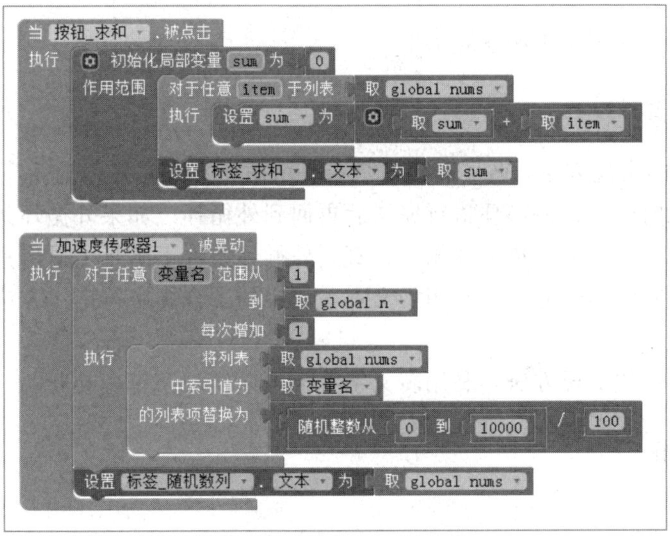

图 6.42　求和按钮点击事件

（4）晃动手机事件。当晃动手机时，重新产生一组随机数列替换以前的随机数列，并显示在“标签_随机数列”中，当点击「求和」按钮时，将计算新数列的和并显示在“标签_求和”中，如图 6.42 所示。

3．测试运行

App 运行后将显示 6 个保留到小数点后 2 位的随机数，单击「求和」按钮时求出这些随机数列的和并显示在下面标签中，当晃动手机时，将重新产生一组随机数列并显示在「随机数列」标签中，再次点击「求和」按钮时，将求出新数列的和并显示在下面的「求和」标签中，如图 6.43 所示。

操作过程视频见 MOOC 网站或扫描二维码。

图 6.43　案例 RandomSum 运行结果

1　　2

扫码看案例

4. 思考提升

如果求在 100.00 到 200.00 之间产生的 n 个随机数（保留到小数点后 2 位）的和，应如何实现？

6.2.10 【案例 10】Table9×9：九九乘法表

案例描述

编写一个打印九九乘法表的 App 应用。

知识要点

（1）循环嵌套的实现方法。循环嵌套就是在一个循环中嵌套另一个循环，其执行顺序是：首先从外循环进入内循环，内循环执行完毕后再回到外循环，如果外循环条件满足，将再次进入内循环，执行完毕后再次进入外循环，直到外循环条件不满足才退出整个循环。

（2）字符串合并的实现方法。利用「文本」块中的「合并字符串」方法可以实现字符串的合并。

（3）字符串换行的实现方法。利用转义字符\n 可以实现字符串换行。

案例操作

1. 界面设计

（1）登录 AI2 服务器并创建 Table9×9 项目。

（2）根据案例描述设计如图 6.44 所示的界面，各组件的属性设置如表 6.10 所示。

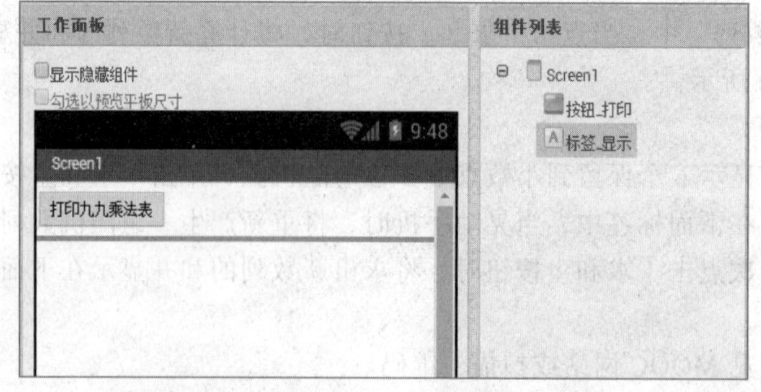

图 6.44　案例 Table9×9 组件设计界面

表 6.10 案例 Table9×9 组件清单

组件类型	组件面板	组件名称	用途	属性设置
按钮	用户界面	按钮_打印	实现打印九九乘法表动作	文本：打印九九乘法表
标签	用户界面	标签_显示	显示九九乘法表	文本：

2. 逻辑设计

（1）变量的定义。定义全局变量 s 用来存储九九乘法表字符串。

（2）点击按钮事件。当点击「打印九九乘法表」按钮时，首先初始化 s 为空字符串，以确保每次点击按钮时清空 s 的值；然后让局部变量 i 执行 1～9 的外循环（i 表示乘法表的行数），在其循环体内再让局部变量 j 执行 1～i 的内循环（j 表示乘法表中每行的列数），然后利用字符串合并的方法将乘法表中第 i 行第 j 列的字符串合并到 s 中；第 i 行字符串合并完后，再在 s 后面加上换行符，继续把下一行的字符串合并到 s 中，直到把所有行的字符串合并到 s 中后，退出循环，最后将 s 内容显示到标签中。逻辑设计代码如图 6.45 所示。

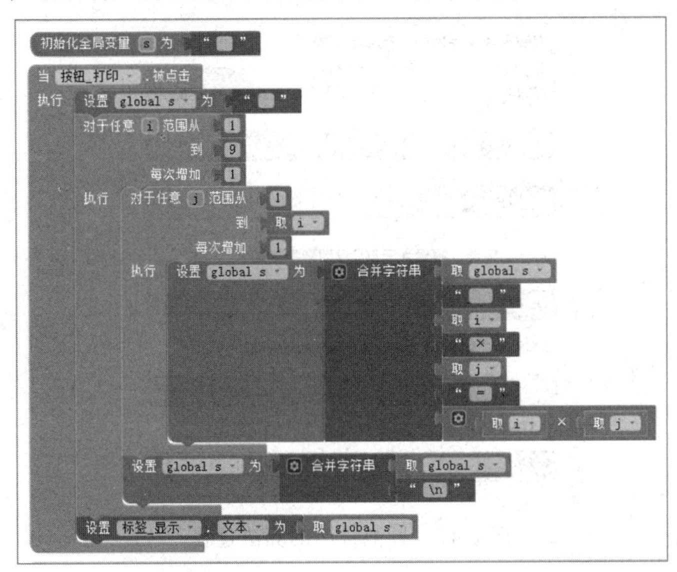

图 6.45 组件 Table9×9 逻辑设计代码

3. 测试运行

App 运行后，点击「打印九九乘法表」按钮，则在按钮下面显示九九乘法表，最后结果如图 6.46 所示。

操作过程视频见 MOOC 网站或扫描二维码。

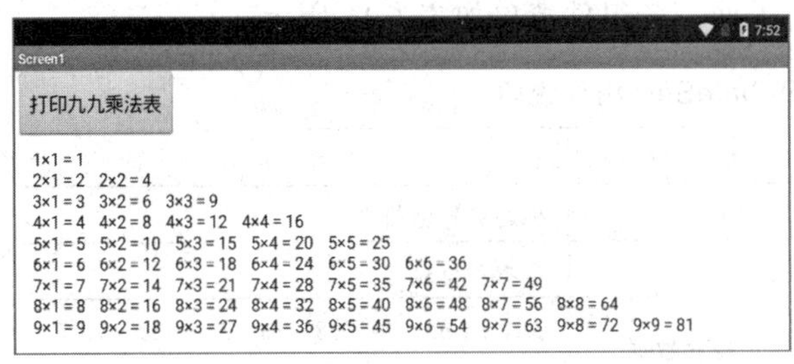

图 6.46 Table9 × 9 项目运行结果

1 2

扫码看案例

4. 思考提升

如何打印其他三角形状的九九乘法表？

6.2.11 【案例 11】BubbleSort：冒泡排序

案例描述

编写一个 App 应用对一组数据实现从小到大冒泡排序。

知识要点

（1）冒泡排序的算法。冒泡排序的基本思想是，对相邻的元素进行两两比较，顺序相反则进行交换，这样，每一趟会将最小或最大的元素“浮”到顶端，最终达到完全有序。算法过程如图 6.47 所示。

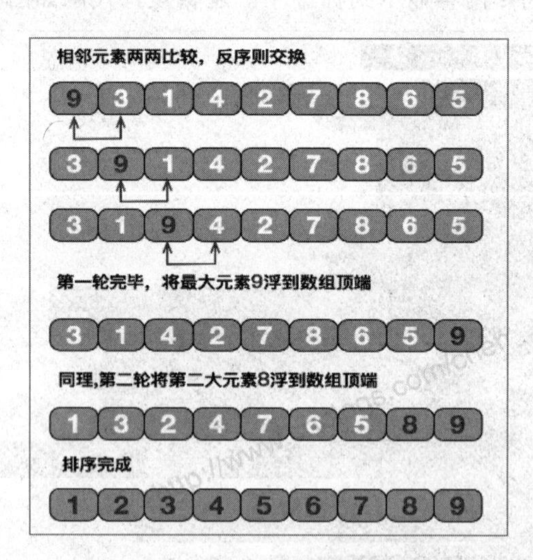

图 6.47　冒泡排序的算法过程

（2）双重循环结构的使用方法。

案例操作

1. 界面设计

（1）登录 AI2 服务器并创建 BubbleSort 项目。

（2）根据案例描述设计如图 6.48 所示的界面，各组件清单如表 6.11 所示。

表 6.11　案例 BubbleSort 组件说明

组件类型	组件面板	组件名称	用　途	属性设置
Screen	默认屏幕	Screen1	应用主界面	标题：冒泡排序
标签	用户界面	标签 1	提示	文本：待排序的数据：
标签	用户界面	标签 2	给出排序数据	文本：（65，23，78，13，35，43，15，7，28，16）

续表

组 件 类 型	组 件 面 板	组 件 名 称	用　途	属 性 设 置
按钮	用户界面	按钮_排序	实现排序动作	文本：排序
标签	用户界面	标签_排序过程	显示排序结果	文本：

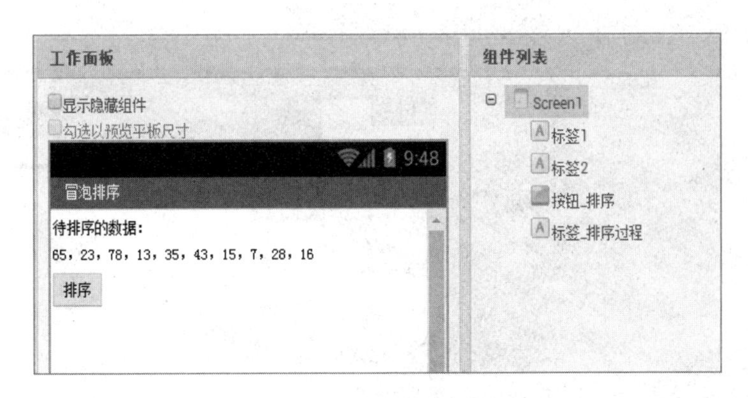

图 6.48　案例 BubbleSort 组件设计界面

2. 逻辑设计

（1）全局变量的定义。定义列表类型的全局变量 a，用来存放需要排序的数字；定义全局变量 n 和 temp，n 表示列表 a 中数字的个数，temp 是一个临时变量，用来实现 2 个数值的交换。逻辑设计代码如图 6.49 所示。

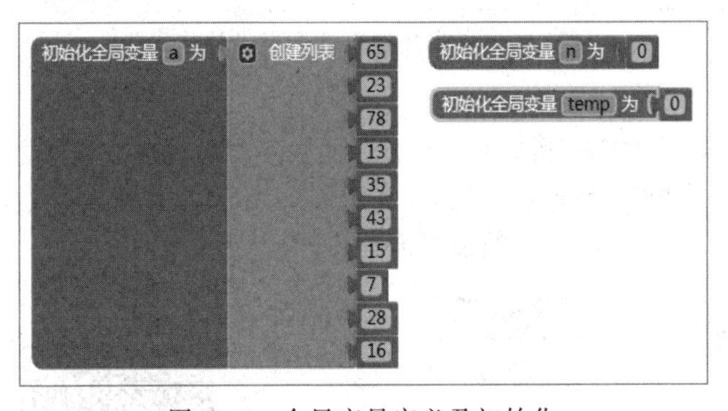

图 6.49　全局变量定义及初始化

（2）点击按钮事件。通过点击按钮实现对列表 a 中的数据进行冒泡排序。根据冒泡排序的算法，假设要对 n 个数进行冒泡排序，需要进行 n-1（i 从 1 到 n-1）趟排序（外循环），每趟排序需要进行 n-i 次数对比较（内循环），因此，该过程需要执行嵌套的循环过程，外循环需要执行 n-1（i 从 1 到 n-1）趟，用于控制循环的趟数，内循环需要执行 n-i（j 从 1 到 n-i）次，用于控制每趟循环数对比较的次数，如果两个数顺序相反，则需要交换两个数字，否则直接执行下一组数对比较。每一趟循环执行完毕后将选出一个最大的数，所有循环执行完毕后，整个列表中的数字就排好序了，最后将排好序的列表显示到结果标签中。该过程的逻辑代码如图 6.50 所示。

```
当 按钮_排序 .被点击
执行 设置 标签_排序过程 . 文本 为 " "
     设置 global n 为 求列表长度 列表 取 global a
     对于任意 i 范围从 1
                 到 取 global n - 1
              每次增加 1
     执行 对于任意 j 范围从 1
                      到 取 global n - 取 i
                   每次增加 1
          执行 如果 选择列表 取 global a 中索引值为 取 j 的列表项 > 选择列表 取 global a 中索引值为 取 j + 1 的列表项
               则 设置 global temp 为 选择列表 取 global a 中索引值为 取 j 的列表项
                  将列表 取 global a 中索引值为 取 j 的列表项替换为 选择列表 取 global a 中索引值为 取 j + 1 的列表项
                  将列表 取 global a 中索引值为 取 j + 1 的列表项替换为 取 global temp
          设置 标签_排序过程 . 文本 为 合并字符串 标签_排序过程 . 文本
                                              " \n "
                                              取 global a
```

图 6.50　点击按钮事件逻辑设计代码

3. 测试运行

App 运行后，点击「排序」按钮后，排好序的数字将出现在按钮下方的标签中，10 个数字共进行了 9 趟排序。最后运行的结果界面如图 6.51 所示。

操作过程视频见 MOOC 网站或扫描二维码。

图 6.51　BubbleSort 运行界面

扫码看案例

4. 思考提升

如果采用选择排序，应该如何进行逻辑代码设计？

6.2.12 【案例 12】ListPickerAndSpinner：列表选择框和下拉框

案例描述

设计一个带有文本输入框、按钮、列表选择框和下拉框组件的 App 应用，通过按钮来修改文本输入框中文字的大小和颜色，通过列表选择框设置文本输入框中字体的颜色，通过下拉框设置文本输入框中字体的大小。

知识要点

（1）文本框（TextBox）组件的使用方法。文本输入框是供用户输入文字的组件，可以通过组件属性面板或逻辑代码设置它的属性。

（2）按钮（Button）组件的使用方法。用户可以通过点击按钮来完成应用中的某些动作。

（3）列表选择框（ListPicker）组件的使用方法。列表选择框显示为一个按钮，当用户点击时，会显示一个列表供用户选择。

（4）下拉框（Spinner）组件的使用方法。单击该组件时将弹出下拉列表元素，用户可以从中选择其中的一项。

案例操作

1. 界面设计

（1）登录 AI2 服务器并创建 ListPickerAndSpinner 项目。

（2）根据案例描述设计如图 6.52 所示的界面，各组件清单如表 6.12 所示。

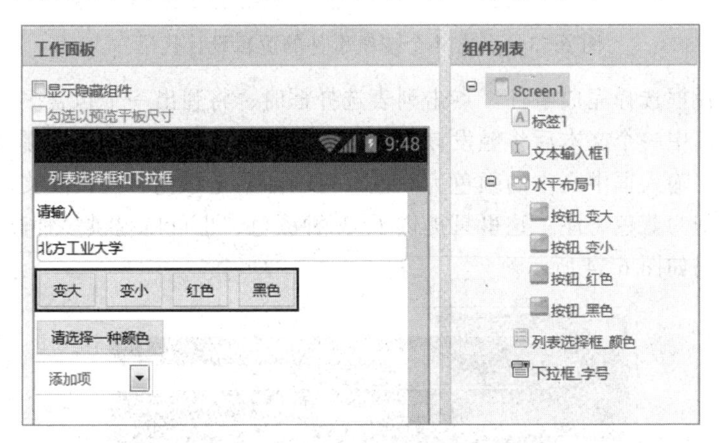

图 6.52　案例 ListPickerAndSpinner 组件设计界面

表 6.12　案例 ListPickerAndSpinner 组件清单

组件类型	组件面板	组件名称	用　途	属性设置
Screen	默认屏幕	Screen1	应用主界面	标题：列表选择框和下拉框
标签	界面布局	标签 1	提示	文本：请输入
文本输入框	界面布局	文本输入框 1	文本输入	文本：北方工业大学

续表

组件类型	组件面板	组件名称	用途	属性设置
水平布局	界面布局	水平布局 1	实现组件水平布局	
按钮	用户界面	按钮_变大	使文字变大	文本：变大
按钮	用户界面	按钮_变小	使文字变小	文本：变小
按钮	用户界面	按钮_红色	使文字变为红色	文本：红色
按钮	用户界面	按钮_黑色	使文字变为黑色	文本：黑色
列表选择框	用户界面	列表选择框_颜色	设置文字的颜色	元素字串：红色,绿色,蓝色 文本：请选择一种颜色
下拉框	用户界面	下拉框_字号	设置文字的字号	元素字串：10,20,30,40,50 选中项：1

2. 逻辑设计

（1）点击变大按钮事件。当单击变大按钮时，让文本输入框中文字的字号变为 30。

（2）点击变小按钮事件。当单击变小按钮时，让文本输入框中文字的字号变为 20。

（3）点击红色按钮事件。当点击红色按钮时，让文本输入框中的文字变为红色。

（4）点击黑色按钮事件。当点击黑色按钮时，让文本输入框中的文字变为黑色。以上 4 个步骤的逻辑设计代码如图 6.53 所示。

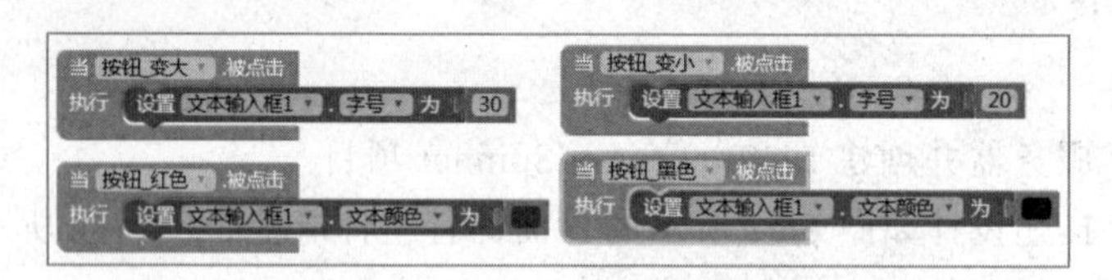

图 6.53 点击 4 个按钮事件的逻辑设计代码

（5）列表选择框选择完成事件。点击列表选择框时，将弹出一个包含多个注明颜色的文本选择框，选择其中一个文本后将触发该事件。此时判断选择的文本表示哪种颜色，如果是红色，则设置文本输入框中文本的颜色为红色，否则如果是绿色，则设置文本输入框文本的颜色为绿色，否则为蓝色（注：这里只提供了 3 种颜色，也可以提供多种其他颜色）。该事件的逻辑设计代码如图 6.54 所示。

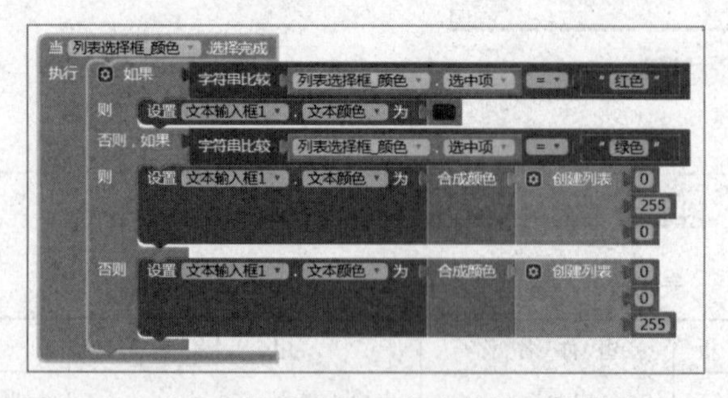

图 6.54 列表选择框选择完成事件的逻辑设计代码

（6）下拉框选择完成事件。当点击下拉框时，将弹出一个显示多个数字的下拉框，选择其中一个数字后将触发该事件。此时直接将选中项设置为文本输入框字体的字号。该事件的逻辑设计代码如图 6.55 所示。

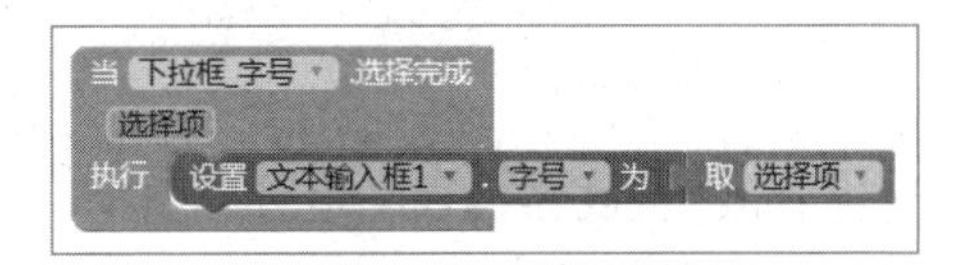

图 6.55　下拉框选择完成事件的逻辑设计代码

3. 测试运行

App 运行后的界面如图 6.56 所示。当点击「变大」按钮时，文本输入框中的文本变大；当点击「变小」按钮时，文本输入框中的文本变小；当点击「红色」按钮时，文本输入框中的文本变为红色；当点击「黑色」按钮时，文本输入框中的文本变为黑色；当点击「请选择一种颜色」列表选择框时，将弹出列表选择框，其中显示多个表示颜色的文本，选择其中的一种颜色文本后，文本输入框中的文本将变为相应的颜色；当点击下拉框时，将弹出一个显示多个数字的列表，选择其中一个数字后，文本输入框中的文本字号将变为相应的大小。

操作过程视频见 MOOC 网站或扫描二维码。

图 6.56　项目 ListPickerAndSpinner 运行结果界面

1　　2

扫码看案例

4. 思考提升

列表选择框和下拉列表框在功能上有区别吗？

6.2.13 【案例 13】DateTimeCheckBox：日期选择框、时间选择框和复选框

案例描述

设计一个带有日期选择框、时间选择框和复选框的 App 应用，当点击日期选择框时能够选择日期，打开时间选择框时能够选择时间，如果选中相应的复选框，选择的日期或时间能够出来，不选相应的复选框，对应的日期或时间将不显示。

知识要点

（1）日期选择框的使用方法。日期选择框是一个按钮，被单击后将弹出窗口，允许用户从中选择日期并设定日期。

（2）时间选择框的使用方法。时间选择框是用来选择和设置时间的组件，其用法与日期选择框类似。

（3）复选框的使用方法。复选框供用户选择两种状态中的一种。

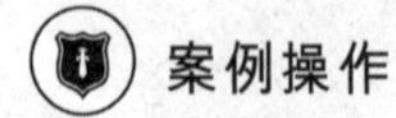

1. 界面设计

（1）登录 AI2 服务器并创建 DateTimeCheckBox 项目。

（2）根据案例描述设计如图 6.57 所示的界面，各组件清单如表 6.13 所示。

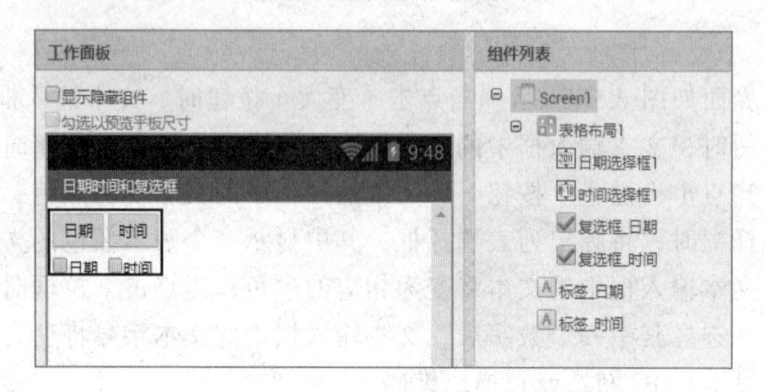

图 6.57　案例 DateTimeCheckBox 组件设计界面

表 6.13　案例 DateTimeCheckBox 组件说明

组件类型	组件面板	组件名称	用　途	属性设置
Screen	默认屏幕	Screen1	应用主界面	标题：日期时间和复选框
表格布局	界面布局	表格布局 1	实现组件布局	列数：2 行数：2
日期选择框	用户界面	日期选择框 1	选择日期	文本：日期
时间选择框	用户界面	时间选择框 1	选择时间	文本：时间
复选框	用户界面	复选框_日期	控制日期显示与否	文本：日期
复选框	用户界面	复选框_时间	控制时间显示与否	文本：时间
标签	用户界面	标签_日期	显示日期	文本：
标签	用户界面	标签_时间	显示时间	文本：

2. 逻辑设计

（1）全局变量的定义。定义 2 个字符类型的全局变量 date 和 time 分别用来存放日期和时间。

（2）屏幕初始化事件。App 运行时将触发该事件，此时使日期和时间标签不可见，从而不显示日期和时间。以上 2 个步骤的逻辑代码如图 6.58 所示。

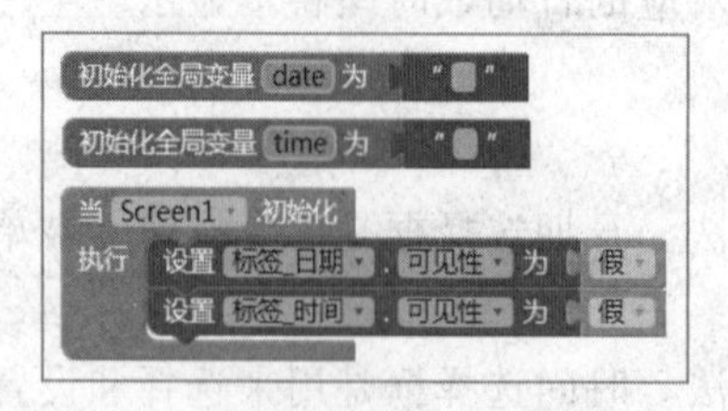

图 6.58　变量定义和屏幕初始化事件逻辑设计代码

（3）设置日期事件。当点击「日期选择框」时，将弹出日期选择框窗口供用户选择日期，当用户选择完日期并点击「确定」按钮时，将触发日期选择框的完成日期设定事件。此时将设置的日期赋值给 date 变量，并将该变量显示到日期标签中。逻辑设计代码如图 6.59 所示。

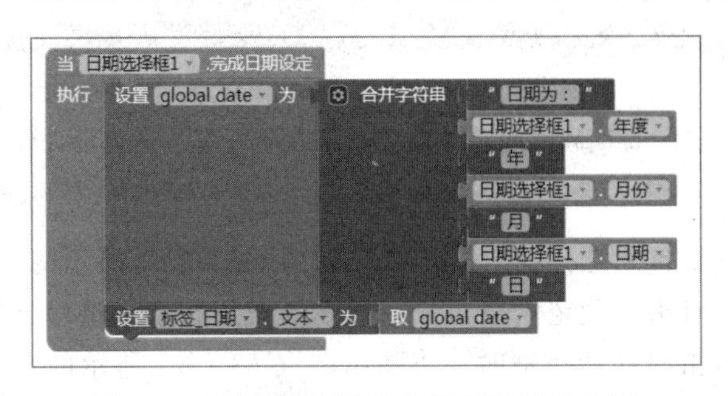

图 6.59　完成日期设定事件逻辑设计代码

（4）设置时间事件。当点击「时间选择框」时，将弹出时间选择框窗口供用户选择时间，用户选择时间并点击「确定」按钮时，将触发时间选择框的完成时间设定事件。此时将设置的时间赋值给 time，并显示到时间标签中。逻辑设计代码如图 6.60 所示。

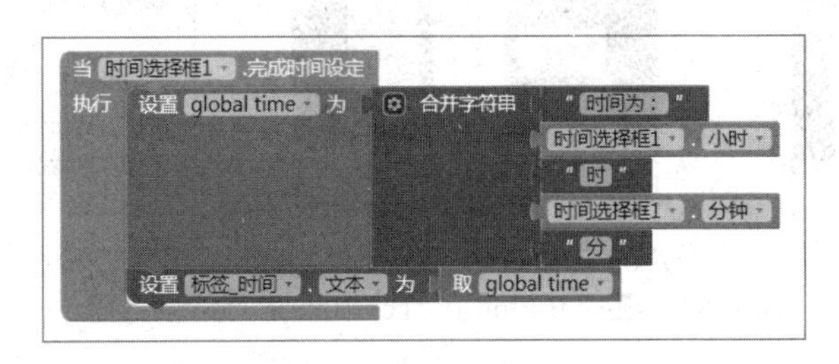

图 6.60　完成时间设定事件逻辑设计代码

（5）显示日期事件。前面的日期设置事件并不能控制日期的显示与否，只有通过日期复选框才能实现日期的显示与否，当点击日期复选框时，将触发复选框的状态被改变事件，此时如果复选框被选中，则显示日期标签，否则隐藏日期标签。

（6）显示时间事件。该事件与显示日期事件类似。以上 2 个步骤的逻辑设计代码如图 6.61 所示。

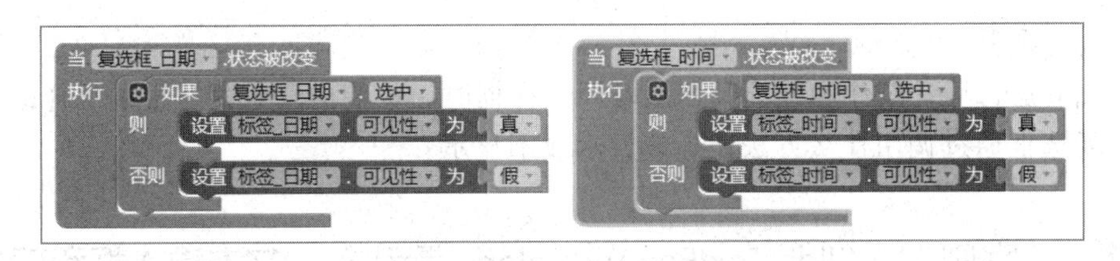

图 6.61　复选框状态改变事件逻辑设计代码

（7）日期选择框被按压和松开事件。当日期选择框被按压时，设置日期标签的颜色为黄色，松开时设置日期标签的颜色为橙色。

（8）时间选择框被按压和松开事件。当时间选择框被按压时，设置时间标签的颜色为黄色，松开时设置时间标签的颜色为橙色。以上 2 个步骤的逻辑设计代码如图 6.62 所示。

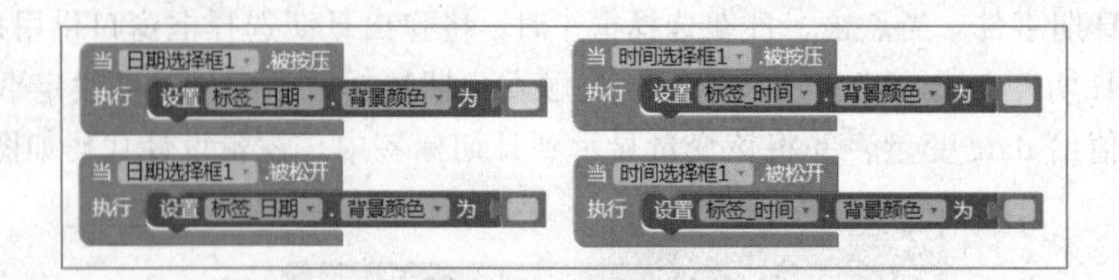

图 6.62　日期和时间选择框被按压和松开事件逻辑设计代码

3．测试运行

App 运行后，当点击日期选择框时，将弹出如图 6.63（a）所示的界面，通过点击“+”或“–”来设置日期，点击「确定」按钮完成日期的设置，如果选中日期复选框，日期将显示到日期标签中。当点击时间选择框时，将弹出图 6.63（b）所示的界面，时间的设置与显示和日期类似。完成日期和时间设置和显示后的最终结果如图 6.63（c）所示。

操作过程视频见 MOOC 网站或扫描二维码。

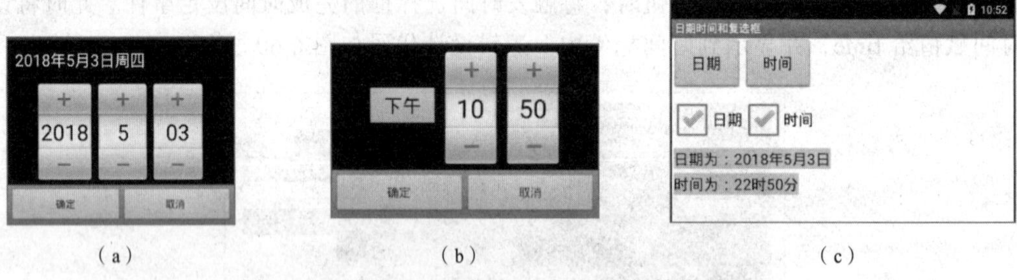

（a）　　（b）　　（c）

图 6.63　项目 ButtonAndTextBox 运行结果界面

扫码看案例

4．思考提升

（1）App 运行后，按住和松开日期或时间选择框时，标签的背景色发生了怎样的变化？

（2）复选框通过调用什么方法让标签显示或不显示？

6.2.14 【案例 14】SliderTextBoxAndColor：滑动条、文本输入框和颜色

案例描述

设计一个通过 3 个滑动条和 3 个文本输入框控制画布背景颜色的 App 应用。3 个滑动条的位置和 3 个文本输入框的数值相对应，它们分别代表 RGB 三种颜色的数值。当拖动滑动条时，文本输入框中的数值和画布的背景颜色都会发生相应的变化；当在文本输入框中输入

新的数值时，滑动条的位置和画布的背景颜色也会发生相应的变化。

知识要点

（1）滑动条（Slider）组件的使用方法。滑动条由一个进度条和一个可拖动的滑块组成，可以通过拖动滑块来设定滑块位置。可以通过设置滑动条的「最大值」和「最小值」属性来设置滑块的移动范围，拖动滑块将触发「位置变化」事件，并记录滑块成绩。

（2）文本输入框（TextBox）组件的使用方法。文本输入框既可以用来输入文本，设置文本的属性，也可以通过「获得焦点」或「失去焦点」事件实现需要的动作。

案例操作

1．界面设计

（1）登录 AI2 服务器并创建 SliderTextBoxAndColor 项目。

（2）根据案例描述设计如图 6.64 所示的界面，各组件属性设置如表 6.14 所示。

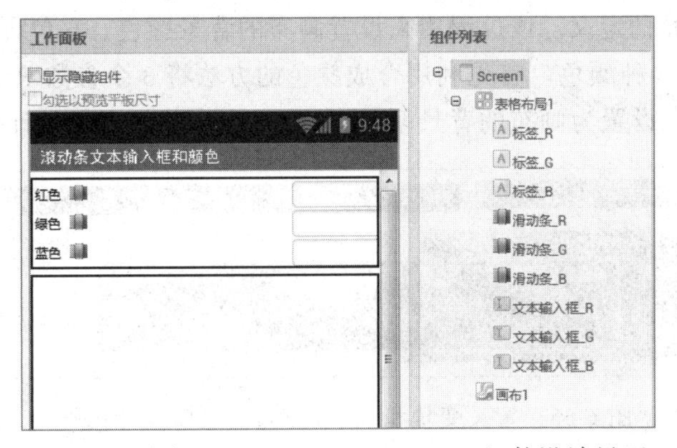

图 6.64　案例 SliderTextBoxAndColor 组件设计界面

表 6.14　案例 SliderTextBoxAndColor 组件清单

组件类型	组件面板	组件名称	用　　途	属性设置
Screen	默认屏幕	Screen1	应用主界面	标题：滑动条文本输入框和颜色
表格布局	界面布局	表格布局 1	实现组件布局	列数：3 行数：3
标签	用户界面	标签_R	提示	文本：红色
标签	用户界面	标签_G	提示	文本：绿色
标签	用户界面	标签_B	提示	文本：蓝色
滑动条	用户界面	滑动条_R	设置红色值	宽度：200 像素 最大值：255 最小值：0
滑动条	用户界面	滑动条_G	设置绿色值	宽度：200 像素 最大值：255 最小值：0
滑动条	用户界面	滑动条_B	设置蓝色值	宽度：200 像素 最大值：255 最小值：0

续表

组件类型	组件面板	组件名称	用途	属性设置
文本输入框	用户界面	文本输入框_R	设置和显示红色值	宽度：60 像素 提示：
文本输入框	用户界面	文本输入框_G	设置和显示绿色值	宽度：60 像素 提示：
文本输入框	用户界面	文本输入框_B	设置和显示蓝色值	宽度：60 像素 提示：
画布	绘图动画	画布 1	显示颜色	高度：100 比例 宽度：充满

2. 逻辑设计

（1）全局变量的定义。定义 3 个数值型全局变量 Red、Green 和 Blue，分别表示 RGB 三种颜色的数值。

（2）过程 bgColor 的定义。该过程用来设置画布的背景颜色，它包含 3 个参数 R、G、B，分别表示红、绿、蓝 3 种颜色。首先利用合成颜色的方法将 3 个参数 R、G 和 B 合成一种颜色，然后将合成的颜色设置为画布的背景颜色。以上 2 个步骤的逻辑设计代码如图 6.65 所示。

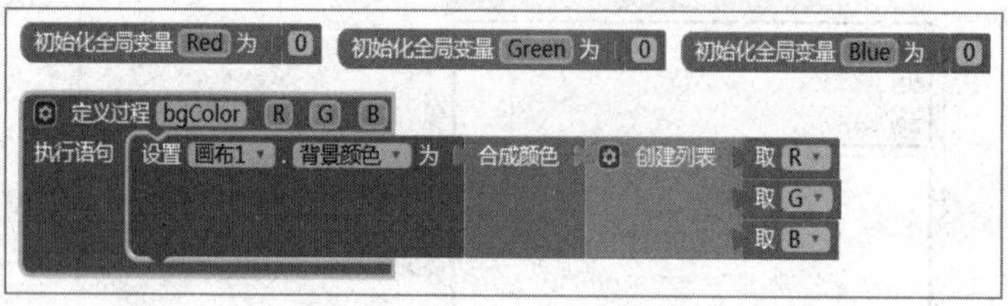

图 6.65　定义变量和 bgColor 过程逻辑设计代码

（3）屏幕初始化事件。把 3 个滑块位置四舍五入后分别赋值给 3 个全局变量 Red、Green 和 Blue，再把 3 个变量的值分别赋值给 3 个文本输入框，最后以 3 个变量为实参调用 bgColor 过程来设置画布的初始背景颜色。逻辑设计代码如图 6.66 所示。

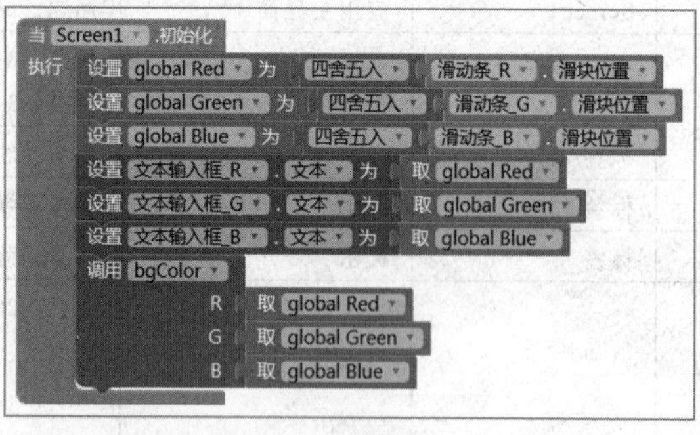

图 6.66　屏幕初始化事件逻辑设计代码

（4）滑动条位置改变事件。当拖动滑动条时，将该滑块位置四舍五入后赋值给对应的变量，然后将变量的值赋值给文本输入框，最后调用 bgColor 过程来设置画布的背景颜色。逻辑设计代码如图 6.67 所示。

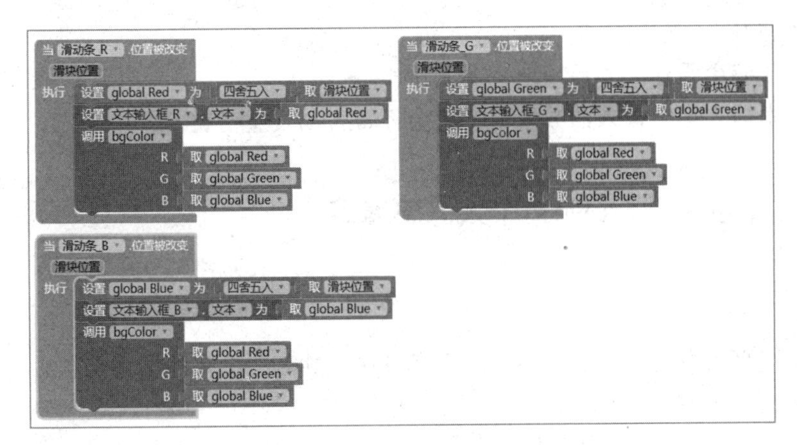

图 6.67　滑动条位置改变事件逻辑设计代码

（5）文本输入框失去焦点事件。当在文本输入框中输入一个数值并点击其他位置后将触发该事件，此时将该文本输入框中的位置赋值给对应的变量，再将该变量的值设置为对应的滑动条滑块的位置，最后调用 bgColor 过程来设置画布的背景颜色。逻辑设计代码如图 6.68 所示。

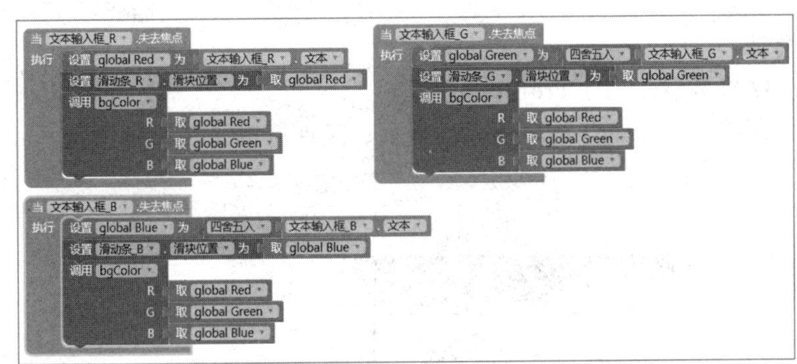

图 6.68　文本输入框失去焦点事件逻辑设计代码

3. 测试运行

App 运行后的界面如图 6.69 所示。当拖动滑块时，文本输入框中的数值在改变，画布的背景颜色也会发生相应的变化；当在文本输入框中输入一个数值后再点击其他位置，滑块会移动到该数值指定的位置，画布的颜色也会发生相应的变化。

操作过程视频见 MOOC 网站或扫描二维码。

图 6.69　项目 SliderTextBoxAndColor 运行结果　　　　扫码看案例

4．思考提升

（1）逻辑代码中为什么要使用四舍五入块？

（2）在文本输入框中输入的数字为什么会经常自动发生变化？

6.2.15 【案例 15】Profile：个人信息填写

案例描述

设计一个填写用户信息的 App。当用户完成输入姓名、选择性别等信息后单击按钮，其个人信息显示在标签中。

知识要点

（1）用户界面组件的综合应用，包括：标签、文本输入框、下拉框、日期选择框等。

（2）页面布局组件的综合应用，包括：表格布局、垂直布局等。

案例操作

1．界面设计

（1）登录 AI2 服务器并创建 Profile 项目。

（2）根据案例描述设计如图 6.70 所示的界面，组件清单如表 6.15 所示。

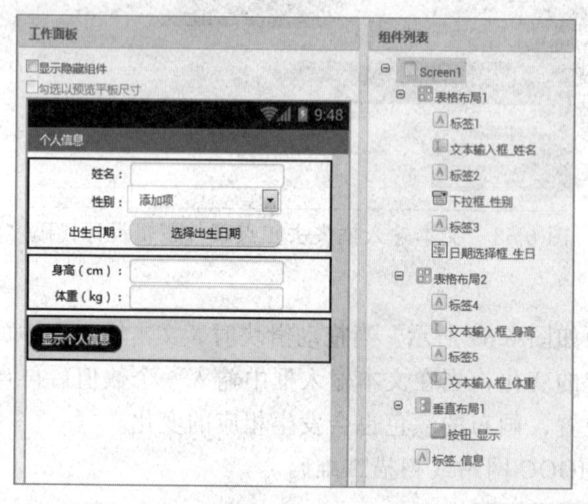

图 6.70　案例 Profile 组件设计界面

表 6.15　案例 Profile 组件清单

组件类型	组件面板	组件名称	用　　途	属性设置
Screen	默认屏幕	Screen1	应用主界面	水平对齐：居中 允许滚动：选择 标题：个人信息
表格布局	界面布局	表格布局 1	实现标签和文本输入框的布局	列数：2 行数：3 宽度：充满

续表

组件类型	组件面板	组件名称	用　途	属性设置
标签	用户界面	标签 1	显示提示信息	宽度：100 像素 文本：姓名： 文本对齐：居右
文本输入框	用户界面	输入_姓名	输入用户姓名	提示：请输入姓名
标签	用户界面	标签 2	显示提示信息	宽度：100 像素 文本：性别： 文本对齐：居右
下拉框	用户界面	下拉选择_性别	选择用户性别	元素字串：男,女 提示：请选择性别 选中项：男
标签	用户界面	标签 3	显示提示信息	宽度：100 像素 文本：出生日期： 文本对齐：居右
日期选择框	用户界面	日期选择_生日	选择用户生日日期	文本：设置出生日期 文本对齐：居中
表格布局	界面布局	表格布局 2	实现标签和文本输入框的布局	列数：2 行数：2 宽度：充满
标签	用户界面	标签 4	显示提示信息	宽度：100 像素 文本：身高（cm）： 文本对齐：居右
文本输入框	用户界面	输入_身高	输入用户姓名	提示：请输入身高 仅限数字：选择
标签	用户界面	标签 5	显示提示信息	宽度：100 像素 文本：体重（kg）： 文本对齐：居右
文本输入框	用户界面	输入_体重	输入用户体重	提示：请输入体重 仅限数字：选择
垂直布局	界面布局	垂直布局 1	实现按钮的布局	宽度：充满 水平对齐：居左
按钮	用户界面	按钮_显示	通过点击事件实现信息显示	背景颜色：蓝色 形状：圆角 文本：单击显示个人信息 文本颜色：白色
标签	用户界面	标签_信息	显示用户信息	字号：18 宽度：充满 文本： 文本颜色：蓝色

2．逻辑设计

点击按钮事件。当点击按钮时，在标签中显示用户填写的个人信息。逻辑设计代码如图 6.71 所示。

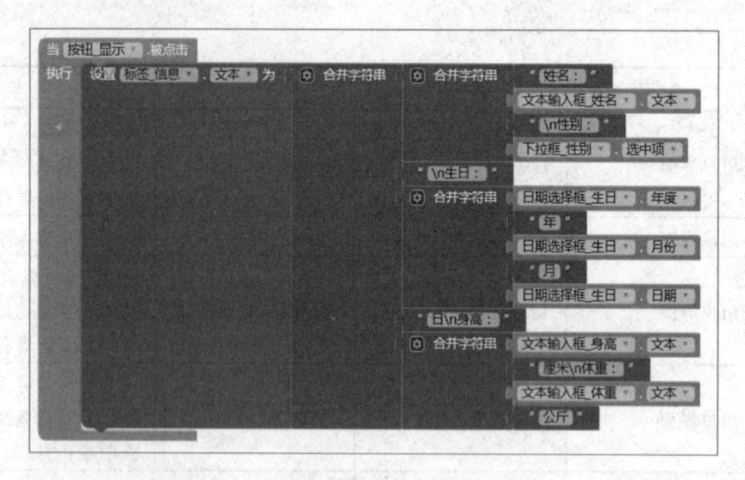

图 6.71　点击按钮事件逻辑设计代码

3. 测试运行

App 运行后，用户输入姓名、选择性别等信息后，单击「显示个人信息」按钮，其个人信息将会显示在下面的标签中。最后结果如图 6.72 所示。操作过程视频见 MOOC 网络或扫描二维码。

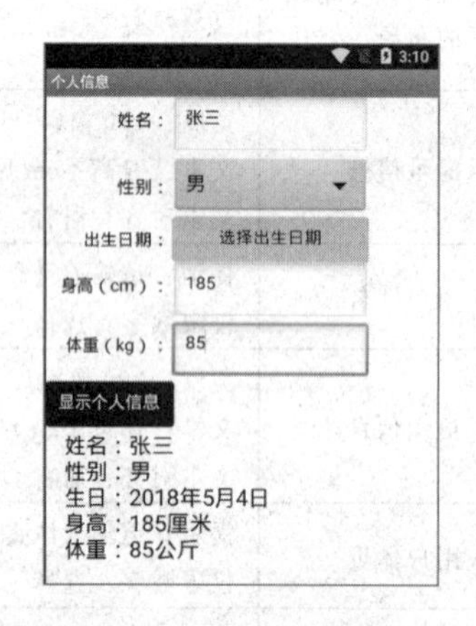

图 6.72　个人信息填写应用运行界面

1　　2

扫码看案例

4. 思考提升

字符串信息如何实现换行？

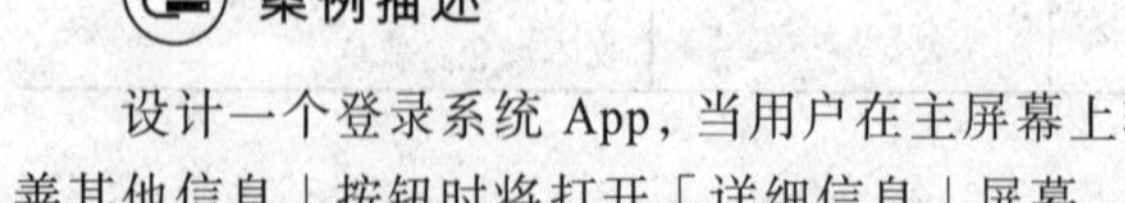

6.2.16　【案例 16】Login：登录系统

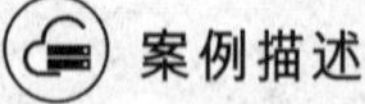

案例描述

设计一个登录系统 App，当用户在主屏幕上输入电子邮件、密码和确认密码后，点击「完善其他信息」按钮时将打开「详细信息」屏幕。在「详细信息」屏幕上，当用户输入姓名、学号并选择考试时段后，点击「确定」按钮后显示选择对话框，若用户确认信息无误后点击「确认」按钮则返回到主屏幕，否则停留在当前屏幕；如若点击「取消」按钮则直接返回主屏幕。在主屏幕上，如果用户输入的邮件地址不合理，则显示消息对话框并清空文本输入框，如果两次输入的密码不一致，则显示警告信息对话框并清空密码输入框。

知识要点

（1）密码输入框（PasswordTextBox）的使用方法。密码输入框供用户输入密码，将隐藏用户输入的文字内容。

（2）列表显示框（ListView）的使用方法。列表显示框用于显示文字元素组成的列表，列表的内容可以利用组件设计中「元素子串」属性或逻辑代码中的「元素块」来设置。

（3）对话框（Notifier）组件的使用方法。对话框用于显示警告、消息及临时性通知，根据用途不同，对话框可分为选择对话框、消息对话框、进度对话框和文本对话框。

（4）两个屏幕（Screen）之间切换的方法。屏幕之间的切换通过「控制」块中的「打开另一屏幕」、「关闭屏幕」等方法来实现。

案例操作

1．界面设计

（1）登录 AI2 服务器并创建 Login 项目。

（2）上传图片素材 ncut1.jpg 和 ztnew20183.jpg。

（3）根据案例描述设计如图 6.73 所示的主屏幕界面，组件清单如表 6.16 所示。

图 6.73　案例 Login 主屏幕组件设计界面

表 6.16　案例 Login 主屏幕组件清单

组件类型	组件面板	组件名称	用　　途	属性设置
Screen	默认屏幕	Screen1	应用主界面	水平对齐：居中 背景颜色：浅灰 允许滚动：选择 标题：登录系统
图像	用户界面	图像 1	显示图片	图片：ncut1.jpg
表格布局	界面布局	表格布局 1	实现组件布局	列数：2 行数：3
标签	用户界面	标签 1	提示信息	字号：16 文本：电子邮箱：
文本输入框	用户界面	文本输入框_电子邮箱	输入电子邮箱地址	字号：16 宽度：充满 提示：请输入有效的电子邮箱地址
标签	用户界面	标签 2	提示信息	字号：16 文本：密码：
密码输入框	用户界面	密码输入框_密码	输入密码	字号：16 提示：请设置密码
标签	用户界面	标签 3	提示信息	字号：16 文本：确认密码：
密码输入框	用户界面	密码输入框_确认密码	再次输入密码	字号：16 提示：请再次输入密码
按钮	用户界面	按钮_完善其他信息	通过点击事件实现切换到「详细信息」屏幕	背景颜色：蓝色 字号：20 文本：完善其他信息 文本颜色：白色
对话框	用户界面	对话框 1	显示警告信息或消息对话框	

（4）「详细信息」屏幕设计界面如图 6.74 所示，组件清单如表 6.17 所示。

表 6.17　Login「详细信息」屏幕组件清单

组件类型	组件面板	组件名称	用　　途	属性设置
Screen	默认屏幕	Detail	填写详细信息	水平对齐：居中 背景图片：ztnew20183.jpg 标题：详细信息
表格布局	界面布局	表格布局 1	实现多个标签和文本输入框的布局	列数：2 行数：2 宽度：充满
标签	用户界面	标签 1	显示提示信息	文本：姓名：
文本输入框	用户界面	文本输入框姓名	输入姓名	提示：请输入真实姓名
标签	用户界面	标签 2	显示提示信息	文本：学号：
文本输入框	用户界面	文本输入框学号	输入学号	提示：请输入正确学号

续表

组件类型	组件面板	组件名称	用途	属性设置
标签	用户界面	标签 3	显示提示信息	背景颜色：白色 粗体：选择 字号：20 宽度：充满 文本：请选择考试时段： 文本颜色：蓝色
列表显示框	用户界面	列表显示框时间	显示可选择的考试时段	背景颜色：浅灰 元素字串：第一场 15:00,第二场 16:20,第三场 17:40 宽度：200 像素 选中项：第一场 15:00 选中颜色：青色 文本颜色：蓝色 字号：78
水平布局	界面布局	水平布局 1	实现两个按钮的布局	水平对齐：居中 背景颜色：白色 宽度：充满
按钮	用户界面	按钮确定	通过点击事件实现信息确认过程	文本：确定
按钮	用户界面	按钮取消	通过点击事件实现返回主屏幕过程	文本：取消
对话框	用户界面	对话框 1	显示选择对话框	

图 6.74 案例 Login「详细信息」屏幕组件设计界面

2. 逻辑设计

（1）判断电子邮箱是否正确事件。当在电子邮箱文本输入框中输入完电子邮箱并把插入点移动到其他位置时触发文本输入框失去焦点事件。此时首先求出“@”符号在输入的邮箱中的位置，然后判断该符号是否在该字符串中，若不在，表明输入的邮箱不正确，然后显示消息对话框给出提示并清空文本输入框，逻辑设计代码如图 6.75 所示。

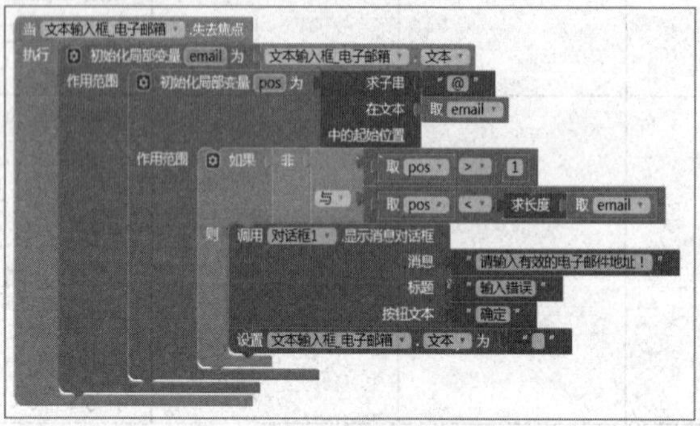

图 6.75　文本输入框失去焦点事件

（2）判断 2 次输入的密码是否一致事件。当点击「完善其他信息」按钮时，先把「密码」和「确认密码」两个文本输入框中的字符串赋值给 pwd1 和 pwd2 两个变量，然后检查 2 个变量是否为空，若为空则给出“密码不能为空！”的警告；若两次输入的密码不一致，则给出“两次输入的密码不一致！”的警告信息并清空文本输入框；否则打开 Detail 屏幕。逻辑设计代码如图 6.76 所示。

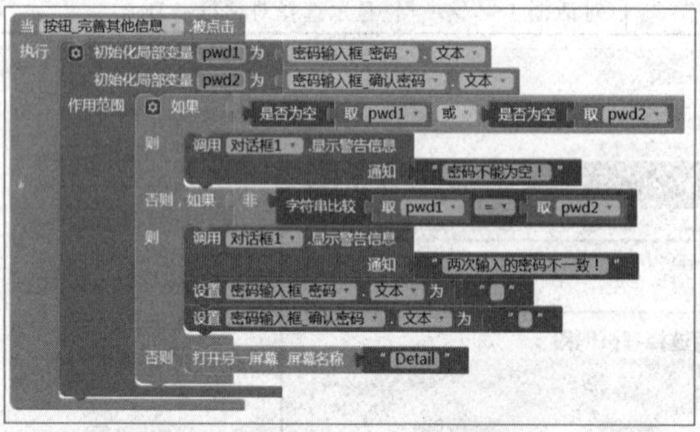

图 6.76「完善其他信息」按钮事件代码

（3）Detail 屏幕中的「确定」按钮事件。用户输入姓名、学号并选择了场次后点击「确定」按钮时，显示「选择对话框」供用户确认信息。逻辑设计代码如图 6.77 所示。

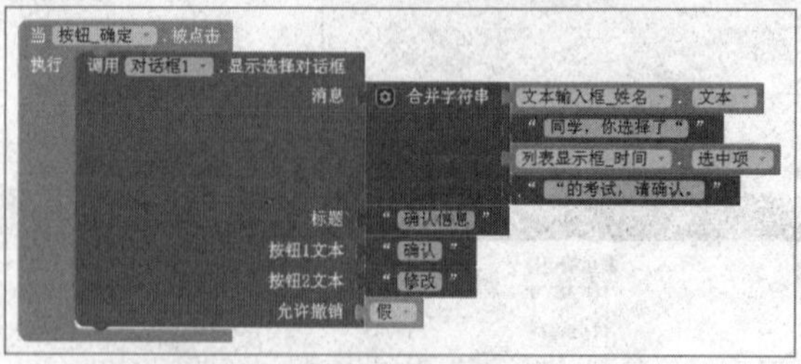

图 6.77　Detail 屏幕中的「确定」按钮事件代码

（4）对话框中的确认按钮事件。当用户点击对话框中的「确认」按钮时，将触发对话框的选择完成事件，此时关闭当前屏幕返回主屏幕。逻辑设计代码如图 6.78 所示。

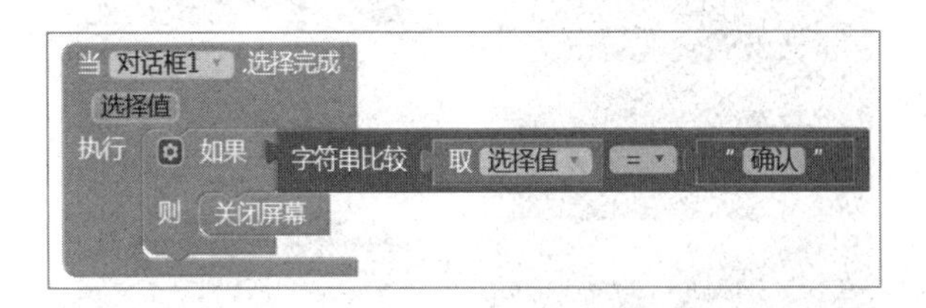

图 6.78　对话框的「选择完成」事件代码

（5）如果用户点击对话框中的「修改」按钮，则默认选择了对话框的取消按钮，此时将关闭对话框返回 Detail 屏幕，此时用户可以修改信息。

（6）Detail 屏幕中的「取消」按钮事件。如果用户直接点击 Detail 屏幕中的「取消」按钮，则关闭 Detail 屏幕，返回主屏幕。如图 6.79 所示。

图 6.79　Detail 屏幕中的「取消」按钮事件代码

3. 测试运行

App 运行后的界面如图 6.80 所示。用户在主屏幕上输入信息后，点击「完善其他信息」按钮可以打开 Detail 屏幕。当用户输入姓名、学号并选择考试时段后，点击「确定」按钮并再次确认信息无误后可以返回到主屏幕，如若点击「取消」按钮则直接返回主屏幕。

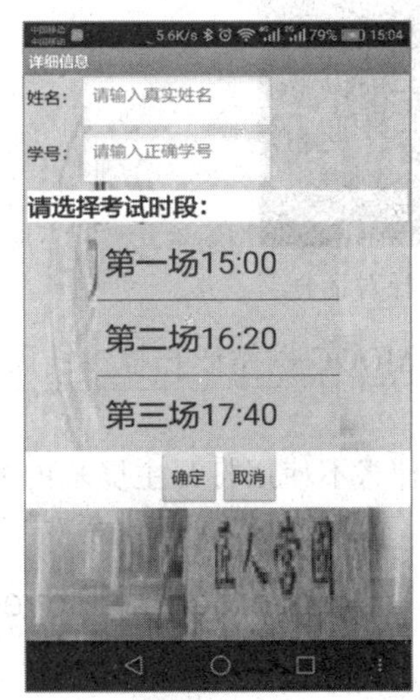

图 6.80　登录系统运行界面

在主屏幕上，如果用户输入的邮件地址不合理，则显示消息对话框并清空文本输入框，如果输入的密码为空则显示警告信息对话框，如果两次输入的密码不一致，显示警告信息对话框并清空密码输入框。如图 6.81 所示。

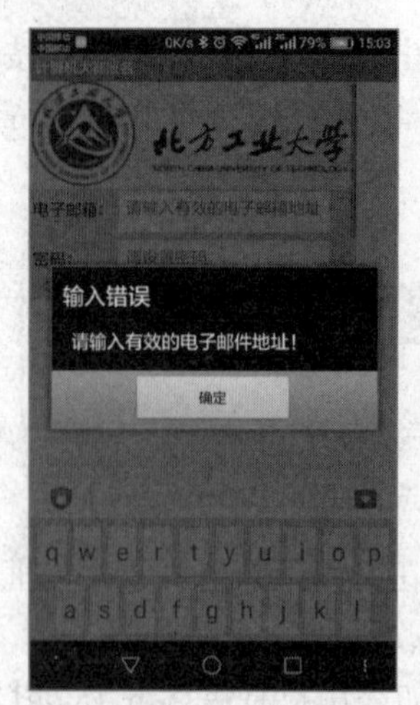

图 6.81　消息对话框和警告信息对话框

在 Detail 屏幕上，当用户点击「确定」按钮后显示选择对话框，若用户点击「确认」按钮则返回主屏幕，否则停留在当前屏幕，如图 6.82 所示。

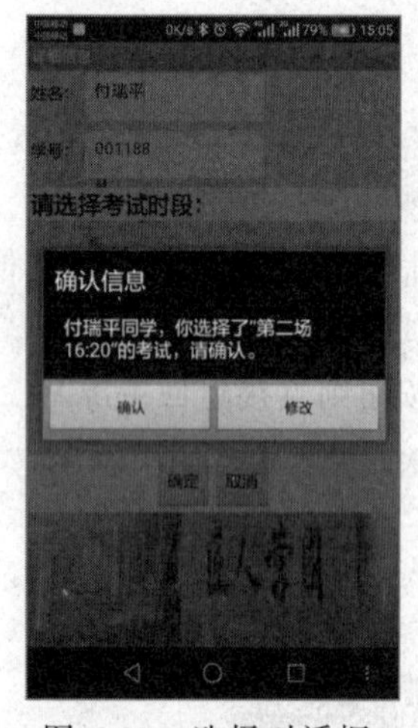

图 6.82　选择对话框

扫码看案例

操作过程视频见 MOOC 网站或扫描二维码。

4．思考提升

返回主屏幕时为什么不使用打开主屏幕的方法，而是采用关闭当前屏幕的方法？

6.2.17 【案例 17】RecorderAndPlayer：录音和播音

案例描述

创建一个录制声音和播放声音的 App 应用，该应用能够实现以下功能：

（1）录音。将声音录制到移动端指定的目录文件中。

（2）停止录音。

（3）播放录音。播放录制的声音。

（4）暂停播放录音。暂停播放录制的声音。

（5）停播录音。停止播放录制的声音。

（6）退出应用。退出 App 应用程序的运行。

知识要点

（1）录音机（SoundRecorder）组件的使用方法。录音机是录制音频的组件，当声音录制完成，系统会自动保存声音文件到特定的目录。录音机组件只有一个 SaveRecording 属性，用户可以在该属性中填入字符串以指定录制声音的完整路径及文件名。如果没有指定，录音机会自己创建一个文件名（如：app_inventor_*.3gp），并保存在“内部存储/My Documents/Recordings”路径下。录音机有 3 个事件：录制完成、开始录制、停止录制；录音机有 2 个方法：开始、停止。

（2）音频播放器（Player）组件的使用方法。音频播放器组件可用于播放音频和控制手机的震动。在组件设计和逻辑设计中，用户可以设定要播放的声音文件。

（3）退出 App 应用程序的方法。控制块中有「退出程序」方法，能够关闭所有屏幕并退出应用程序。

（4）对话框的使用方法。

案例操作

1. 界面设计

（1）登录 AI2 服务器并创建 RecorderAndPlayer 项目。

（2）根据案例描述设计如图 6.83 所示的界面，各组件的属性设置如表 6.18 所示。

图 6.83 案例 RecorderAndPlayer 的界面设计

表 6.18　案例 RecorderAndPlayer 组件说明

组件类型	组件面板	组件名称	用　途	属性设置
Screen	默认屏幕	Screen1		标题：录音和播音
文本输入框	用户界面	文本输入框_声音文件名	保存录制声音的文件名	文本：myRecordSound
水平布局	界面布局	水平布局 1	水平放置组件	水平对齐：居中 宽度：充满
水平布局	界面布局	水平布局 2	水平放置组件	水平对齐：居中 宽度：充满
按钮	用户界面	按钮_开始录音	开始录音	文本：开始录音
按钮	用户界面	按钮_停止录音	停止录音	文本：停止录音
按钮	用户界面	按钮_播放录音	播放录音	文本：播放录音
按钮	用户界面	按钮_暂停播音	暂停播放录音	文本：暂停播音
按钮	用户界面	按钮_停止播音	停止播放录音	文本：停止播音
按钮	用户界面	按钮_退出应用	退出应用程序	文本：退出应用
录音机	多媒体	录音机 1	录制声音	
音频播放器	多媒体	音频播放器 1	播放声音	
对话框	用户界面	对话框 1	显示提示消息	

2．逻辑设计

（1）开始录音事件。当点击「开始录音」按钮时，首先设置录制声音文件存放的路径及文件名，然后调用「录音机.开始」方法进行录制。

（2）停止录音事件。当点击「停止录音」按钮时，调用「录音机.停止」方法停止录制，此时引发「录音机.录制完成」事件。

（3）「录音机.录制完成」事件。将声音文件赋值给音频播放器的源文件，为后面播放声音做准备。前面 3 个步骤的逻辑设计代码如图 6.84 所示。

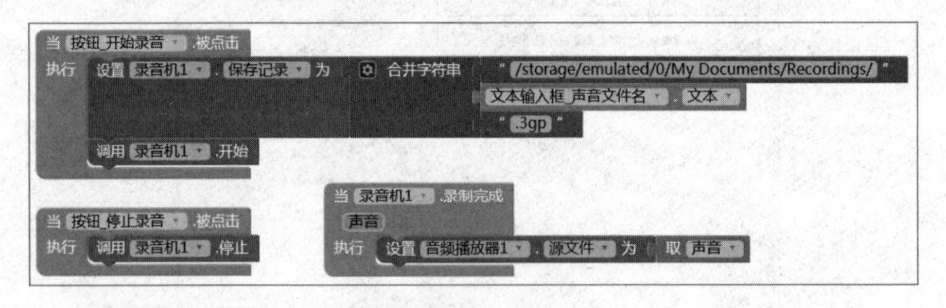

图 6.84　录音事件代码

（4）播放录音事件。当点击「播放录音」按钮时调用「音频播放器.开始」方法播放录制的声音。

（5）暂停播放录音事件。当点击「暂停播音」按钮时，直接调用「音频播放器.暂停」方法暂停播放声音。

（6）停止播放录音事件。当点击「停止播音」按钮时，直接调用「音频播放器.停止」方法停止播放声音。以上 3 个步骤的逻辑设计代码如图 6.85 所示。

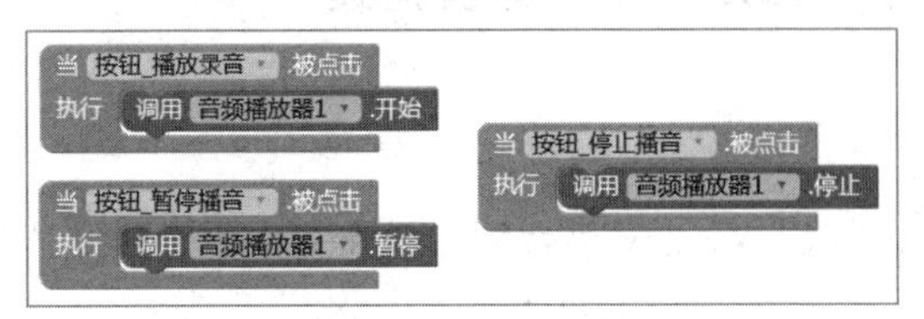

图 6.85　播音事件代码

（7）退出应用事件。当点击「退出应用」按钮时，显示「选择对话框」，询问用户是否退出应用程序，如果退出，点击「确定」按钮，否则点击「取消」按钮。点击对话框的「确定」或「取消」按钮时将引发「对话框.选择完成」事件。

（8）确定退出 App 应用程序事件。当点击对话框的「确定」按钮时，将触发「对话框.选择完成」事件，此时直接调用「退出程序」事件退出 App 应用。以上 2 步的逻辑设计代码如图 6.86 所示。

图 6.86　退出应用事件代码

3. 测试运行

App 运行后的界面如图 6.87 所示。点击相应按钮将实现相应的功能。

操作过程视频见 MOOC 网站或扫描二维码。

图 6.87　案例 RecorderAndPlayer 运行结果

扫码看案例

4. 思考提升

字符串比较函数能否用数学块中的等于来替代？

6.2.18 【案例 18】MyDict：我的语音词典

案例描述

编写一个 App 应用，使用 Yandex 语言翻译器和文本语音转换器实现文字的翻译和朗读功能。

知识要点

（1）Yandex 语言翻译（YandexTranslate）组件的使用方法。Yandex 语言翻译组件可以实现在不同语言之间翻译单词和句子。该组件需要访问网络请求 Yandex.Translate 服务，可以在逻辑设计中指定目标语言，如果只提供了目标语言，系统自动根据需要翻译的内容检验源语言，也可以通过“源语言-目标语言”指定源语言和目标语言，如 en-zh 是指将英语翻译成中文。

（2）文本语音转换器（TextToSpeeck）组件的使用方法。文本语音转换器组件用于将文本翻译成语言。为了使该组件正常运行，手机上需要安装相应的将文本识别成语音的引擎，如 TTS，一般情况下 Android 手机默认都安装了这类引擎。要支持朗读中文，则需要在手机上安装支持朗读中文的语音合成软件，如讯飞语言等。

案例操作

1．界面设计

（1）登录 AI2 服务器并创建 MyDict 项目。

（2）根据案例描述设计如图 6.88 所示的界面，组件清单如表 6.19 所示。

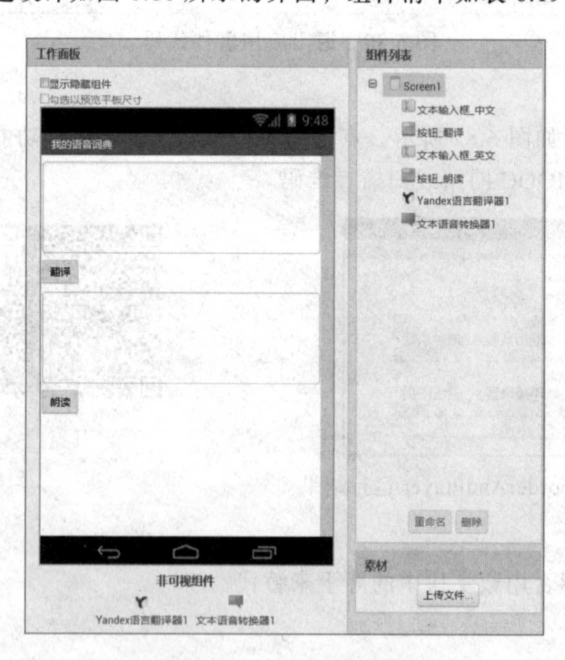

图 6.88　MyDict 组件列表

表6.19 MyDict组件清单

组件类型	组件面板	组件名称	用途	属性设置
Screen	默认屏幕	Screen1	应用主界面	标题：我的语音词典
文本输入框	用户界面	文本输入框-中文	输入汉字文本	高度：100像素 宽度：充满 提示：请输入要翻译的汉字 允许多行：选择
按钮	用户界面	按钮-翻译	调用Yandex语言翻译器实现翻译	文本：翻译
文本输入框	用户界面	文本输入框-英文	显示翻译结果英语文本或输入英语文本	高度：100像素 宽度：充满 提示：请输入英文文本 允许多行：选择
按钮	用户界面	按钮-朗读	通过点击事件调用文本语音转换器实现文本转换为语音	文本：朗读
文本语音转换器	多媒体	文本语音转换器1	将文本转换为语音	语言：en
Yandex语言翻译器	多媒体	Yandex语言翻译器1	文本翻译	

2. 逻辑设计

（1）翻译按钮事件。当点击「翻译」按钮时，调用Yandex语言翻译器的「请求翻译」方法，翻译内容为上方文本输入框中的中文文本，将其翻译为英文文本。该事件的逻辑代码如图6.89所示。

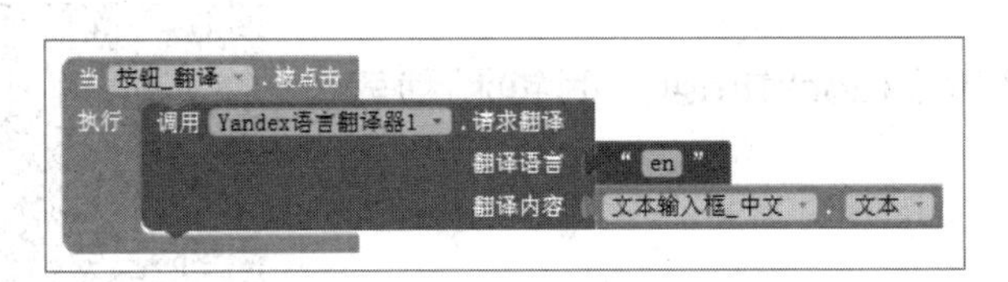

图6.89 翻译按钮事件逻辑设计代码

（2）Yandex语言翻译器的获得译文事件。调用「请求翻译」方法后，翻译器返回翻译文本后，该事件为错误处理提供了一个响应代码，如果响应代码是200，则表示返回了正确的结果。此时将翻译结果显示在下方的文本输入框中。该事件的逻辑代码如图6.90所示。

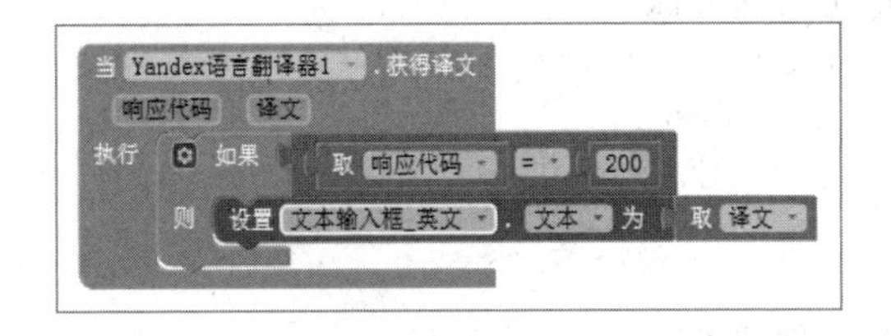

图6.90 获得译文事件逻辑设计代码

（3）朗读按钮事件。当点击「朗读」按钮时，调用文本语音转换器的「念读文本」方法，将第二个文本输入框中的文本朗读出来。该事件的逻辑代码如图 6.91 所示。

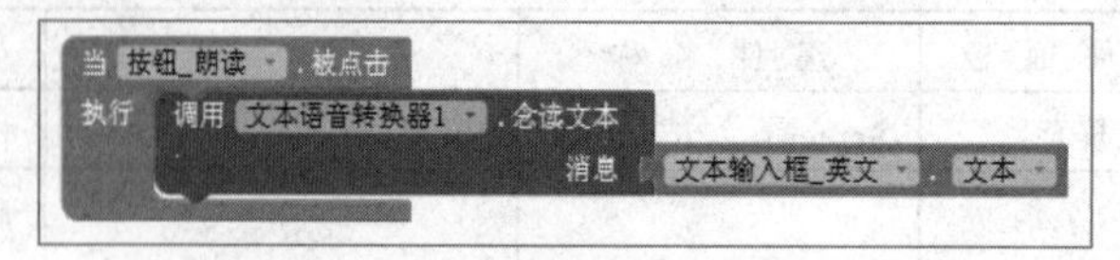

图 6.91　朗读按钮事件逻辑设计代码

3．测试运行

App 运行后的界面如图 6.92 所示。点击「翻译」按钮可以将上方文本输入框中的汉字翻译为英语并显示在下方的文本输入框中，点击「朗读」按钮即可听到英语的朗读语音。也可直接在下方文本框中输入英文文字后点击「朗读」按钮转为语音。

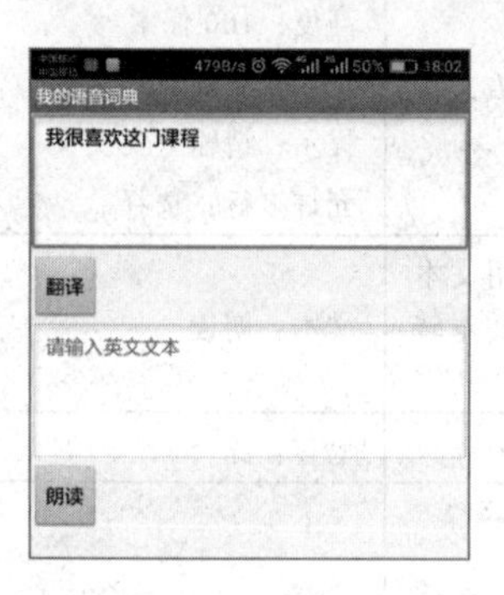

图 6.92　我的语音词典运行界面

操作过程视频见 MOOC 网站或扫描二维码。

4．思考提升

尝试添加语言选择一项，实现将原文本翻译为选择的一种语言。

6.2.19　【案例 19】ClockTimer：时钟和秒表

1　　2

扫码看案例

 案例描述

利用计时器组件设计一个时钟和秒表的 App 应用。

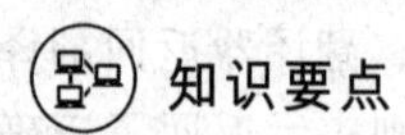

（1）时间格式的设置方法。用字符串表示某一时刻的时间。

（2）多个计时器同时使用的方法。

（3）动态显示时间的方法。

案例操作

1．界面设计

（1）登录 AI2 服务器并创建 ClockTimer 项目。

（2）设计如图 6.93 所示的界面，各组件的属性设置如表 6.20 所示。

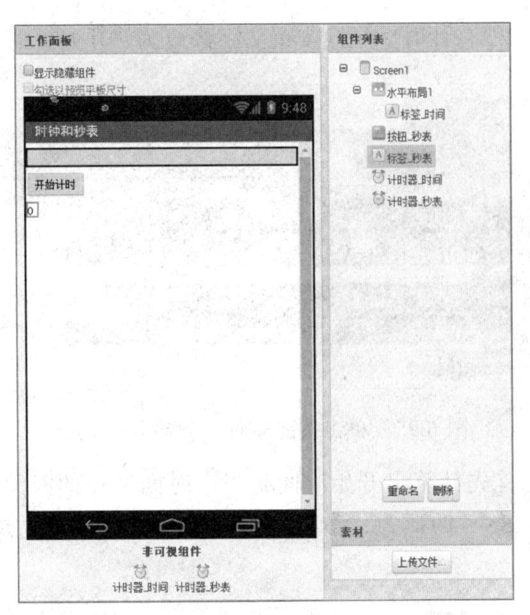

图 6.93　案例 ClockTimer 设计界面

表 6.20　案例 ClockTimer 组件说明

组件类型	组件面板	组件名称	用　　途	属性设置
Screen	默认屏幕	Screen1		标题：时钟和秒表
水平布局	界面布局	水平布局 1	居中显示“标签_时间”组件	水平对齐：居中 宽度：充满
标签	用户界面	标签_时间	动态显示时间	文本：
按钮	用户界面	按钮_秒表	秒表开始计时	文本：开始计时
标签	用户界面	标签_秒表	动态显示秒表	文本：
计时器	传感器	计时器_时间	显示时钟	启用计时：选中 计时间隔：10
计时器	传感器	计时器_秒表	显示秒表	启用计时：不选 计时间隔：100

2. 逻辑设计

（1）显示时钟。程序运行后，计时器自动启用「计时」事件，在时间标签中以“hh:mm:ss:SS”格式显示当前系统时间，逻辑设计代码如图 6.94 所示。

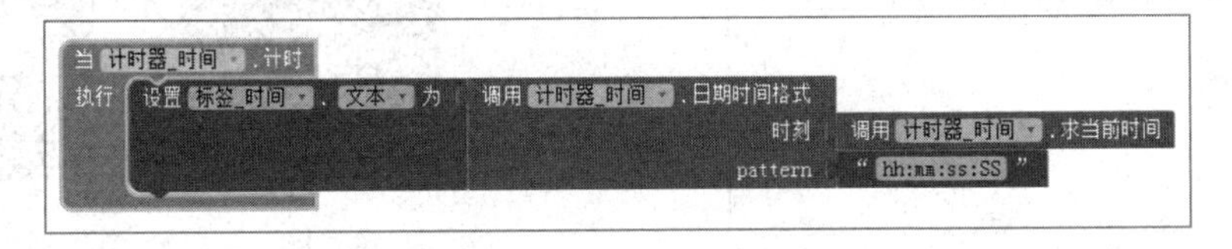

图 6.94　显示时钟事件逻辑设计代码

（2）单击按钮事件。当按钮被单击时，系统先判断按钮的文本，如果是「开始计时」，则首先使用 pretime 变量记录下此刻的时间，再启用「秒表计时器」，并将按钮上的文本修改为“停止计时”；否则停止秒表计时，并将按钮文字修改为“开始计时”，代码如图 6.95 所示。

```
当 按钮_秒表 .被点击
执行 如果 字符串比较 按钮_秒表 . 文本 = “开始计时”
    则 设置 global pretime 为 调用 计时器_秒表 .求当前时间
       设置 计时器_秒表 . 启用计时 为 真
       设置 按钮_秒表 . 文本 为 “停止计时”
    否则 设置 计时器_秒表 . 启用计时 为 假
       设置 按钮_秒表 . 文本 为 “开始计时”
```

图 6.95　单击按钮事件逻辑设计代码

（3）计时事件。系统首先计算出开始时间到当前时间经过的时间，得到的是毫秒数，然后将毫秒转化成“mm:ss:SS”的形式，最后将时间显示到标签上，逻辑设计代码如图 6.96 所示。

```
当 计时器_秒表 .计时
执行 设置 global temp 为 调用 计时器_秒表 .持续时间
                              开始时刻 取 global pretime
                              结束时刻 调用 计时器_秒表 .求当前时间
     设置 global min 为 求商 取 global temp ÷ 60000
     设置 global sec 为 求余数 求商 取 global temp ÷ 1000 ÷ 60
     设置 global msec 为 求商 求余数 取 global temp ÷ 1000 ÷ 10
     设置 标签_秒表 . 文本 为 合并字符串 取 global min
                                      “:”
                                      取 global sec
                                      “:”
                                      取 global msec
```

图 6.96　计时事件逻辑设计代码

3. 测试运行

App 运行后的界面如图 6.97 所示，App 一开始运行就动态显示最上面的时钟，单击「开始计时」按钮时，按钮文字显示为“停止计时”，此时按钮下面动态显示秒表计时；单击「停止计时」按钮时，按钮文字显示为“开始计时”，此时按钮下面的秒表计时停止。

操作过程视频见 MOOC 网站或扫描二维码。

图 6.97　案例 ClockTimer 运行结果

1　　2

扫码看案例

4. 思考提升

本案例中的分钟、秒、毫秒是如何计算出来的？

6.2.20 【案例 20】Sensors：传感器

案例描述

设计一个 App 应用，用来显示移动设备的方向、位置、移动设备与人体之间距离的感应效果以及移动设备的角速度。

知识要点

（1）传感器（Sensor）组件的主要功能。传感器主要用来感应手机的位置、方向、加速度等各项参数的变化。常见的一些传感器是目前智能手机的标配。AI 提供了计时器、条码扫描器、位置传感器、方向传感器、NFC（近场通讯）、加速度传感器和近距离传感器（ProximitySensor），它们都是非可视组件。

（2）方向传感器（OrientationSensor）的使用方法。方向传感器用于确定移动设备的空间方位，以角度的方式提供翻转角（Roll）、倾斜角（Pitch）和方位角（Azimuth）信息。翻转角用来衡量设备左右翻转的角度，倾斜角用来衡量设备顶部和底部倾斜的角度，方位角用来衡量设备在水平面上转动的角度。

（3）位置传感器（LocationSensor）的使用方法。位置传感器提供了位置信息，包括：纬度、经度、高度及地址，也可以实现“地理编码”，即将地址信息转换为纬度及经度。当应用程序启动时，位置信息可能不会立即有效，用户需要找到可用的位置提供者，或等待“位置被更改”事件发生。

（4）近距离传感器（ProximitySensor）的使用方法。近距离传感器用于通过红外线测距，当设备与人体距离很近时，传感器就能检测到人体的靠近。测试移动设备距离传感器的最大范围为 5cm，当人体与设备的距离很近时显示 0，较远时显示 5。本案例要求利用距离传感器测试人体与设备之间的距离。

（5）陀螺仪传感器（GyroscopeSensor）的使用方法。陀螺仪传感器是一个简单易用的基于自由空间移动和手势的定位系统，在三维空间中可以测量角速度（单位：度/秒）。本案例要求利用按钮启用和停止陀螺仪传感器，并在启用陀螺仪传感器时显示设备的 x 轴角速度、y 轴角速度、z 轴角速度和时间戳。

案例操作

1．界面设计

（1）登录 AI2 服务器并创建 Sensors 项目。

（2）根据案例描述设计如图 6.98 所示的界面，各组件的属性设置如表 6.21 所示。

表 6.21　案例 Sensors 组件说明

组件类型	组件面板	组件名称	用　途	属性设置
Screen	默认屏幕	Screen1		标题：传感器
按钮	用户界面	按钮_启用方向传感器	启用方向传感器	文本：启用方向传感器

续表

组件类型	组件面板	组件名称	用途	属性设置
按钮	用户界面	按钮_启用位置传感器	启用位置传感器	文本：启用位置传感器
按钮	用户界面	按钮_启用距离传感器	启用距离传感器	文本：启用距离传感器
按钮	用户界面	按钮_启用陀螺仪传感器	启用陀螺仪传感器	文本：启用陀螺仪传感器
按钮	用户界面	按钮_停止陀螺仪传感器	停止陀螺仪传感器	文本：停止陀螺仪传感器
水平布局	界面布局	水平布局 1	水平放置 2 个按钮组件	
标签	用户界面	标签_方向信息	显示方向信息	文本：
标签	用户界面	标签_位置信息	显示位置信息	文本：
标签	用户界面	标签_距离信息	显示距离信息	文本：
标签	用户界面	标签_陀螺仪信息	显示陀螺仪信息	文本：
方向传感器	传感器	方向传感器 1		启用：否
位置传感器	传感器	位置传感器 1		启用：否
距离传感器	传感器	距离传感器 1		启用：否
陀螺仪传感器	传感器	陀螺仪传感器 1		启用：否

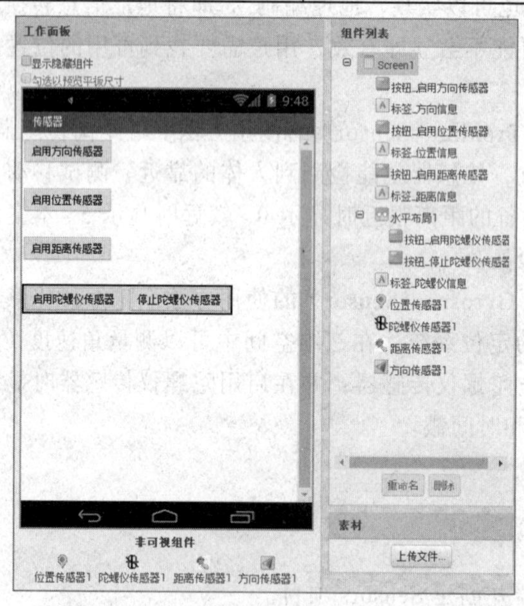

图 6.98　案例 Sensors 组件设计界面

2．逻辑设计

（1）启用方向传感器。当点击「启用方向传感器」按钮时，启用方向传感器。

（2）方向传感器方向被改变事件。启用方向传感器后，方向传感器就能感知方向改变事件。当移动设备的方向改变时，直接在「标签_方向信息」中显示移动设备的“方位角”、“倾斜角”和“翻转角”信息。逻辑设计代码如图 6.99 所示。

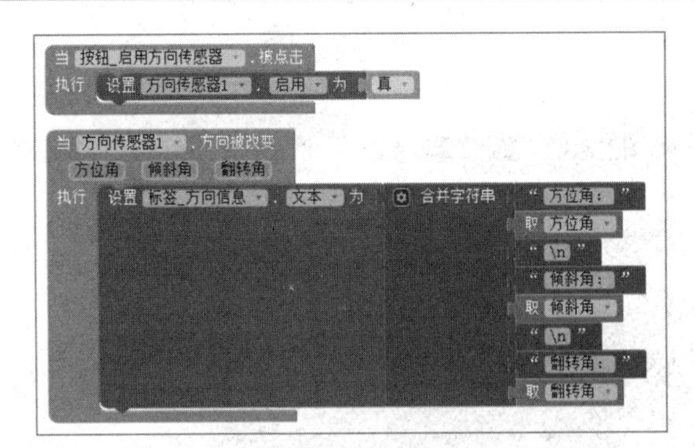

图 6.99　方向传感器逻辑设计代码

（3）启用位置传感器事件。当点击「启用位置传感器」按钮时，启用位置传感器。

（4）位置传感器位置被改变事件。启用位置传感器后，位置传感器就能感知位置改变事件。当移动设备的位置改变时，直接在「标签_位置信息」中显示移动设备的“纬度”、“经度”和“海拔”信息。逻辑设计代码如图 6.100 所示。

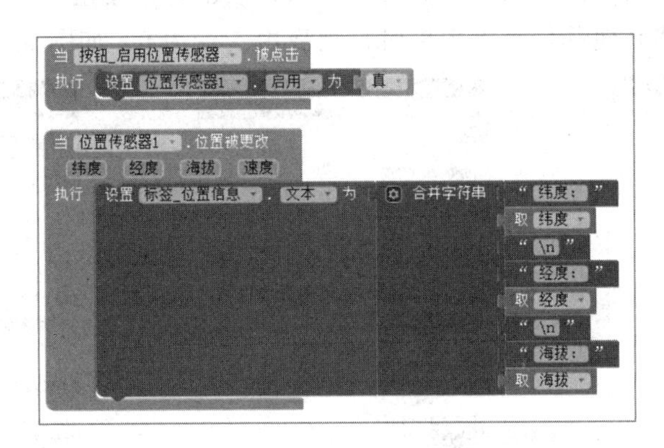

图 6.100　位置传感器逻辑设计代码

（5）启用距离传感器事件。当点击「按钮_启用距离传感器」按钮时，启用距离传感器。

（6）距离传感器的距离改变事件。启用距离传感器后，距离传感器就能感知距离改变事件。当位置被改变时，直接在「标签_距离信息」中显示移动设备的“距离”信息。逻辑设计代码如图 6.101 所示。

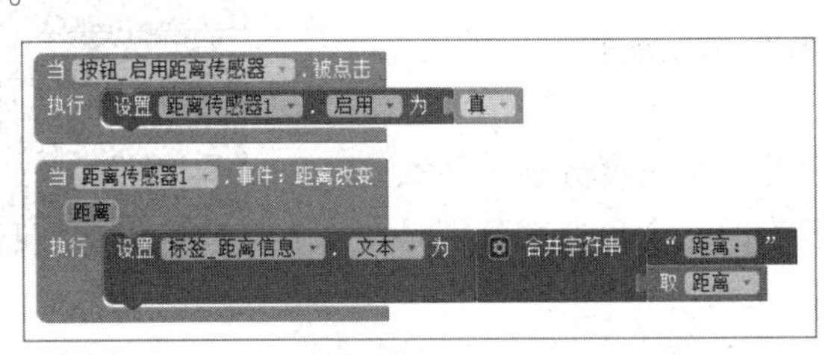

图 6.101　距离传感器逻辑设计代码

（7）启用陀螺仪传感器事件。当点击「启用陀螺仪传感器」按钮时，启用陀螺仪传感器。

（8）陀螺仪传感器的陀螺仪状态改变事件。启用陀螺仪传感器后，陀螺仪传感器就能感知移动设备角速度的改变。当移动设备角速度改变时，直接在「标签_陀螺仪信息」中显示移动设备的“x 分量角速度”、“y 分量角速度”、“z 分量角速度”和“时间戳”信息。逻辑设计代码如图 6.102 所示。

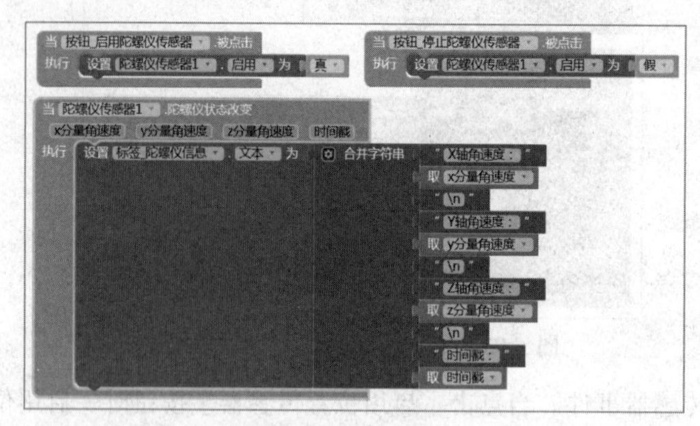

图 6.102　陀螺仪传感器逻辑设计代码

3. 测试运行

App 运行后，最初的界面如图 6.103（a）所示，点击各个按钮后的界面如图 6.103（b）所示，当用手掌或人体其他部位靠近手机时，距离由 5 变为 0，如图 6.103（c）所示。

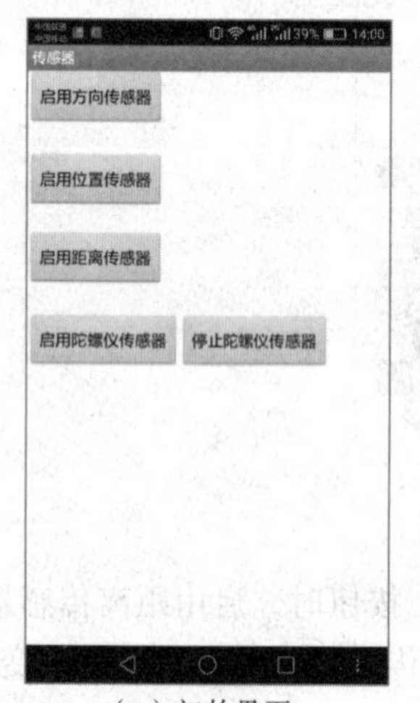

（a）初始界面

（b）启动传感器后的界面

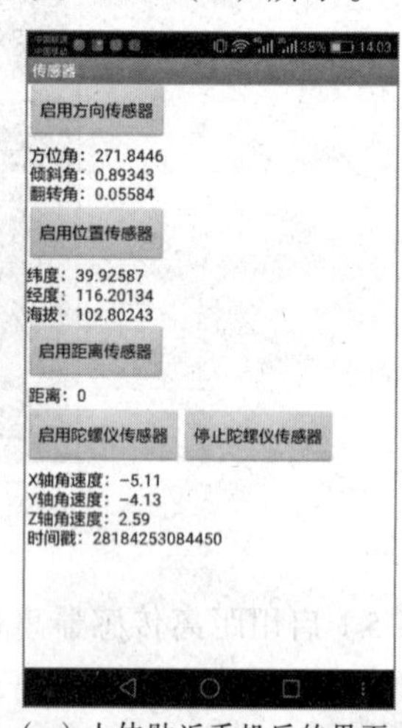

（c）人体贴近手机后的界面

图 6.103　案例 Sensors 运行结果

操作过程视频见 MOOC 网站或扫描二维码。

4. 思考提升

（1）方向传感器表示的三个角度分别是什么？

（2）陀螺仪传感器表示的三个角速度分别是什么？

1

2

扫码看案例

6.2.21 【案例 21】CamcorderAndCamera：摄像机和照相机

 案例描述

设计一个 App 应用，能够实现录制视频、播放视频、暂停播放视频、照相、选择照片以

及显示照片等功能。

知识要点

（1）摄像机（Camcorder）组件的使用方法。摄像机组件可以利用设备的摄像机录制视频。录制完成后将触发「录制完成」事件，把视频文件保存在设备上，文件名将成为事件的参数（默认位置为 content://media/external/video/media/），可作为某个视频播放组件的源文件。

（2）视频播放器（VideoPlayer）组件的使用方法。视频播放器用于播放视频，当用户触摸播放视频的矩形框时将出现播放/暂停、快进、快退按钮。播放的视频文件必须为 3gp 或 mp4 格式，单个视频文件不能超过 1MB。

（3）照相机（Camera）组件的使用方法。照相机可以利用设备上的照相机进行拍照，拍照结束后将触发拍照完成事件，将照片保存在设备中。

（4）图像选择框（ImagePicker）组件的使用方法。图像选择框是一个专有按钮，当用户单击它时，将打开设备上的图库，用户可以选择一张图片。

（5）图像（Image）组件的使用方法。图像组件用于显示图像。

案例操作

1. 界面设计

（1）登录 AI2 服务器并创建 CamcorderAndCamera 项目。

（2）设计如图 6.104 所示的界面，各组件的属性设置如表 6.22 所示。

图 6.104　案例 CamcorderAndCamera 组件设计界面

表 6.22　案例 CamcorderAndCamera 组件说明

组件类型	组件面板	组件名称	用　　途	属性设置
Screen	默认屏幕	Screen1		标题：摄像机和照相机
水平布局	界面布局	水平布局 1	水平放置 3 个组件	水平对齐：居中 宽度：充满
按钮	用户界面	按钮_录制视频	录制视频	文本：录制视频
按钮	用户界面	按钮_播放视频	播放视频	文本：播放视频
按钮	用户界面	按钮_暂停播放	暂停播放视频	文本：暂停播放
水平布局	界面布局	水平布局 2	水平放置 2 个组件	水平对齐：居中 宽度：充满
按钮	用户界面	按钮_照相	照相	文本：照相
图像选择框	多媒体	图像选择框_选择照片	选择照片	文本：选择照片
摄像机	多媒体	摄像机 1	摄像	
照相机	多媒体	照相机 1	照相	
对话框	用户界面	对话框 1	显示录制视频位址	
视频播放器	多媒体	视频播放器	播放录制的视频	
图像	用户界面	图像 1	显示拍摄的照片	

2. 逻辑设计

（1）全局变量定义。定义全局变量 myVideo 用于存储摄像机录制的视频文件。

（2）录制视频事件。当点击「录制视频」按钮时，调用「摄像机.开始录制」方法录制视频。

（3）录制完成事件。当完成视频录制时将引发「摄像机.录制完成」事件。在该事件中，首先调用对话框显示视频路径和文件名，然后将录制的视频文件位址赋值给视频播放器 1 的源文件，为后面播放视频做准备。以上 3 个步骤的逻辑设计代码如图 6.105 所示。

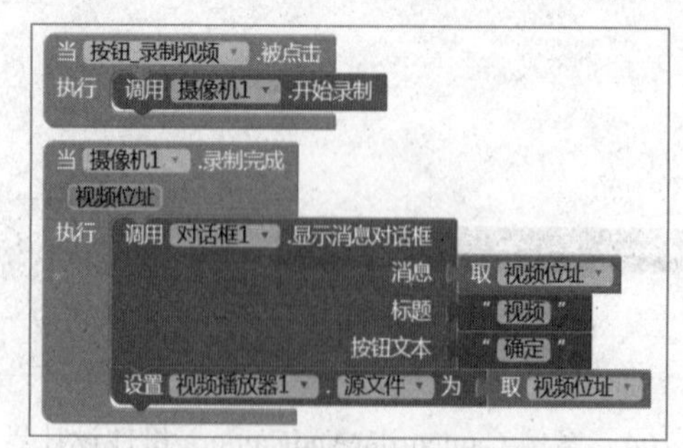

图 6.105　录制视频事件逻辑设计代码

（4）播放视频事件。视频录制完成后，当点击「播放视频」按钮时，由于图像组件和视频播放器组件都占用设备屏幕较大空间，此时为了更好地显示视频，先隐藏图像组件，显示视频播放器组件，然后把视频播放器的源文件设置为 myVideo，最后调用「视频播放器.开始」方法播放视频。

（5）暂停播放事件。在视频播放过程中，当点击「暂停播放」按钮时，调用「视频播放器.暂停」方法暂停播放视频。以上 2 步的逻辑设计代码如图 6.106 所示。

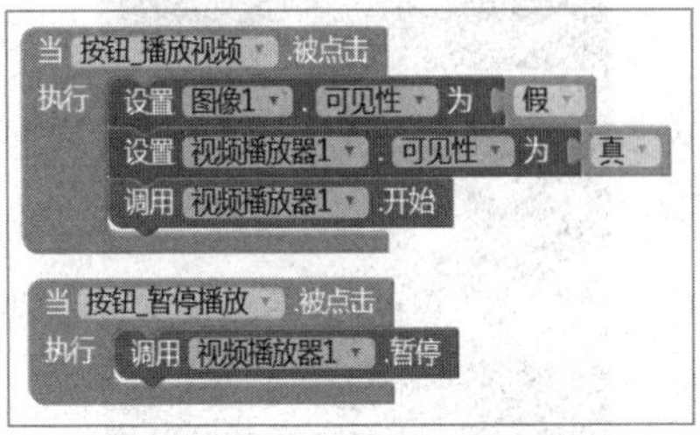

图 6.106　播放视频事件逻辑设计代码

（6）照相事件。当点击「照相」按钮时，直接调用「照相机.拍照」方法拍照。

（7）拍摄完成事件。当照相机拍摄完成后，将触发「照相机.拍摄完成」事件，此时通过调用消息对话框显示拍摄完成消息。

（8）选择照片事件。如果要查看照片，点击「选择照片」图像选择框，在打开的窗口中选择需要的照片。为了更清楚地显示照片，需要隐藏视频播放器，显示图像组件，并将该组件的图片属性设置为图像选择框中的选中项，从而显示选择的照片。以上 3 步的逻辑设计代码如图 6.107 所示。

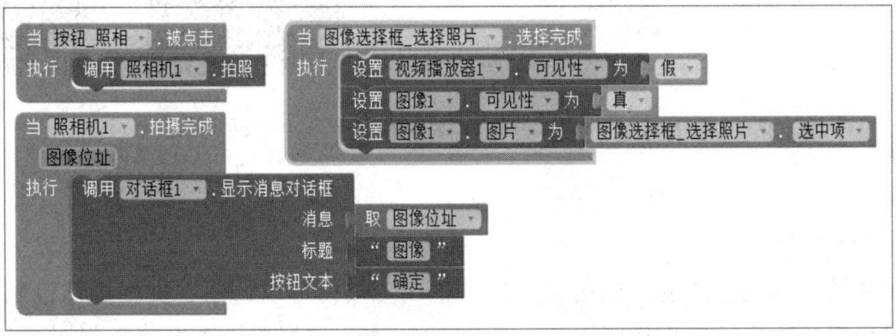

图 6.107　照相事件逻辑设计代码

3. 测试运行

App 运行后的界面如图 6.108 所示，点击「录制视频」按钮则可以录制视频，停止录制后出现如图 6.108（a）所示的界面，提示录制视频存放的位置；点击「播放视频」按钮后可以播放刚才录制的视频，点击「停止播放」按钮则停止播放，点击「照相」按钮则可以进行拍照，拍完后显示图 6.108（b）所示的界面，提示图像保存的位置，点击「选择照片」按钮，则出现图 6.108（c）所示的界面，可以选择要显示的照片，选定照片后，照片显示在下面的图片框中。

（a）完成录制视频界面

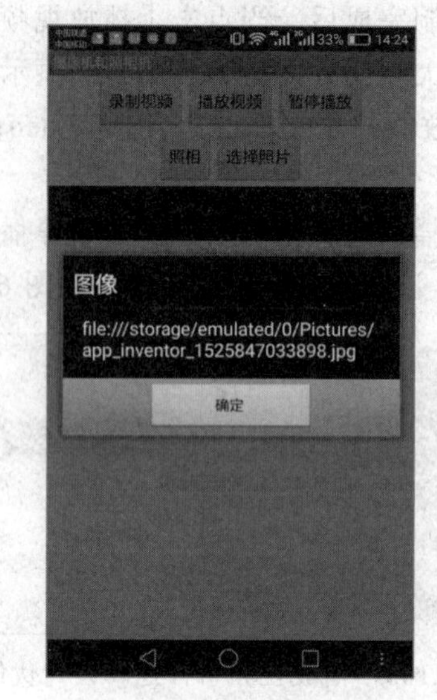

（b）完成拍摄照片界面

（c）选择照片界面

图 6.108　案例 CamcorderAndCamera 运行结果

操作过程视频见 MOOC 网站或扫描二维码。

4．思考提升

摄像机完成摄像后的文件保存到了哪里？用户可以指定文件名称和路径吗？

1

2

扫码看案例

6.2.22 【案例 22】MyAlbum：我的相册

案例描述

设计照片拍摄和浏览功能的应用。点击「拍照」按钮可以调用手机相机拍摄照片，用户也可在图像框中浏览查看所拍摄的照片。点击「前一张」按钮可以查看前一张照片，点击「后一张」按钮可以查看后一张照片。

知识要点

（1）「图像」、「照相机」、「对话框」等组件的综合使用方法。

（2）「条件」控制块的使用方法。

案例操作

1．界面设计

（1）登录 AI2 服务器并创建 MyAlbum 项目。

（2）上传图片素材 icon_prev.png、icon_next.png、icon_camera.png 和 photo.png。

（3）根据案例描述设计如图 6.109 所示的界面，组件清单如表 6.23 所示。

图 6.109　MyAlbum 组件列表

表 6.23　MyAlbum 组件清单

组件类型	组件面板	组件名称	用　途	属性设置
Screen	默认屏幕	Screen1	应用主界面	水平对齐：居中 允许滚动：选择 标题：我的相册
水平布局	界面布局	水平布局 1	实现多个按钮的布局	水平对齐：居中 垂直对齐：居中 背景颜色：白色 宽度：充满
按钮	用户界面	按钮_前一张	实现浏览前一张照片	启用：不选择 图像：icon_prev.png 文本：
按钮	用户界面	按钮_后一张	实现浏览后一张照片	启用：不选择 图像：icon_next.png 文本：
按钮	用户界面	按钮_拍照	实现拍照	高度：80 像素 宽度：80 像素 图像：icon_camera.png 文本：

续表

组件类型	组件面板	组件名称	用　　途	属性设置
图像	用户界面	图像 1	显示照片	高度：400 像素 宽度：300 像素 图片：photo.png
照相机	多媒体	照相机 1	拍照	
对话框	用户界面	对话框 1	显示警告信息和消息对话框	

2．逻辑设计

（1）定义变量。定义列表类型全局变量 album 用于存放拍摄的照片。

（2）拍照事件。当点击「拍照」按钮时，调用照相机的拍照方法实现拍照。

（3）存储照片。拍照完成后会触发照相机的拍摄完成事件，此时显示照片存储位置，并将图像位址追加到列表变量中，然后显示照片并启用「前一张」和「后一张」按钮。以上 3 个步骤的逻辑设计代码如图 6.110 所示。

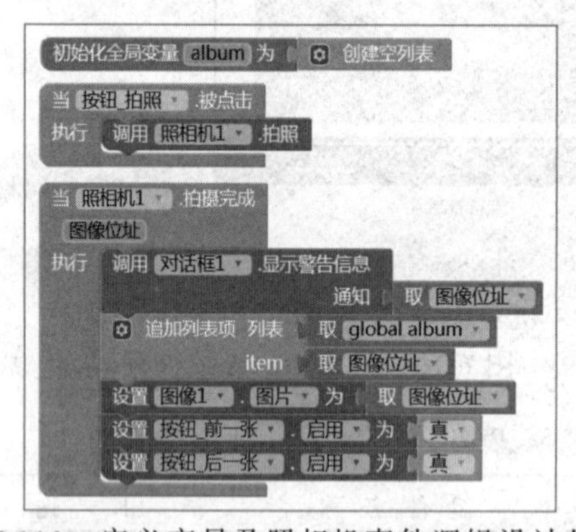

图 6.110　定义变量及照相机事件逻辑设计代码

（4）浏览前一张照片事件。当点击「前一张」按钮时，首先确定当前照片在列表变量 album 中的位置，如果当前照片是第一张照片，则显示消息对话框给出提示，否则显示前一张照片。逻辑设计代码如图 6.111 所示。

（5）浏览后一张照片事件。当点击「后一张」按钮时，首先确定当前照片在列表变量 album 中的位置，如果当前照片是最后一张照片，则显示消息对话框给出提示，否则显示后一张照片。逻辑设计代码如图 6.112 所示。

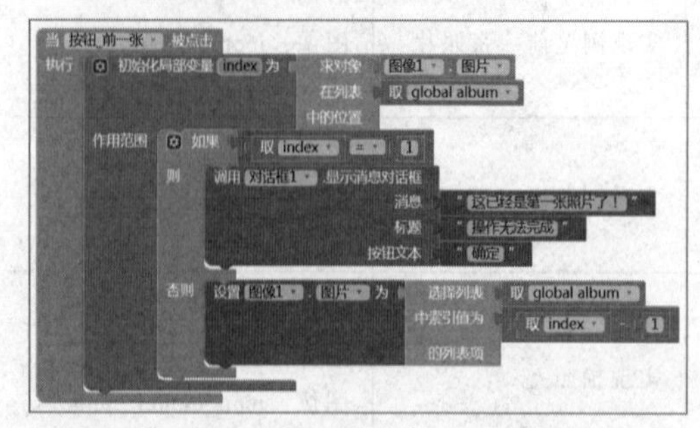

图 6.111　浏览前一张图片事件逻辑设计代码

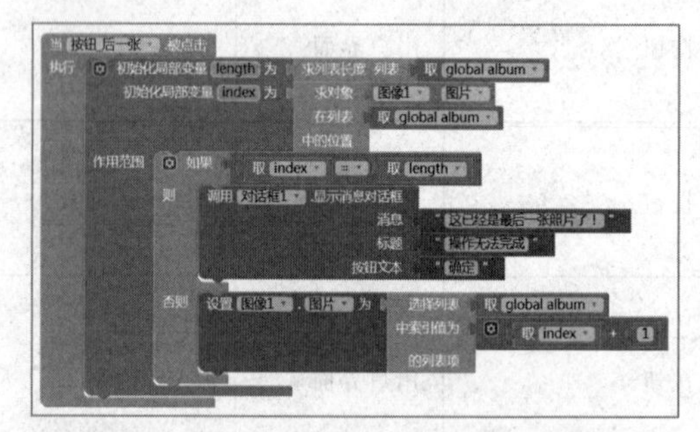

图 6.112　浏览后一张照片事件逻辑设计代码

3. 测试运行

App 运行后的界面如图 6.113 所示。点击上方中间的「拍照」按钮可以拍摄照片，点击上方左边的「前一张」按钮可以查看前一张照片，如果已是第一张照片，则会显示消息对话框，点击上方右边的「后一张」按钮可以查看后一张照片，若已是最后一张照片，则会显示消息对话框。

图 6.113 我的相册运行界面

1 2

扫码看案例

操作过程视频见 MOOC 网站或扫描二维码。

4. 思考提升

为什么「前一张」和「后一张」按钮的初始属性「启用」设置为“假”？

6.2.23 【案例 23】Drawing：绘制基本图形

案例描述

设计一个能够绘图的 App 应用，该应用能够实现以下功能：

（1）使用画布组件实现画点、画线、画圆、画字、以角度画字。

（2）使用画布组件实现求背景色、求前景色。

（3）使用画布组件实现清除画布内容和保存画布内容。

知识要点

画布（Canvas）的使用方法。画布是一个二维的、具有触感的矩形面板，用户可以在其中绘画，或让精灵在其中移动。画布上的任何位置都可以被指定为一对坐标(x, y)值，其中：x 表示该点距画布左边界的像素数，y 表示该点距画布上边界的像素数。画布可以感知触摸事件，并获得触碰点，也可以感知对其中精灵（图像精灵或球形精灵）的拖动。此外，画布还具有画点、画线及画圆等方法。

案例操作

1. 界面设计

（1）登录 AI2 服务器并创建 Drawing 项目。

（2）根据案例描述设计如图 6.114 所示的界面，各组件清单如表 6.24 所示。

图 6.114　案例 Drawing 界面设计

表 6.24　案例 Drawing 组件说明

组件类型	组件面板	组件名称	用　途	属性设置
Screen	默认屏幕	Screen1		标题：画布方法
画布	绘图动画	画布 1	绘画	背景颜色：黄色 高度：320 像素 宽度：320 像素 画笔颜色：红色
表格布局	界面布局	表格布局 1	以表格形式排列组件	列：4 行：3 宽度：充满
按钮	用户界面	按钮_清除	清除画布内容	文本：清除
按钮	用户界面	按钮_画点	在画布中画点	文本：画点
按钮	用户界面	按钮_画圆	在画布中画圆	文本：画圆
按钮	用户界面	按钮_画线	在画布中画线	文本：画线
按钮	用户界面	按钮_画字	在画布中画字	文本：画字
按钮	用户界面	按钮_角度画字	在画布中以角度画字	文本：以角度画字

续表

组件类型	组件面板	组件名称	用途	属性设置
按钮	用户界面	按钮_求背景色	求背景颜色像素值	文本：求背景色
按钮	用户界面	按钮_求前景色	求前景颜色像素值	文本：求前景色
按钮	用户界面	按钮_保存	保存画布	文本：保存
按钮	用户界面	按钮_另存	另存	文本：另存
标签	用户界面	标签 1	显示颜色效果	粗体：选择 字号：18 文本：像素颜色值
标签	用户界面	标签 2	显示画布保存路径	文本：

2. 逻辑设计

（1）清除画布事件。当点击「清除画布」按钮时，清除画布上除背景色和图片外的其他内容，逻辑设计代码如图 6.115 所示。

图 6.115 清除画布事件逻辑设计代码

（2）画点事件。当点击「画点」按钮时，在画布中心位置画点。逻辑设计代码如图 6.116 所示。

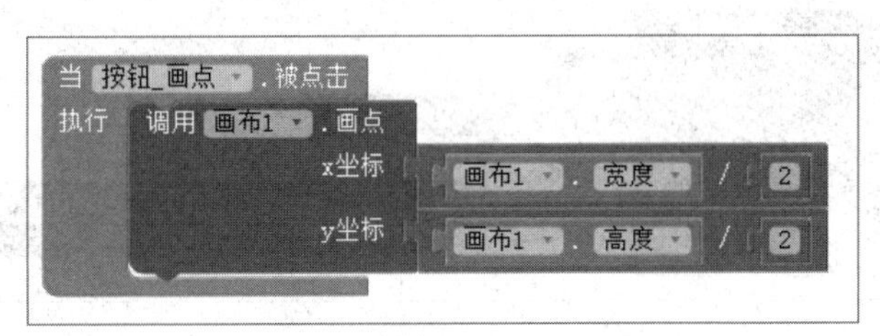

图 6.116 画点事件逻辑设计代码

（3）画圆事件。点击「画圆」按钮时，在画布上以给定的圆心坐标和半径画圆，「启用填充」参数用于设置是实心圆还是空心圆。本例以画布中心为圆心，以 60 为半径绘制空心圆的代码如图 6.117 所示。

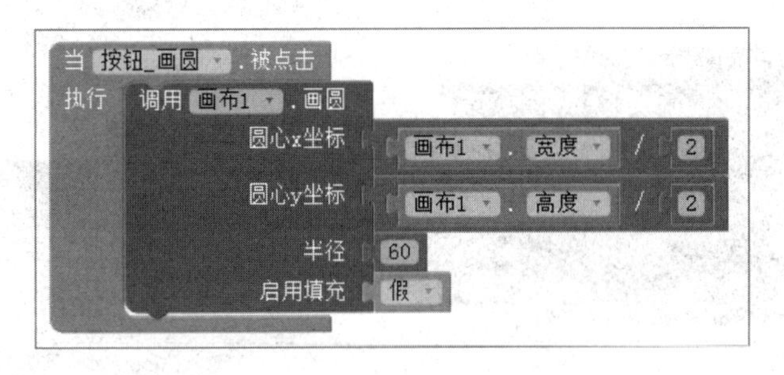

图 6.117 画圆事件逻辑设计代码

（4）画线事件。点击「画线」按钮，将在画布上给定的两坐标点之间画线，本例绘制通过圆心的两条垂直线的代码如图 6.118 所示。

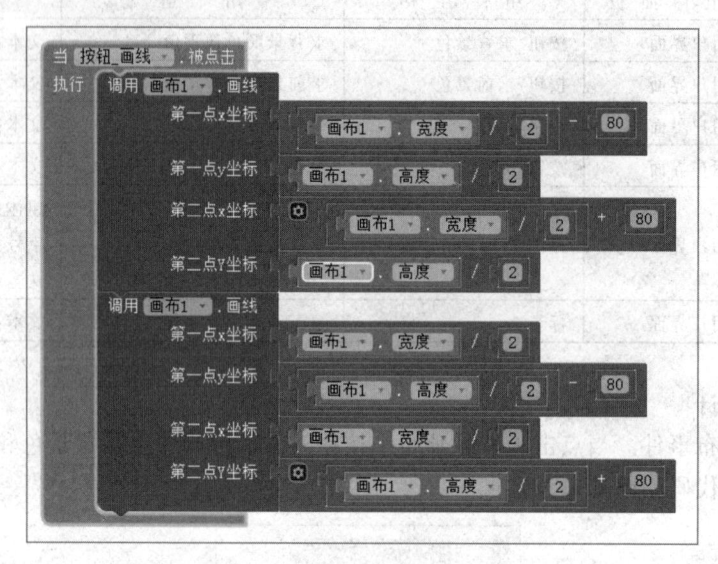

图 6.118　画线事件逻辑设计代码

（5）画字事件。点击「画字」按钮，用画布设定的字号和对齐方式在画布上指定的坐标位置画字。本例在给定坐标点绘制“北方工业大学计算机学院”，逻辑设计代码如图 6.119 所示。

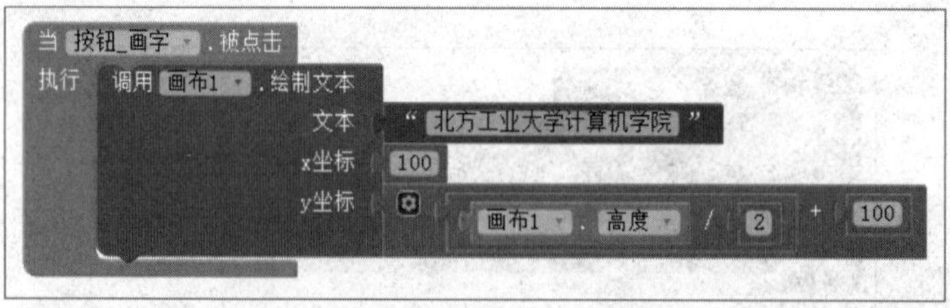

当 按钮_画字 . 被点击
执行 调用 画布1 . 绘制文本
文本 “ 北方工业大学计算机学院 ”
x坐标 100
y坐标 画布1 . 高度 / 2 + 100

图 6.119　画字事件逻辑设计代码

（6）角度画字事件。点击「角度画字」按钮，用画布设定的字号和对齐方式在画布上以指定的角度和坐标位置绘制文本。本例以给定坐标和角度绘制“北方工业大学计算机学院”，逻辑设计代码如图 6.120 所示。

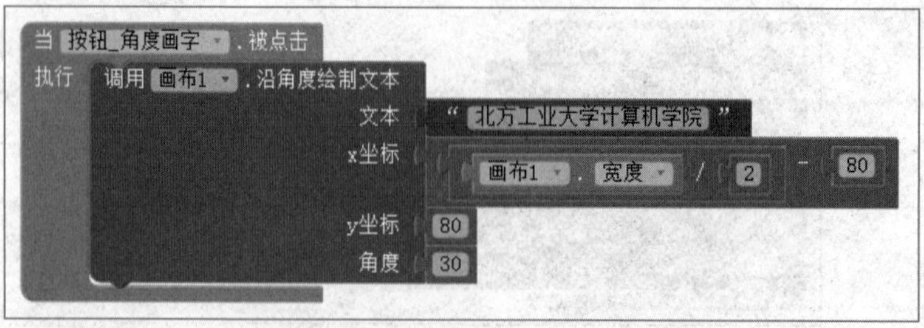

当 按钮_角度画字 . 被点击
执行 调用 画布1 . 沿角度绘制文本
文本 “ 北方工业大学计算机学院 ”
x坐标 画布1 . 宽度 / 2 - 80
y坐标 80
角度 30

图 6.120　角度画字事件逻辑设计代码

（7）求背景色事件。点击「求背景色」按钮获取画布上指定点的颜色像素值，颜色包括背景色和在画布上绘制的点、线、圆的颜色值，但不包括精灵的颜色。获取(0, 0)坐标点背景颜色像素值的代码如图 6.121 所示。

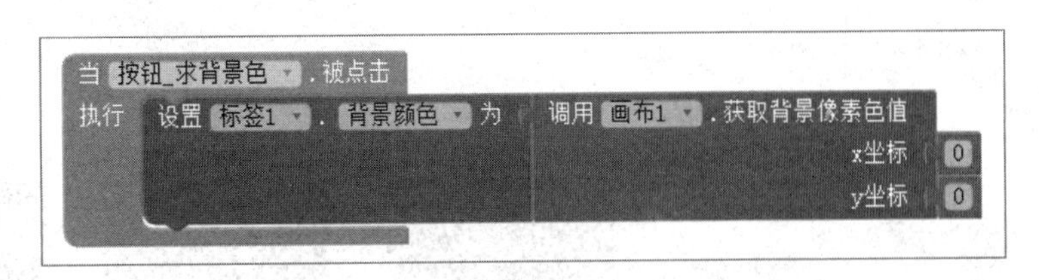

图 6.121　求背景色事件逻辑设计代码

（8）求前景色事件。点击「求前景色」按钮，获取画布上指定点的颜色像素值（包括精灵的颜色）。本例获取画布中心点颜色像素值，逻辑代码如图 6.122 所示。

图 6.122　求前景色事件逻辑设计代码

（9）保存事件。点击「保存」按钮，把画布上的内容保存到设备的存储器中，如果保存出错，将触发屏幕出错事件，默认的保存路径是 My Documents/Pictures，文件名为 app_inventor_*.png，*表示一串数字。本案例保存事件代码如图 6.123 所示。

图 6.123　保存事件逻辑设计代码

（10）另存事件。点击「另存为」按钮，将画布上的内容以指定的文件名保存到设备的外部存储器中，文件扩展名必须是 jpg、jpeg 或 png。将画布中内容另存为 my.png 文件名的代码如图 6.124 所示。

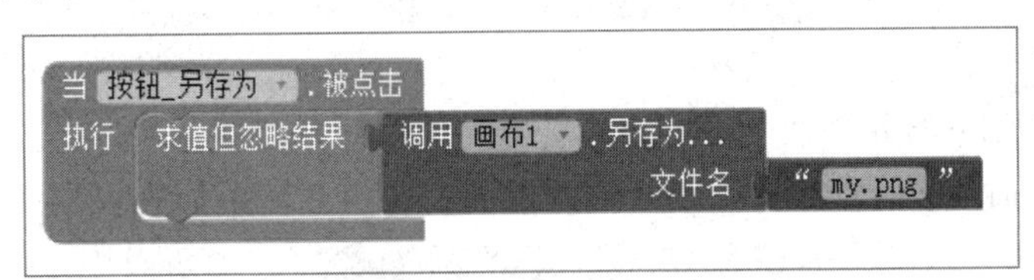

图 6.124　另存为事件逻辑设计代码

3．测试运行

App 运行后的界面如图 6.125 所示。点击相应按钮可以实现相应功能。

操作过程视频见 MOOC 网站或扫描二维码。

图 6.125　案例 Drawing 运行界面

扫码看案例

4．思考提升

假设画布上放置了一张图片，那么它的坐标 x、y 分别表示了哪段距离？

6.2.24 【案例 24】DrawSinX：绘制正弦曲线

案例描述

设计一个绘制正弦曲线的 App 应用。

知识要点

（1）画布的使用方法。

（2）画点的方法。

（3）绘图大小及位置的确定方法。

案例操作

1．界面设计

（1）登录 AI2 服务器并创建 DrawSinX 项目。

（2）根据案例描述设计如图 6.126 所示的界面，各组件清单如表 6.25 所示。

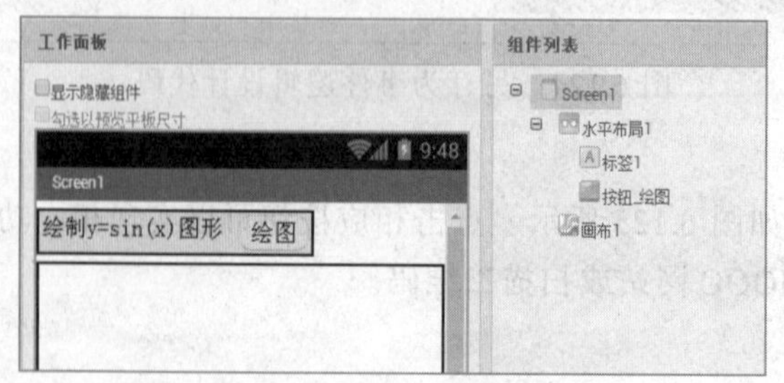

图 6.126　案例 Drawing 界面设计

表 6.25　案例 Drawing 组件说明

组件类型	组件面板	组件名称	用　途	属性设置
水平布局	界面布局	水平布局 1	以水平形式排列组件	
标签	用户界面	标签 1	提示	文本：绘制 y=sin(x)图形
按钮	用户界面	按钮_绘图	绘制正弦曲线	背景颜色：黄色 字号：20 形状：圆角 文本：绘图
画布	绘图动画	画布 1	绘画	高度：充满 宽度：充满 线宽：2

2．逻辑设计

（1）绘图事件。当点击「绘图」按钮时，首先清除画布上除背景色和图片外的其他内容，然后让变量 x 从 0° 到 360° 进行取值，实现 0° 到 360° 范围内绘制正弦曲线。为了使线条更平滑，这里设置每次增加 0.5° 。根据 x 的取值，求出 x 的正弦值并赋值给局部变量 y，根据 x 和 y 的值就可以绘制正弦曲线了。为了使绘制的曲线在屏幕的合适位置，这里设置了曲线的起点坐标为(50,100)，此外，如果直接让 y=sin(x)，则 y 的值在 1 和-1 之间，在屏幕上根本看不出曲线的变化，这里采用了 100×y 的值对 y 进行放大，从而能够清晰显示正弦曲线。逻辑设计代码如图 6.127 所示。

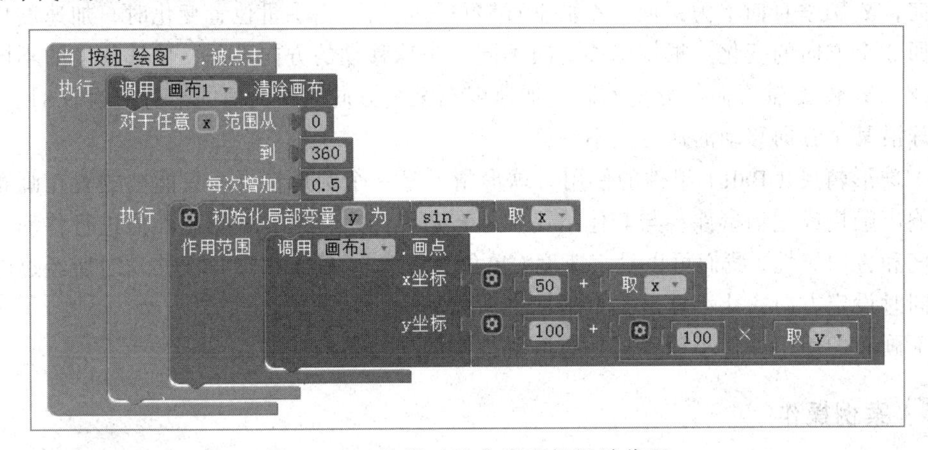

图 6.127　绘制正弦曲线逻辑设计代码

3．测试运行

App 运行后，当点击「绘图」按钮时，在按钮下方画布中显示正弦曲线。最后结果如图 6.128 所示。

操作过程视频见 MOOC 网站或扫描二维码。

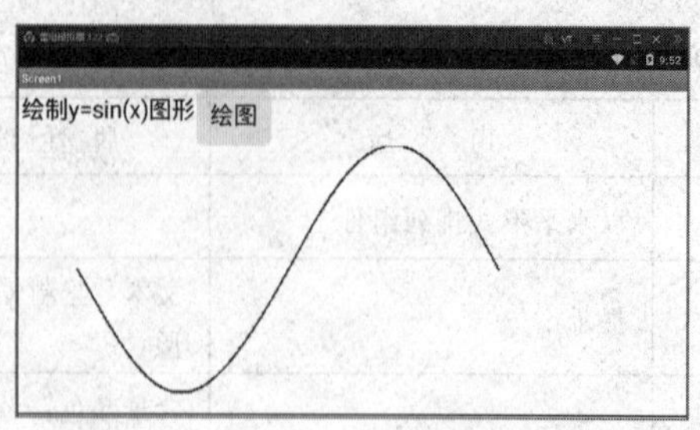

图 6.128　案例 DrawSinX 运行结果

扫码看案例

4．思考提升

如何在画布上绘制其他几何曲线？

6.2.25 【案例 25】RollingBall：滚动的小球

案例描述

设计一个模拟弹珠的 App 游戏。弹珠游戏是小时候经常玩的一种游戏，通过偏移手机实现小球在不同方向的移动；通过触摸手机屏幕让小球跟随手指的移动方向而移动；此外，小球位置坐标始终显示在屏幕底部。

知识要点

（1）加速度传感器原理。在 AI 坐标系统中，坐标原点位于屏幕的左上角，X 轴水平向右为正向，Y 轴垂直向下为正向，Z 轴垂直向里为正向。当手机位置变化时，加速度传感器就会返回 3 个方向的变化。根据偏移方向不同，小球移动的方向不同，偏移程度的不同，加速度在 X、Y 和 Z 轴方向的分量不同（加速度在某个方向的最大值的绝对值为 9.81），从而导致小球沿某个方向移动的速度也不一样。

（2）球形精灵（Ball）组件的使用。球形精灵是一个圆形精灵，只能被放置在画布上，它可以响应触摸或拖动事件，与其他精灵和画布边界产生交互，根据属性值进行移动。小球具有速度和方向属性，我们可以设定速度（单位为像素），确定小球每次移动时所经过的像素距离；同时设定方向，让小球沿某个坐标方向移动。

（3）画布的使用。让小球跟随画布上触摸时的坐标移动。

案例操作

1．界面设计

（1）登录 AI2 服务器并创建 RollingBall 项目。

（2）根据案例描述设计如图 6.129 所示的界面，组件清单如表 6.26 所示。

表 6.26　案例 RollingBall 组件清单

组件类型	组件面板	组件名称	用　途	属性设置
画布	绘图动画	画布 1	设置小球滚动区域	宽度：320 像素 高度：320 像素

续表

组件类型	组件面板	组件名称	用　途	属性设置
球形精灵	绘图动画	球形精灵 1	滚动的小球	画笔颜色：蓝色 半径：10
水平布局	界面布局	水平布局 1	实现 2 个坐标标签的水平布局	宽度：充满
标签	用户界面	标签_X	显示小球的 X 坐标	字号：18 宽度：150 像素 文本：X:0
标签	用户界面	标签_Y	显示小球的 Y 坐标	字号：18 宽度：150 像素 文本：Y:0
加速度传感器	传感器	加速度传感器 1	实现晃动手机事件	

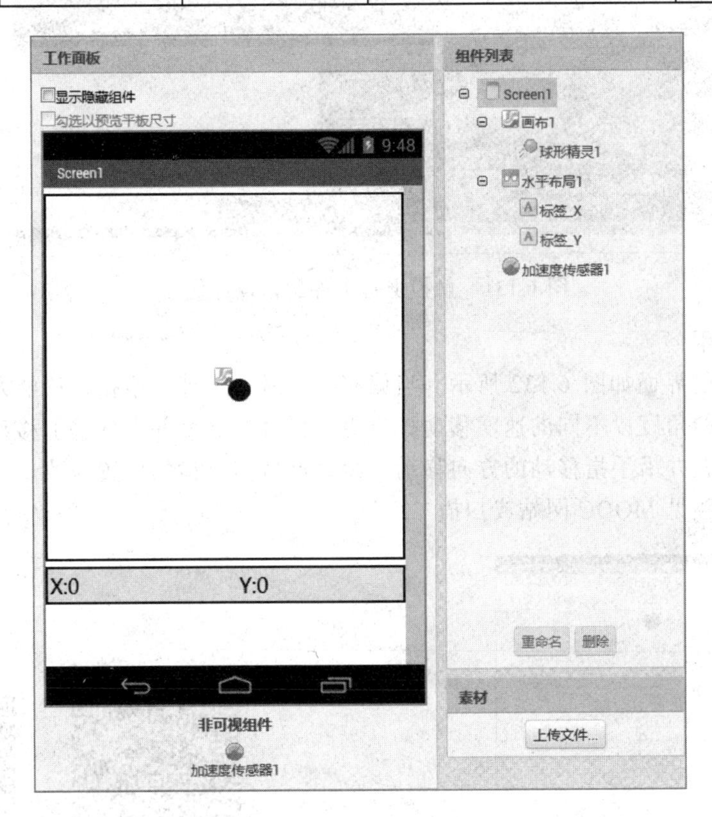

图 6.129　案例 RollingBall 组件设计界面

2. 逻辑设计

（1）偏移手机事件。当偏移手机时将触发加速度传感器的「加速度被改变」事件，此时小球（球形精灵 1）的 X 坐标和 Y 坐标都将发生变化，新的 X 坐标为小球的前 X 坐标-X 分量，新的 Y 坐标为小球的前 Y 坐标-Y 分量，X 分量与 Y 分量与手机偏移的方向和倾斜程度有关，最后将小球最新的 X 坐标和 Y 坐标显示到标签中。逻辑设计代码如图 6.130 所示。

```
当 加速度传感器1 .加速被改变
  X分量  Y分量  Z分量
执行 调用 球形精灵1 .移动到指定位置
        x坐标  球形精灵1 . X坐标 - 取 X分量
        y坐标  球形精灵1 . Y坐标 - 取 Y分量
     设 标签_X . 文本 为  合并文本  " X: "
                              球形精灵1 . X坐标
     设 标签_Y . 文本 为  合并文本  " Y: "
                              球形精灵1 . Y坐标
```

图 6.130　偏移手机事件逻辑设计代码

（2）手指拖动手机屏幕事件。当用手指触摸屏幕时将触发画布的「被拖动」事件，此时小球的 X 坐标和 Y 坐标立即移动到触摸屏幕的位置，然后将小球最新的 X 坐标和 Y 坐标显示到标签中。逻辑设计代码如图 6.131 所示。

```
当 画布1 .被拖动
  起点X坐标  起点Y坐标  前点X坐标  前点Y坐标  当前X坐标  当前Y坐标  zh_CN_draggedAnySprite
执行 调用 球形精灵1 .移动到指定位置
        x坐标  取 当前X坐标
        y坐标  取 当前Y坐标
     设 标签_X . 文本 为  合并文本  " X: "
                              球形精灵1 . X坐标
     设 标签_Y . 文本 为  合并文本  " Y: "
                              球形精灵1 . Y坐标
```

图 6.131　触摸屏幕事件逻辑设计代码

3．测试应用

App 运行后的界面如图 6.132 所示。当偏移手机时，小球会根据偏移的方向向不同方向移动，根据偏移的角度以不同的速度移动；当用手指触摸屏幕并在屏幕上移动时，小球会立即移动到手指位置并沿手指移动的方向移动，始终保持与手指的位置一致。

操作过程视频见 MOOC 网站或扫描二维码。

图 6.132　案例 RollingBall 运行结果

扫码看案例

4．思考提升

球形精灵的移动方向与手机加速度的 x、y 分量的关系是怎样的？

6.2.26 【案例 26】MoleMash：打地鼠游戏

案例描述

设计一个打地鼠的 App 游戏。游戏灵感来自一款经典的街机游戏 Whac-A-Mole，其中的小动物会突然从洞中冒出，玩家则用木槌击打它们，击中得分。

知识要点

图像精灵（ImageSprite）的应用。图像精灵只能被放置在画布内，它可以响应触摸和拖动事件，与其他精灵和画布边界产生交互，根据属性值进行移动。

案例操作

1. 界面设计

（1）登录 AI2 服务器并创建 MoleMash 项目。

（2）根据案例描述设计如图 6.133 所示的界面，各组件清单如表 6.27 所示。

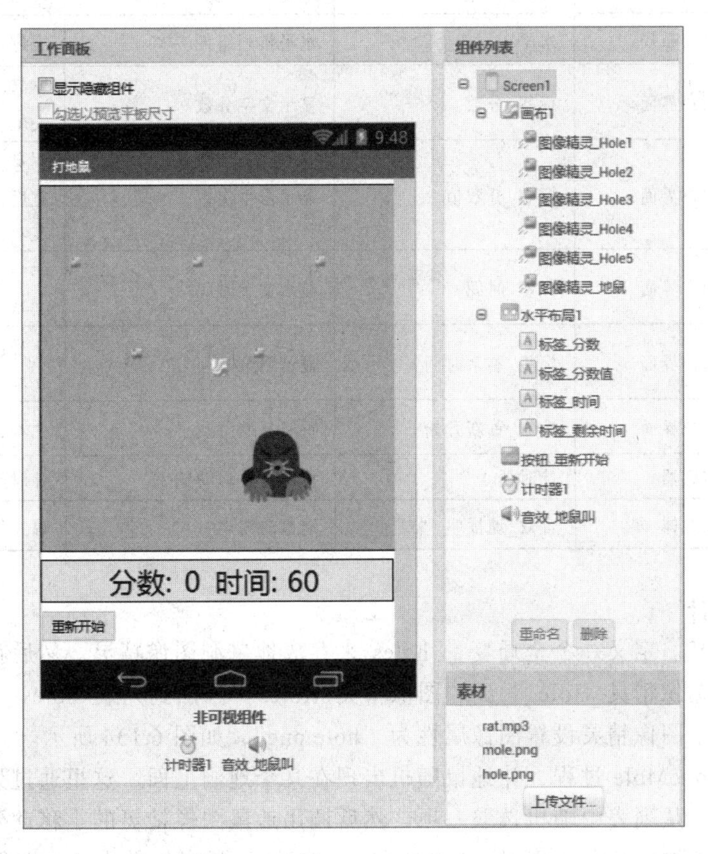

图 6.133　案例 MoleMash 组件设计界面

表 6.27　案例 MoleMash 组件清单

组件类型	组件面板	组件名称	用途	属性设置
Screen	默认屏幕	Screen1		标题：打地鼠
画布	绘图动画	画布 1	绘画	背景颜色：绿色 高度：320 像素 宽度：320 像素
图像精灵	绘图动画	图像精灵_Hole1	地鼠洞	x 坐标：20 y 坐标：60
图像精灵	绘图动画	图像精灵_Hole2	地鼠洞	x 坐标：130 y 坐标：60
图像精灵	绘图动画	图像精灵_Hole3	地鼠洞	x 坐标：240 y 坐标：60
图像精灵	绘图动画	图像精灵_Hole4	地鼠洞	x 坐标：75 y 坐标：140
图像精灵	绘图动画	图像精灵_Hole5	地鼠洞	x 坐标：185 y 坐标：140
图像精灵	绘图动画	图像精灵_地鼠	地鼠	图片：mole.png
水平布局	界面布局	水平布局 1	水平排列组件	宽度：充满
标签	用户界面	标签_分数	显示文字分数	字号：28 文本：分数：
标签	用户界面	标签_分数值	显示击中次数	字号：28 宽度：50 文本：0
标签	用户界面	标签_时间	显示文字时间	字号：28 文本：时间：
标签	用户界面	标签_剩余时间	显示剩余时间	字号：28 文本：60
按钮	用户界面	按钮_重新开始	重新开始游戏	文本：重新开始
计时器	传感器	计时器 1	控制地鼠移动频率	计时间隔：1000
音效	多媒体	音效_地鼠叫	地鼠的叫声	源文件：rat.mp3

2．逻辑设计

（1）变量定义。定义一个全局变量 holes 来存放地鼠洞图像精灵。然后在屏幕初始化事件中，首先将“图像精灵_Hole1”到“图像精灵_Hole5”添加到列表 holes 中，然后利用循环为列表中的每个图像精灵设置图像属性为“hole.png”，如图 6.134 所示。

（2）定义 MoveMole 过程，让地鼠随机出现在某个地洞上面。这里通过列表的「随机选取列表」方法实现从列表中随机选取一项，然后调用地鼠图像精灵的「移动到指定位置」方法将地鼠移动到选取的地洞上面。这里的 X 和 Y 坐标通过任意组件中任意图像精灵的 X 和 Y 坐标获得，如图 6.135 所示。

```
初始化全局变量 holes 为 创建空列表

当 Screen1 .初始化
执行  追加列表项 列表 取 global holes
                 item 图像精灵_Hole1
                 item 图像精灵_Hole2
                 item 图像精灵_Hole3
                 item 图像精灵_Hole4
                 item 图像精灵_Hole5
      对于任意 hole 于列表 取 global holes
      执行 设置图像精灵. 图片
                 组件 取 hole
                 为 " hole.png "
      调用 MoveMole
```

图 6.134　屏幕初始化事件逻辑设计代码

```
定义过程 MoveMole
执行语句 初始化局部变量 currentHole 为 随机选取列表项 列表 取 global holes
         作用范围 调用 图像精灵_地鼠 .移动到指定位置
                     x坐标 图像精灵. X坐标
                                 组件 取 currentHole
                     y坐标 图像精灵. Y坐标
                                 组件 取 currentHole
```

图 6.135　MoveMole 过程逻辑设计代码

（3）计时事件。利用「计时器」组件（设置计时间隔为 1000）的计时事件调用 MoveMole 过程，让地鼠每隔一个计时间隔移动一次，如图 6.136 所示。代码中加入了一个判断：如果剩余时间为 0，游戏结束，否则时间减少 1s，并调用 MoveMole 过程，如果用户感觉地鼠移动得太快或太慢，可以通过修改计时器的时间间隔来调整。

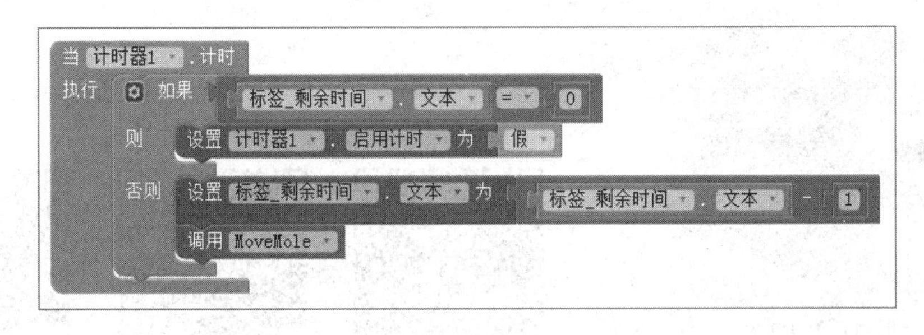

图 6.136　计时器的计时事件逻辑设计代码

（4）地鼠被击中事件。当地鼠被打中后，将触发图像精灵_地鼠的被触碰事件。此时首先判断是否还有剩余时间，如果有，分数值标签的文本值加 1，然后播放音效和震动手机，并调用 MoveMole 事件过程移动地鼠，如图 6.137 所示。

当 图像精灵_地鼠 .被触碰
x坐标 y坐标
执行 如果 标签_剩余时间 . 文本 > 0
则 设置 标签_分数值 . 文本 为 1 + 标签_分数值 . 文本
调用 音效_地鼠叫 .播放
调用 音效_地鼠叫 .震动
毫秒数 100
调用 MoveMole

图 6.137 地鼠被击中事件逻辑设计代码

（5）重新开始游戏事件。当点击「重新开始」按钮时，启用计时，重置分数值为 0，剩余时间为 60，并调用 MoveMole 事件过程移动地鼠，如图 6.138 所示。

当 按钮_重新开始 .被点击
执行 设置 计时器1 . 启用计时 为 真
设置 标签_分数值 . 文本 为 0
设置 标签_剩余时间 . 文本 为 60
调用 MoveMole

图 6.138 重新开始游戏逻辑设计代码

3．测试运行

App 运行后的效果如图 6.139 所示。地鼠会在 5 个洞中随机出现，当玩家击中地鼠时，地鼠会发出声音，并使分数加 1。游戏开始时，时间会从 60s 开始倒计时，当时间为 0 时，游戏会自动结束。当点击「重新开始」按钮时，分数清零，时间变为 60，游戏重新开始。

操作过程视频见 MOOC 网站或扫描二维码。

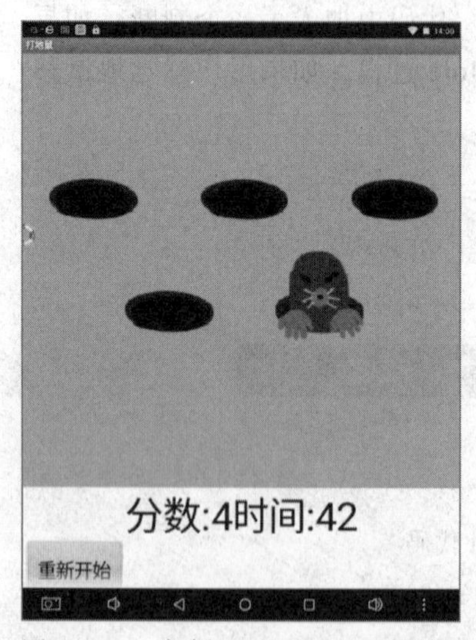

图 6.139 案例 MoleMash 运行结果

1

2

3

扫码看案例

4．思考提升

如何向组件对象列表中添加组件对象？

6.2.27 【案例 27】SpaceInvaders：太空侵略者

案例描述

设计一个太空侵略者 App 游戏。该游戏是一款历史悠久的经典射击游戏，玩家操作以 2D 点阵图构成的太空船，在充满外星侵略者的太空中进行一连串的抵抗任务。玩家除了能左右平移太空船来躲避敌人外，还可以躲在掩体后面躲避敌人的追杀攻击。Space Invaders 系列作品发展至今已经有了许多版本。这里通过设计一款简单的太空侵略者来使读者掌握球形精灵的使用，进一步巩固画布和图像精灵的使用。该游戏通过移动火箭和发射子弹射击移动的飞碟来完成太空保卫任务。

知识要点

图像精灵和球形精灵的综合使用。

案例操作

1. 界面设计

（1）登录 AI2 服务器并创建 SpaceInvaders 项目。

（2）根据案例描述设计如图 6.140 所示的界面，各组件清单如表 6.28 所示。

图 6.140　案例 SpaceInvaders 组件设计界面

表 6.28　案例 SpaceInvaders 组件清单

组件类型	组件面板	组件名称	用途	属性设置
Screen	默认屏幕	Screen1		标题：Space Invaders

续表

组件类型	组件面板	组件名称	用途	属性设置
画布	绘图动画	画布 1	绘画	背景颜色：黑色 高度：300 像素 宽度：充满
图像精灵	绘图动画	图像精灵_火箭	火箭炮	图片：rocket.png x 坐标：144 y 坐标：230
图像精灵	绘图动画	图像精灵_飞碟	飞碟	图片：saucer.png y 坐标：74
球形精灵	绘图动画	球形精灵_子弹	子弹	半径：8 画笔颜色：绿色
水平布局	界面布局	水平布局 1	水平排列组件	水平对齐：居中 宽度：充满
标签	用户界面	标签 1	显示文字“分数:”	文本：分数:
标签	用户界面	标签_分数	显示击中次数	文本：0
按钮	用户界面	按钮_重新开始	重新开始游戏	文本：重新开始
计时器	传感器	计时器 1	控制飞碟移动	计时间隔：1000

2. 逻辑设计

（1）屏幕初始化事件。启动游戏将触发「Screen1.初始化」事件，此时隐藏「球形精灵_子弹」，如图 6.141 所示。

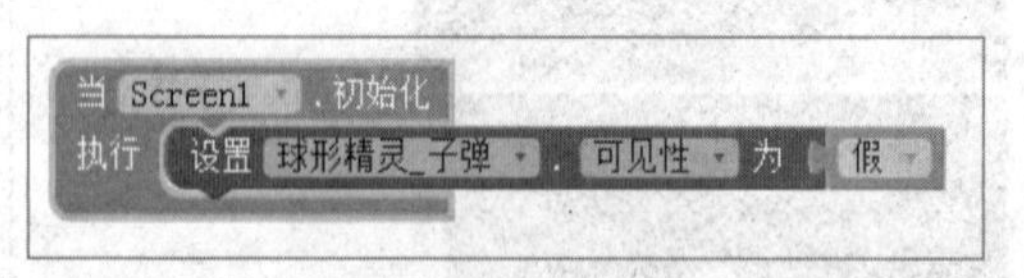

图 6.141　屏幕初始化事件逻辑设计代码

（2）移动火箭炮事件。当玩家移动火箭炮（这里只能左右移动）时将触发「图像精灵_火箭.被拖动」事件，此时调整「图像精灵_火箭」的位置，即将火箭炮的 X 坐标移动到用户拖动的「当前 X 坐标」位置，如图 6.142 所示。

图 6.142　移动火箭炮事件逻辑设计代码

（3）火箭炮被触碰事件。当火箭击中飞碟时，将触发「图像精灵_火箭.被触碰」事件。此时将火箭移动到火箭炮的中心位置，设置火箭的显示状态为可见，并给火箭一个速度和方向（火箭的方向朝向飞碟），如图 6.143 所示。

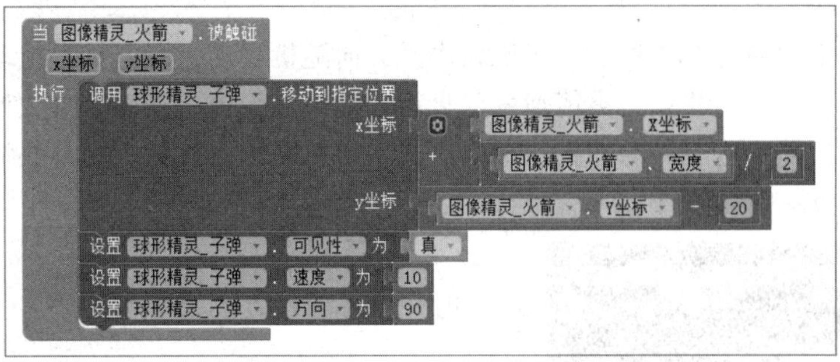

图 6.143　火箭击中飞碟事件逻辑设计代码

（4）子弹被碰撞事件。当火箭炮发射出来的子弹和飞碟碰撞后，隐藏子弹，将分数加 1，并改变飞碟的位置，这通过修改飞碟 X 坐标来实现，如图 6.144 所示。

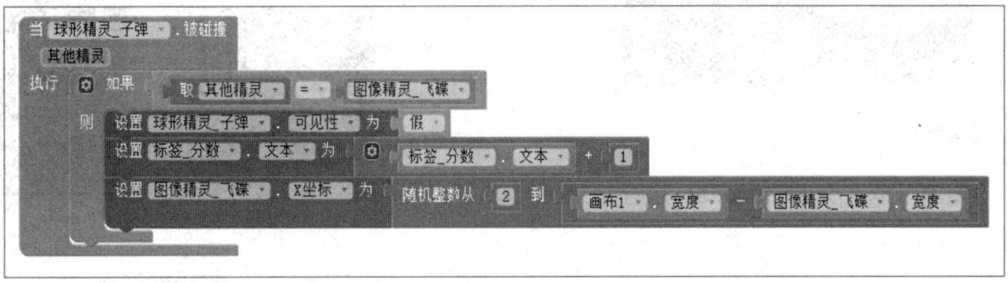

图 6.144　子弹被碰撞事件逻辑设计代码

（5）子弹到达边界事件。当子弹到达边界后，将其显示状态修改为不可见，如图 6.145 所示。

图 6.145　子弹到达边界事件逻辑设计代码

（6）计时器计时事件。在计时器设定的每个间隔内改变飞碟的水平位置，如图 6.146 所示。

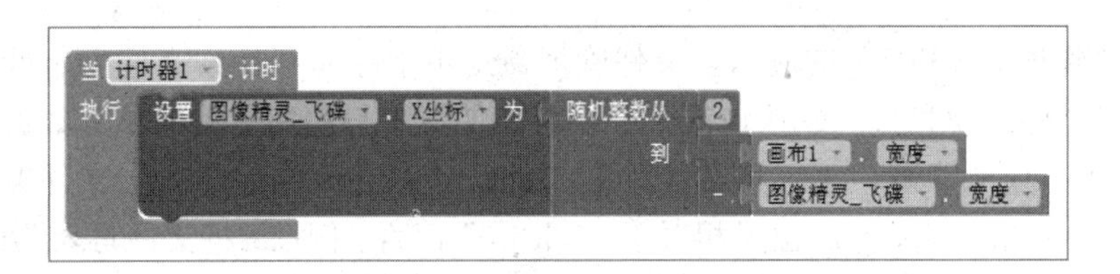

图 6.146　计时器计时事件逻辑设计代码

（7）重新开始事件。当「重新开始」按钮被单击时将分数重置为 0，如图 6.147 所示。

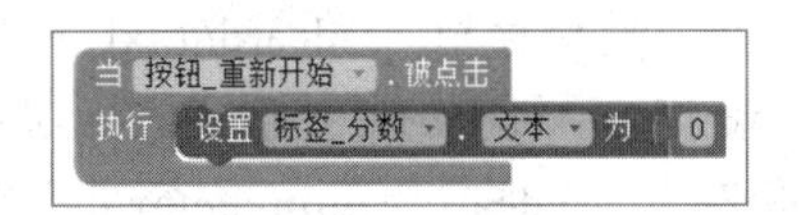

图 6.147　重新开始事件逻辑设计代码

3．测试运行

游戏运行结果如图 6.148 所示。飞碟在水平方向随机移动，玩家可以拖动火箭炮在水平方向移动，来跟踪飞碟，并点击火箭炮发射火箭，如果火箭击中飞碟，分数增加 1 分；如果不能击中飞碟，火箭到达边界后消失；如果点击「重新开始」按钮，则分数清零。

操作过程视频见 MOOC 网站或扫描二维码。

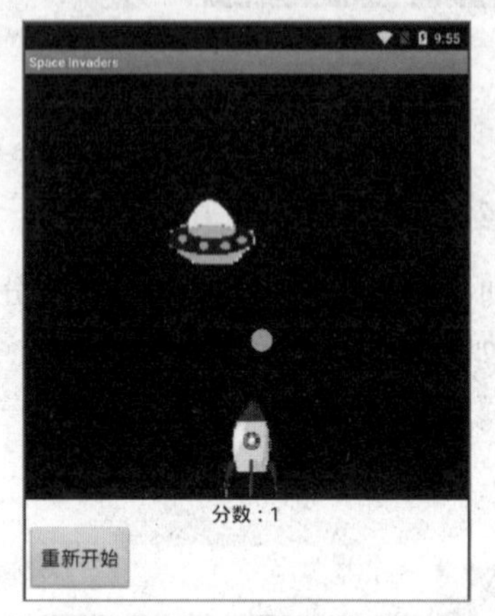

图 6.148　案例 SpaceInvaders 运行结果

1

2

扫码看案例

4．思考提升

如何改进本案例，使火箭可以连续发射多颗子弹？

【案例 28】NotePad：记事本

案例描述

设计一个实现记事本基本功能的 App 应用。该应用能够实现保存文本、追加保存文本、清空文本内容、删除文件以及打开文件等功能。

知识要点

（1）文件管理器（File）的应用。文件管理器是用于存储和检索文件的非可视组件，利用它可以实现文件的读和写。默认情况下，会将文件写入与应用有关的私有数据目录中。在 AI 伴侣中，为了便于调试，系统将文件写在“/sdcard/AppInventor/data”文件夹内。如果文件的路径以“/”开始，则文件的位置相对于“/sdcard”而言，例如，将文件写入“/myFile.txt”，就是将文件写入“/sdcard/myFile.txt”。

（2）保存文件（SaveFile）方法。保存是指将记事本中的内容保存到指定的目录和文件中。App 应用的保存遵循以下规则：如果文件名前带有“/”，则将文件保存到 SD 卡上，如指定目录和文件为“/a.txt”，则将文件保存到“/sdcard/a.txt”；如果文件名前没有“/”，则将文件保存到 App 的私有数据目录中，手机中的其他应用将无法访问这些目录，但 AI 伴侣除外。为了便于调试，应将文件保存到“/sdcard/AppInventor/data”文件夹。此外，如果文件已经存在，则该方法将覆盖原文件。

（3）追加保存（AppendToFile）方法。如果用户在记事本原有内容的后面追加输入新的内容，利用该功能将所有内容全部保存到指定目录和文件中。如果指定文件不存在，则创建新文件，否则覆盖原有文件。

（4）读取文件（ReadFrom）方法。打开指定目录中的文件，并将文件内容显示到记事本中。如果文件名前带有“/”，则打开 SD 卡上的文件，如指定文件为“/a.txt”，则将打开“/sdcard/a.txt”文件；如果文件名前没有“/”，则从私有目录（应用包）及 AI 伴侣目录（/sdcard/AppInventor/data）中打开文件；如果文件名前有“//”，则从应用（也适用于 AI 伴侣）的资源包中打开文件。

（5）删除文件（Delete）方法。从设备存储器中删除一个文件。如果文件名前带有“/”，则将删除 SD 卡上的文件，如指定文件为“/a.txt”，则将删除“/sdcard/a.txt”文件；如果文件名前没有“/”，则将删除私有数据目录中的文件；如果文件名前有“//”，则被视为错误，因为资源文件不能被删除。

案例操作

1. 界面设计

（1）登录 AI2 服务器并创建 NotePad 项目。

（2）组件设计如图 6.149 所示，各组件的属性设置如表 6.29 所示。

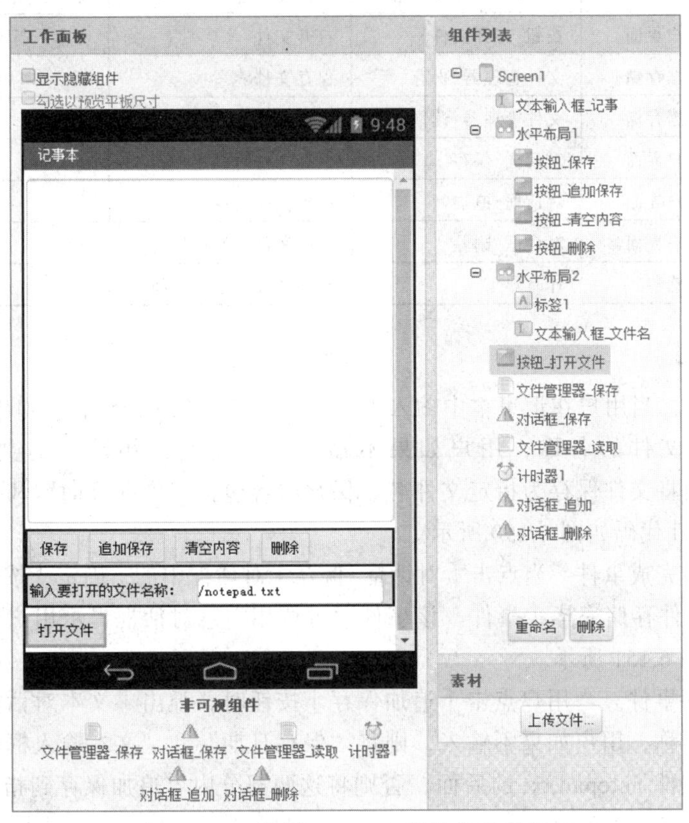

图 6.149　案例 NotePad 组件设计界面

表 6.29 案例 NotePad 组件清单

组件类型	组件面板	组件名称	用　途	属性设置
Screen	默认屏幕	Screen1		标题：记事本 允许滚动：选中
文本输入框	用户界面	文本输入框_记事	输入和显示文本内容	高度：300 像素 宽度：充满 允许多行：选中 提示： 文本：
水平布局	界面布局	水平布局 1	水平放置多个组件	宽度：充满
按钮	用户界面	按钮_保存	保存记事本内容	文本：保存
按钮	用户界面	按钮_追加保存	将文件内容保存到指定文件的尾部	文本：追加保存
按钮	用户界面	按钮_清空内容	清空记事本中的内容	文本：清空内容
按钮	用户界面	按钮_删除	删除指定文件	文本：删除
水平布局	界面布局	水平布局 2	水平放置多个组件	宽度：充满
标签	用户界面	标签 1	提示	文本：输入要打开的文件名称
文本输入框	用户界面	文本输入框_文件名	输入文件名称	文本：/notepad.txt
按钮	用户界面	按钮_打开文件	打开文件	文本：打开文件
文件管理器	数据存储	文件管理器_保存	保存文件	
文件管理器	数据存储	文件管理器_读取	读取文件	
对话框	用户界面	对话框_保存	保存文件时调用	
对话框	用户界面	对话框_追加	追加保存文件时调用	
对话框	用户界面	对话框_删除	删除文件时调用	
计时器	传感器	计时器 1	保存文件时获取时间	

2. 逻辑设计

（1）保存事件。当用户在记事本中输入内容后点击「保存」按钮，将弹出「文本对话框」供用户输入保存文件的名称，用户如果不输入，系统则采用默认的文件名称和路径/notepad.txt，否则将文件保存为指定文件名。保存内容包括“保存日期”和“文本输入框中的内容”。逻辑设计代码如图 6.150 所示。

（2）确定保存完成事件。当点击「对话框_保存」对话框中的「确定」按钮时将触发「文件管理器_保存.文件存储完毕」事件。该事件通过调用消息对话框提示用户文件保存成功。逻辑设计代码如图 6.151 所示。

（3）追加保存事件。当用户点击「追加保存」按钮时，弹出「文本对话框」供用户输入追加保存文件的名称，用户如果不输入，则将“保存日期”和“文本输入框中的内容”追加保存到系统默认文件/notepad.txt 的后面，否则将这两部分内容追加保存到指定文件的后面。逻辑设计代码如图 6.152 所示。

```
当 按钮_保存 .被点击
执行 调用 对话框_保存 .显示文本对话框
        消息 " 请输入文件名称 "
        标题 " 保存文件名称 "
        允许撤销 真

当 对话框_保存 .输入完成
  响应
执行 调用 文件管理器_保存 .保存文件
        文本 合并字符串 " 保存日期: "
                      调用 计时器1 .日期时间格式
                          时刻 调用 计时器1 .求当前时间
                          pattern " MM/dd/yyyy hh:mm:ss a "
                      " \n "
                      文本输入框_记事 . 文本
        文件名 如果 字符串比较 取 响应 = " "
               则 " /notepad.txt "
               否则 合并字符串 " / "
                            取 响应
                            " .txt "
```

图 6.150　保存事件逻辑设计代码

```
当 文件管理器_保存 .文件存储完毕
  文件名
执行 调用 对话框_保存 .显示消息对话框
        消息 合并字符串 取 文件名
                      " 文件保存成功 "
        标题 " 文件保存成功 "
        按钮文本 " 确定 "
```

图 6.151　确定保存完成事件逻辑设计代码

```
当 按钮_追加保存 .被点击
执行 调用 对话框_追加 .显示文本对话框
        消息 " 请输入文件名称 "
        标题 " 保存文件名称 "
        允许撤销 真

当 对话框_追加 .输入完成
  响应
执行 调用 文件管理器_读取 .追加内容
        文本 合并字符串 " 保存日期: "
                      调用 计时器1 .日期时间格式
                          时刻 调用 计时器1 .求当前时间
                          pattern " MM/dd/yyyy hh:mm:ss a "
                      " \n "
                      文本输入框_记事 . 文本
        文件名 如果 字符串比较 取 响应 = " "
               则 " /notepad.txt "
               否则 合并字符串 " / "
                            取 响应
                            " .txt "
```

图 6.152　追加保存事件逻辑设计代码

（4）清空内容事件。当用户点击「清空内容」按钮时，「文本对话框」中的内容将全部清空。逻辑设计代码如图 6.153 所示。

当 按钮_清空内容 . 被点击
执行 设置 文本输入框_记事 . 文本 为 " "

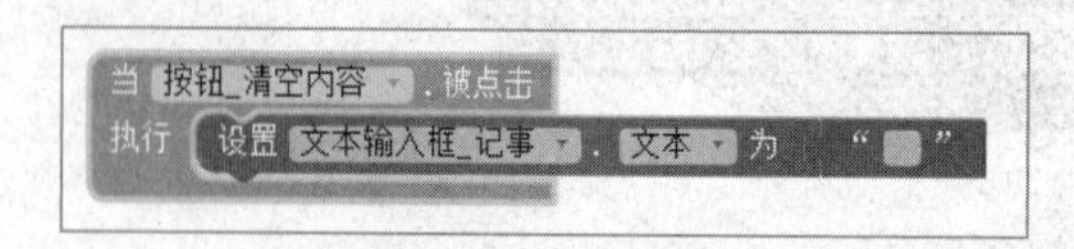

图 6.153　清空记事本内容事件逻辑设计代码

（5）删除文件事件。当用户点击「删除」按钮时，弹出「文本对话框」供用户输入要删除的文件名，用户如果不输入并点击「确定」按钮，系统则删除默认的文件/notepad.txt；如果用户输入文件并点击「确定」按钮，将删除指定的文件。逻辑设计代码如图 6.154 所示。

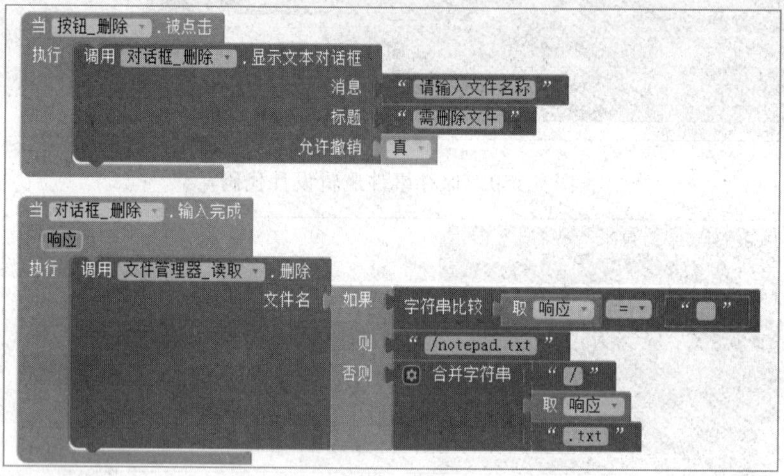

当 按钮_删除 . 被点击
执行 调用 对话框_删除 . 显示文本对话框
消息 " 请输入文件名称 "
标题 " 需删除文件 "
允许撤销 真
当 对话框_删除 . 输入完成
响应
执行 调用 文件管理器_读取 . 删除
文件名 如果 字符串比较 取 响应 = " "
则 " /notepad.txt "
否则 合并字符串 " / "
取 响应
" .txt "

图 6.154　删除文件事件逻辑设计代码

（6）打开文件事件。当用户点击「打开文件」按钮时，首先调用文件管理器读取「文本输入框_文件名」中指定的文件，然后将读取的文件显示到记事本（「文本输入框_记事」）中。逻辑设计代码如图 6.155 所示。

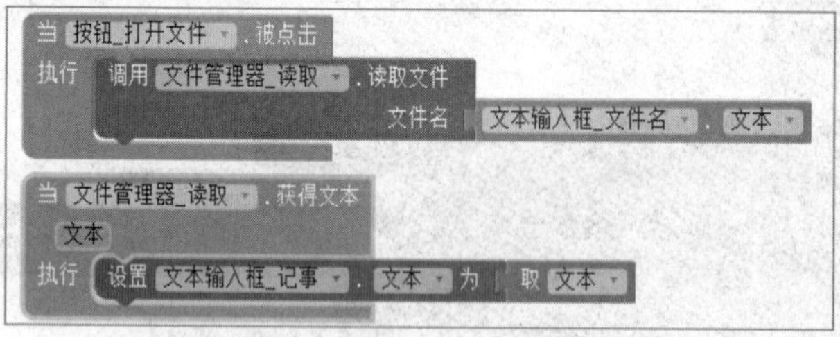

当 按钮_打开文件 . 被点击
执行 调用 文件管理器_读取 . 读取文件
文件名 文本输入框_文件名 . 文本
当 文件管理器_读取 . 获得文本
文本
执行 设置 文本输入框_记事 . 文本 为 取 文本

图 6.155　打开文件事件逻辑设计代码

3．测试运行

App 运行后的界面如图 6.156 所示。在文本输入框中输入文本后点击相应的按钮，将会实现相应的操作。

操作过程视频见 MOOC 网站或扫描二维码。

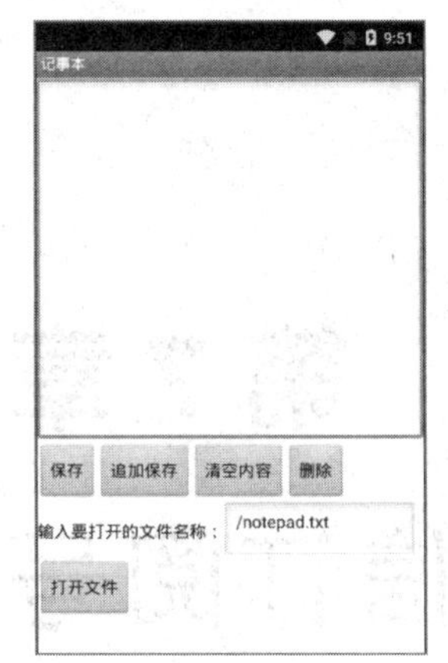

图 6.156　案例 NotePad 运行结果

1　　2　　3

扫码看案例

4. 思考提升

能否实现将一个文件中的内容复制到另一个文件中？

第7章 >>> 微信订阅号

本章概要

微信公众平台，简称公众号。曾命名为“官号平台”“媒体平台”和“微信公众号”，最终定位为“公众平台”。本章主要介绍在微信订阅号中创建菜单、建立图文消息、插入视频和进行投票管理的实现方法。

学习目标

（1）了解微信公众平台的发展历程、分类及注册方法；
（2）掌握在微信订阅号中创建菜单的方法；
（3）掌握在微信订阅号中建立图文消息的方法；
（4）掌握在微信订阅号中插入视频的方法；
（5）掌握在微信订阅号中实现投票管理的方法。

7.1 概　　述

7.1.1 发展历程

微信公众平台于2012年08月23日正式上线，曾命名为“官号平台”“媒体平台”和“微信公众号”，2013年8月5日，微信版本从4.5升级到5.0，同时微信公众平台也做了大幅调整，微信公众账号被分成服务号、订阅号和企业号，运营主体是组织（比如企业、媒体、公益组织）的，可以申请服务号，运营主体是组织和个人的可以申请订阅号，但是个人不能申请服务号。

7.1.2 公众号分类

1．服务号

公众平台服务号，是公众平台的一种账号类型，旨在为用户提供服务。它主要有以下功能：
（1）1个月（自然月）内仅可以发送4条群发消息。
（2）发给订阅用户（粉丝）的消息，会显示在对方的聊天列表中，相对应微信的首页。

（3）服务号会在订阅用户（粉丝）的通讯录中，通讯录中有一个公众号的文件夹，点开可以查看所有服务号。

（4）服务号可申请自定义菜单。

2. 订阅号

公众平台订阅号，是公众平台的一种账号类型，旨在为用户提供信息。它主要有以下功能：

（1）每天（24小时内）可以发送1条群发消息。

（2）发给订阅用户（粉丝）的消息，将会显示在对方的“订阅号”文件夹中。点击两次才可以打开。

（3）在订阅用户（粉丝）的通讯录中，订阅号将被放入订阅号文件夹中。

（4）服务号和订阅号的区别如图7.1所示。

功能权限	普通订阅号	微信认证订阅号	普通服务号	微信认证服务号
消息直接显示在好友对话列表中			✓	✓
消息显示在“订阅号”文件夹中	✓	✓		
每天可以群发1条消息	✓	✓		
每个月可以群发4条消息			✓	✓
无限制群发				
保密消息禁止转发				
关注时验证身份				
基本的消息接收/运营接口	✓	✓	✓	✓
聊天界面底部，自定义菜单	✓	✓	✓	✓
定制应用				
高级接口能力		部分支持		✓
微信支付-商户功能		部分支持		✓

图7.1　服务号和订阅号的区别

3. 企业号

公众平台企业号，是公众平台的一种账号类型，旨在帮助企业、政府机关、学校、医院等事业单位和非政府组织建立与员工、上下游合作伙伴及内部IT系统间的连接，并能有效地简化管理流程、提高信息的沟通和协同效率、提升对一线员工的服务及管理能力。

4. 微信小程序

微信小程序简称小程序，缩写XCX，英文名Mini Program，是一种需要下载安装即可使用的应用，它实现了应用“触手可及”的梦想，用户扫一扫或搜一下即可打开应用。

全面开放申请后，主体类型为企业、政府、媒体、其他组织或个人的开发者，均可申请注册小程序。小程序、订阅号、服务号、企业号是并行的体系。

对于开发者而言，小程序开发门槛相对较低，难度不及App，能够满足简单的基础应用，适合生活服务类线下商铺以及非刚需低频应用的转换。小程序能够实现消息通知、线下扫码、公众号关联等七大功能。其中，通过公众号关联，用户可以实现公众号与小程序之间相互跳转。

微信小程序一般出现在微信程序的上方，用手指轻轻按住屏幕往下一拉，用过的微信小程序就会出现。

7.1.3 微信订阅号的注册

（1）在浏览器输入网址：http://mp.weixin.qq.com，如图 7.2 所示，单击“立即注册”按钮，弹出“登录”对话框，输入账号和密码登录后进入到如图 7.3 所示的界面。

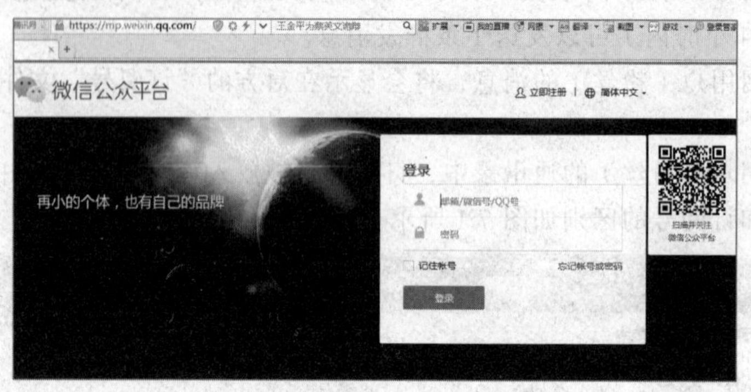

图 7.2　微信公众号网站界面

（2）在图 7.3 中，从“订阅号”“服务号”“小程序”和“企业微信”四种类型中选择一种，一般个人申请选择“订阅号”。

图 7.3　公众号类型选择

（3）接着出现申请向导，共有四步，如图 7.4 所示。在基本信息中，输入邮箱和激活邮箱，打开邮箱获取验证码，然后设置账号密码，勾选协议，最后单击“注册”按钮，如图 7.5 所示。

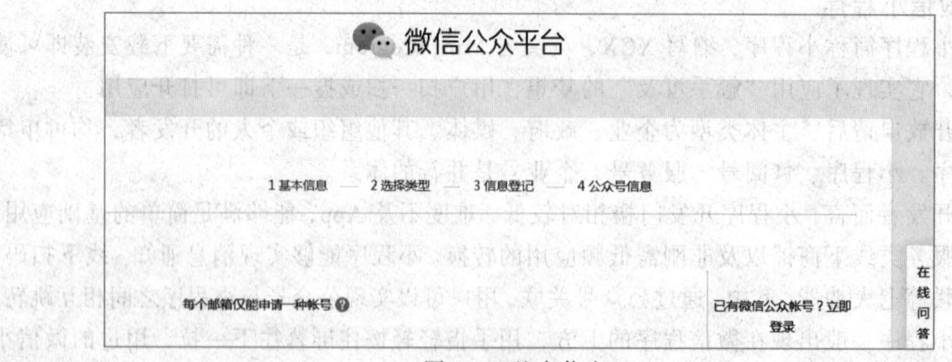

图 7.4　基本信息

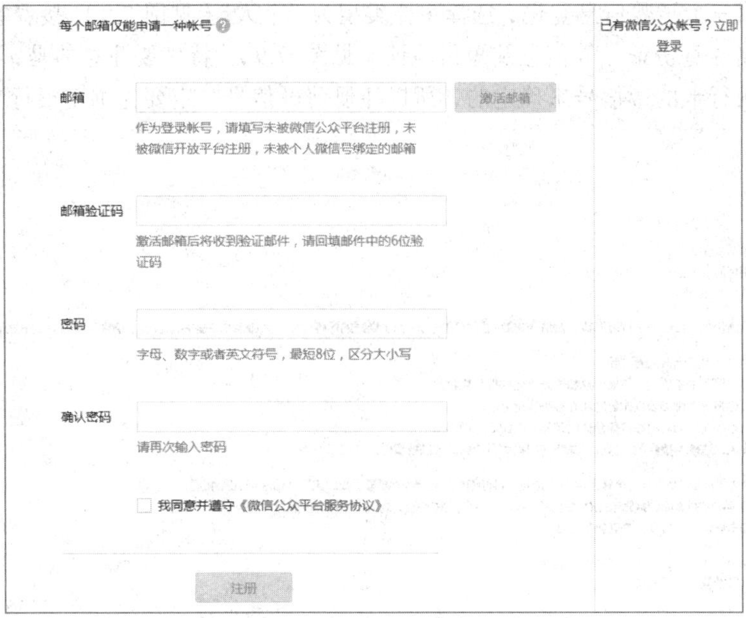
每个邮箱仅能申请一种帐号
已有微信公众帐号？立即登录
邮箱
激活邮箱
作为登录帐号，请填写未被微信公众平台注册，未被微信开放平台注册，未被个人微信号绑定的邮箱
邮箱验证码
激活邮箱后将收到验证邮件，请回填邮件中的6位验证码
密码
字母、数字或者英文符号，最短8位，区分大小写
确认密码
请再次输入密码
我同意并遵守《微信公众平台服务协议》
注册

图 7.5　填写基本信息

（4）在图 7.6 中选择“中国内地”，在图 7.7 中选择“订阅号”并继续。

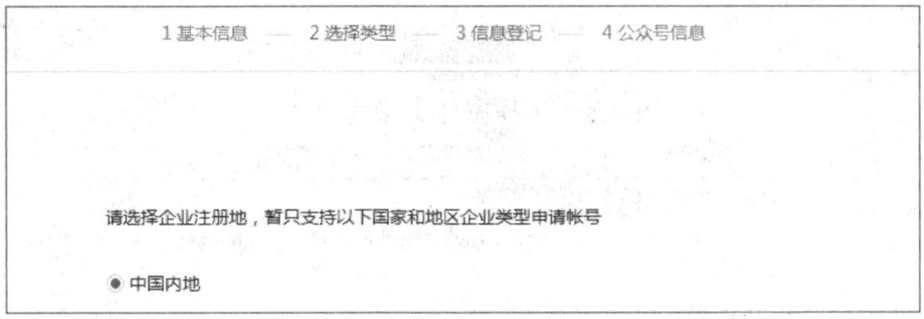
1 基本信息 — 2 选择类型 — 3 信息登记 — 4 公众号信息
请选择企业注册地，暂只支持以下国家和地区企业类型申请帐号
中国内地

图 7.6　选择“中国内地”

1 基本信息 — 2 选择类型 — 3 信息登记 — 4 公众号信息
请选择帐号类型，一旦成功建立帐号，类型不可更改
订阅号
为媒体和个人提供一种新的信息传播方式，构建与读者之间更好的沟通与管理模式。
适用于个人和组织
群发消息 1条/天
消息显示位置 订阅号列表
基础消息接口 有
自定义菜单 有
微信支付 无
了解详情
选择并继续
服务号
给企业和组织提供更强大的业务服务与用户管理能力，帮助企业快速实现全新的公众号服务平台。
不适用于个人
群发消息 4条/月
消息显示位置 会话列表
基础消息接口/自定义菜单 有
高级接口能力 有
微信支付 可申请
了解详情
选择并继续
企业微信
原企业号
为企业提供专业的通讯工具、丰富的办公应用与API，助力企业高效沟通与办公。
粉丝关注需验证身份且关注有上限
群发消息 无限制
消息显示位置 会话列表
基础消息接口/自定义菜单 有
高级接口能力 有
了解详情
选择并继续

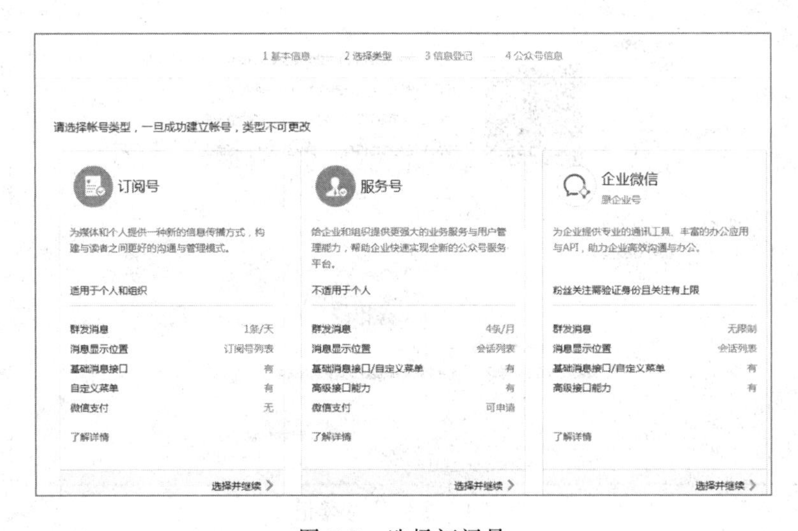

图 7.7　选择订阅号

（5）进入第三个步骤信息登记，选择主体类型为“个人”（见图 7.8），接着主体信息登记，输入身份证姓名、身份证号等信息及短信验证（见图 7.9），特别要注意的是，身份的验证主要是通过绑定银行卡的微信号来确定的，所以注册前微信号一定要先绑定银行卡。

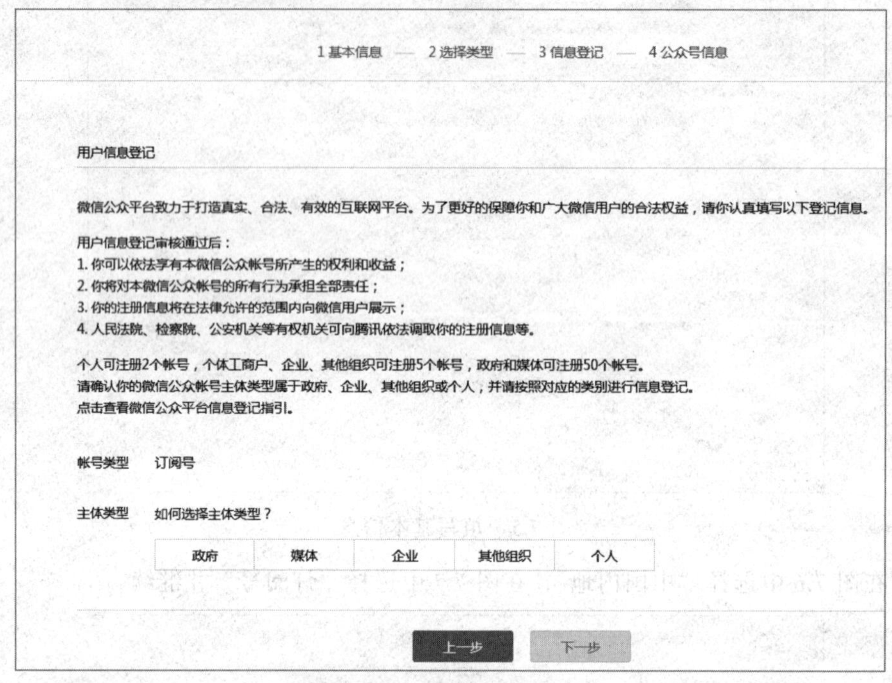

图 7.8　选择主体类型为个人

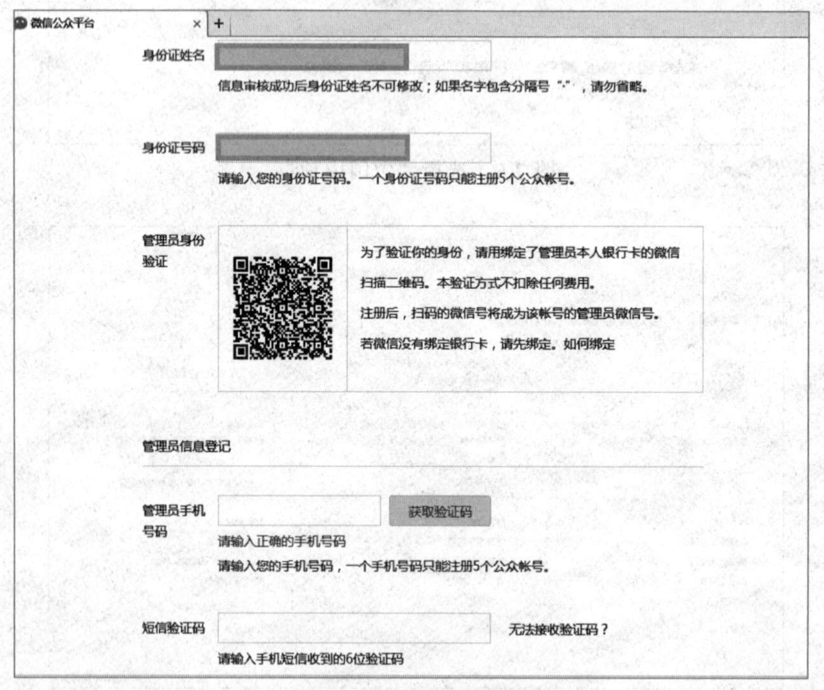

图 7.9　主体信息登记

（6）进入第四个步骤公众号信息，可以设置图像的照片、微信号的名称等，如图 7.10 所示。

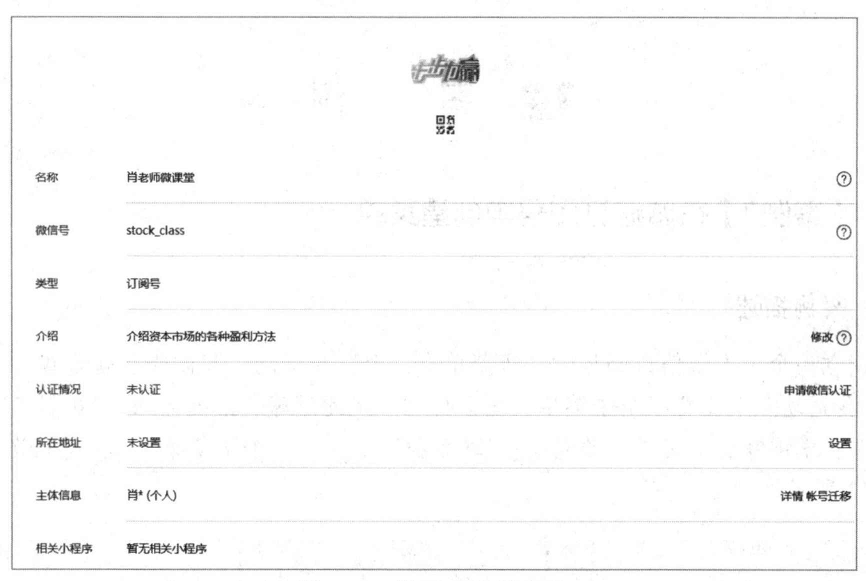

图 7.10　设置公众号信息

（7）注册完毕后，登录公众号后台，如图 7.11 所示。可以用公众账号或邮箱登录，系统为了安全起见，必须用手机微信扫描二维码，进入后台后可见公众号管理界面，如图 7.12 所示。

图 7.11　登录界面

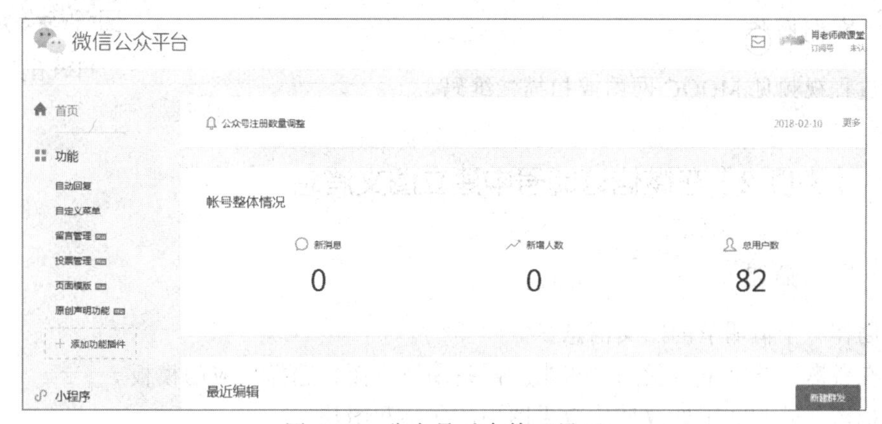

图 7.12　公众号后台管理界面

注册完毕以后，就可以制作、推送消息了。

7.2 案　　例

7.2.1 【案例 1】在微信订阅号中创建菜单

案例描述

（1）建立一个个人微信订阅号，一级菜单有三个：我运动、我阳光、联系我。

（2）“我运动”下面有三个子菜单：酷爱排球、迷死足球、最痴篮球；“我阳光”下面有三个子菜单：学雷锋、干义工、助老幼；“联系我”下面有二个子菜单：QQ 号、微信号。结果如图 7.13 所示。

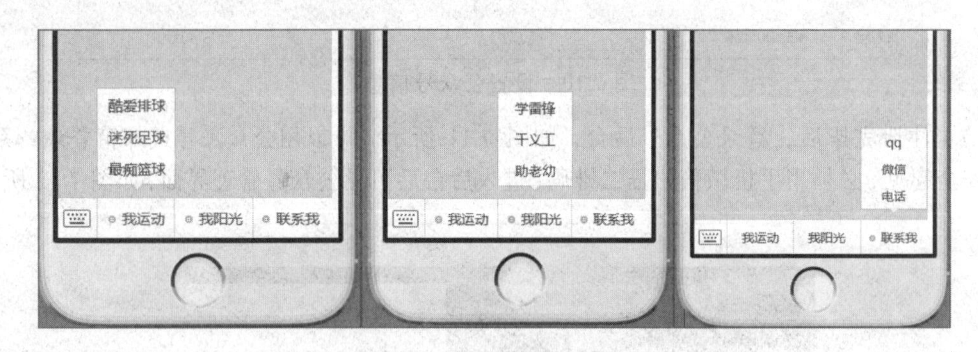

图 7.13　菜单效果

知识要点

（1）一级菜单的创建。

（2）二级菜单的创建。

扫码看案例

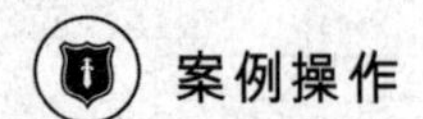

案例操作

操作过程视频见 MOOC 网站或扫描二维码。

7.2.2 【案例 2】在微信订阅号中建立图文消息

案例描述

（1）制作一个清明节的图文消息。

（2）在谷歌浏览器下，使用“秀米”网站编辑界面，选择相应的模板。

（3）把图片处和文字处改变成效果图中的文字和图片。

结果如图 7.14 所示。

图 7.14　图文效果

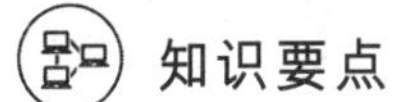

知识要点

（1）模板的使用。

（2）“秀米”的使用和公众号的同步。

扫码看案例

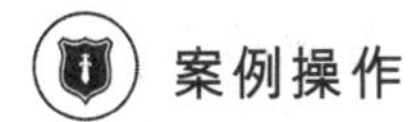

案例操作

操作过程视频见 MOOC 网站或扫描二维码。

7.2.3 【案例 3】在微信订阅号中插入视频

案例描述

（1）在微信订阅号中播放超过 20M 大小的视频。

（2）需要注册和登录腾讯视频，上传视频需要实名认证。

（3）使用链接地址上传视频。

结果如图 7.15 所示。

图 7.15　视频效果

扫码看案例

知识要点

（1）视频的上传。

（2）视频地址链接的生成。

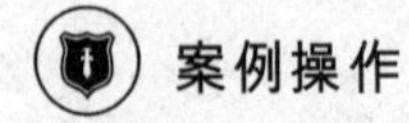

案例操作

操作过程视频见 MOOC 网站或扫描二维码。

7.2.4 【案例 4】在微信订阅号中进行投票管理

案例描述

（1）在微信订阅号中进行投票管理。

（2）投票问题的设计。

（3）结果的查看。

结果如图 7.16 所示。

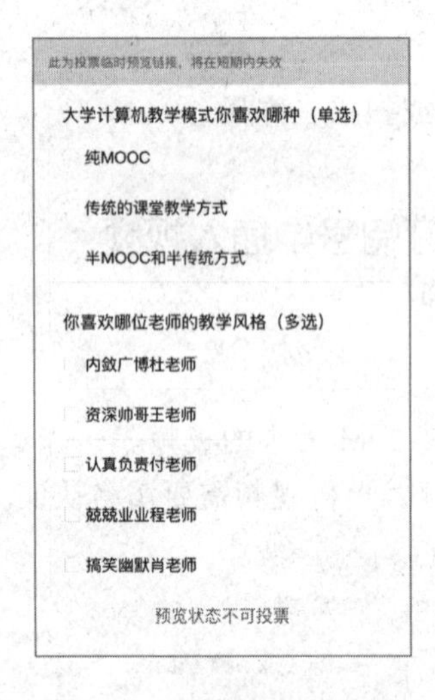

图 7.16 投票系统的界面

扫码看案例

知识要点

（1）单选按钮或是复选框的选择使用。

（2）截止时间的设置。

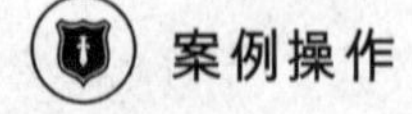

案例操作

操作过程视频见 MOOC 网站或扫描二维码。

第 8 章

>>> Python 程序设计

本章概要

学习程序设计是培养计算思维的重要手段，也是提升计算机应用能力的有效途径。Python 是目前最为流行的编程语言之一，它被广泛用于人工智能、大数据分析的开发应用中。本章介绍 Python 编程的基本内容，但并不囿于刻板的语法讲解，以实例的方式通过一个实际问题的解决来导出具体的学习内容，以更好地契合学习者的认知和学习规律，并通过动手实践体会编程之乐，编程之美。

学习目标

（1）了解 Python 语言的发展；
（2）掌握 Python 语言开发环境 IDLE 的使用；
（3）理解问题的计算求解方法；
（4）掌握基本的程序设计结构；
（5）掌握常用 Python 库的使用；
（6）理解基于库的模块化编程。

8.1 概　　述

Python 是目前最为流行的编程语言之一，发展势头迅猛。本节将对 Python 做简要介绍，并以 Hello World 为例解析第一个 Python 程序，随后介绍常用的 Python 编程开发环境。

8.1.1 Python 简介

Python 是一种面向对象的解释型计算机程序设计语言，本质上它是一个结合了解释性、互动性和面向对象的脚本语言。它由荷兰人 Guido van Rossum 于 1989 年发明，第一个公开版发行于 1991 年。说到 Guido 发明 Python 的原因，其实很多人可能都想不到，是为了打发圣诞假日的无聊时光，看到这里你是不是觉得这个故事很励志呢？

Python 是自由软件，源代码和解释器 CPython 遵循 GNU GPL（GNU General Public

License）协议。作为一款自由软件，能在较短时间内流行起来，不是没有原因的。除了语法简洁所带来的易学易用的优点外，从技术特征分析，它还具有以下优点：

（1）平台无关性：Python 是脚本语言，只要在安装了解释器的计算环境中 Python 编写的程序都可以不加修改地实现跨平台运行。

（2）基于生态发展的类库：Python 解释器提供了多达几百个内置类和库函数，而通过开源社区提供的第三方函数库则多达十几万个，几乎覆盖到计算机技术的各个领域。这些第三方库基于用户的选择实现优胜劣汰进而以生态演化的模式发展，成为 Python 最为显著的特征之一。

（3）多种编程模式：Python 3.0 解释器在其内部采用了面向对象的编程方式，但 Python 语法层面却同时支持面向对象和面向过程两种编程模式，为使用者提供了更为灵活的编程选择。

（4）强制可读：Python 使用强制缩进（类似于文档排版的段落首行空格）来体现语句间的逻辑关系，缩进是编程规范化的一个重要手段，而强制缩进无疑可以显著增加程序的可读性和可维护性。

（5）支持中文：Python 3.0 解释器采用 UTF-8 编码表达所有字符信息。而 UTF-8 编码可以表达包括中文在内的多种语言，因此 Python 在处理各类中文信息时更加灵活高效，对中国程序员而言无疑是有益的。

（6）通用性：Python 是一个通用编程语言，可用来编写多个领域的应用程序，涵盖了科学计算、数据处理、人工智能、机器人等多个领域，特别是在人工智能和大数据异军突起的过程中，Python 的通用性显示出巨大优势。

（7）扩展性：Python 可以通过接口和函数库的方式把 C、C++以及 Java 等语言编写的代码集成起来，这就像胶水一样把既有代码粘合起来，以有效利用既有代码。

（8）开源理念：这并非 Python 独有，但开源理念在 Python 的发展中体现得十分充分，不仅促成了第三方函数库的生态发展，同时也奠定了 Python 自身作为一门开源编程语言的用户基础，这也使得 Python 在较短时间得到了快速的普及和发展。

当然，Python 也并非完美，它也有一些缺点。作为一种解释型的语言，其速度不如 C、C++等快是事实，但随着计算机技术的进步，计算力显著提升，这种速度的差异在用户体验方面的感受并不是特别明显，因此，在对实时性能要求并不苛刻的情境下，速度的缺点并不显得那么突出。此外，作为解释型的语言，由于没有编译过程，也就没有编译后的机器码，Python 的发布就是源代码直接呈现，就这点而言，它是没有加密保护的，但是这与其开源的特征又是一致的，与其说是缺点，不如说是开源特征的具体体现。

8.1.2 Python 开发环境配置

本节介绍一个轻量级的 Python 开发环境 IDLE，它支持交互式和批量式两种编程方式。Python 的安装包，即 Python 语言的解释器是一个轻量级软件，大小约 25～30MB，其下载网址为 https://www.python.org/downloads，下载页面如图 8.1 所示。

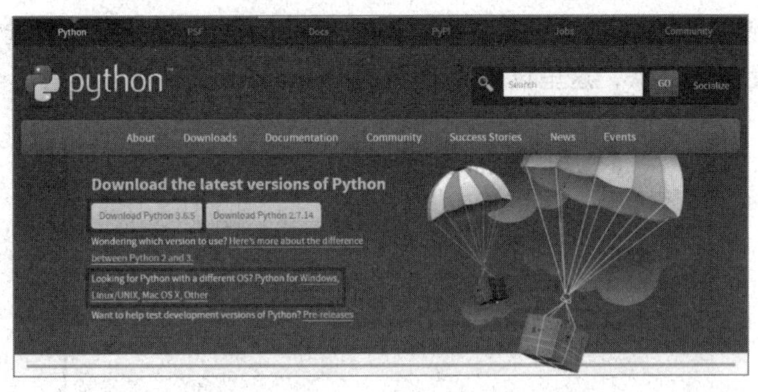

图 8.1　Python 安装包的下载页面

由于 Python 2.7 和之后的版本并不兼容，建议初学者使用 Python3.5 以后的版本。图 8.1 中方框所包围的按钮是用于 Windows 系统的 3.6.5 版本的 32 位安装包的下载链接。下方方框部分可选择各种不同操作系统下的安装包，如果想要选择 Windows 64 位以及不同版本的文件，可点击方框中的 Windows 链接，进入多版本选择的页面，类似的，点击 Linux/UNIX 可进入相应操作系统版本安装包的下载页面。

下面以 Windows 系统下 32 位安装包为例介绍其安装和配置过程。双击 exe 文件出现如图 8.2 所示的界面，其中，需要勾选 Add Python 3.6 to PATH 复选框。

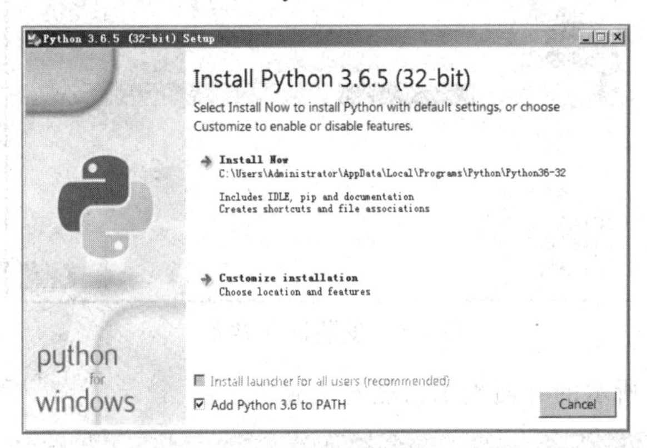

图 8.2　Python 32 位安装包的启动界面

如果选择定制安装，即 Customize installation，则进入如图 8.3 所示的界面。全面安装的话，需勾选界面中的各个复选框。

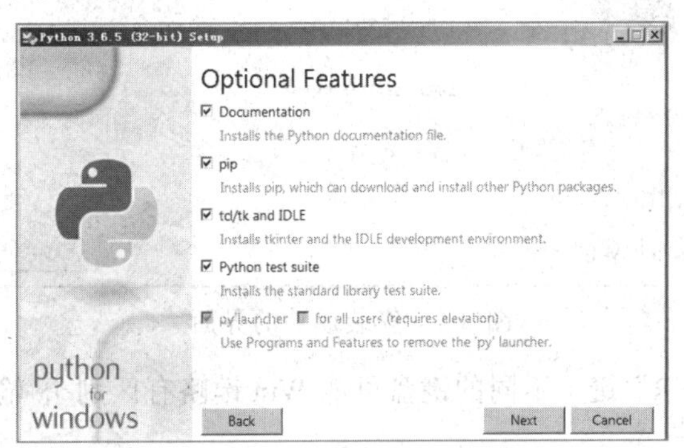

图 8.3　定制安装的可选特征界面

点击 Next 按钮进入高级选项设置界面，如图 8.4 所示，高级特征的复选框可根据需要勾选。其中可以设置安装目录，这里设置为 D 盘的 Python3.6 文件夹。

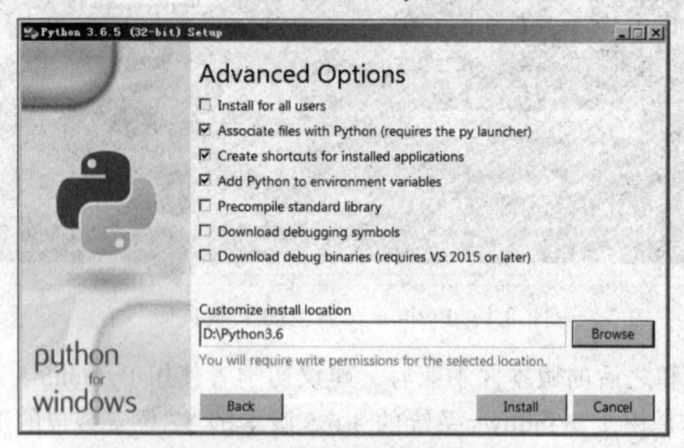

图 8.4　高级选项设置界面

点击 Install 按钮后出现如图 8.5 所示的安装进度界面。

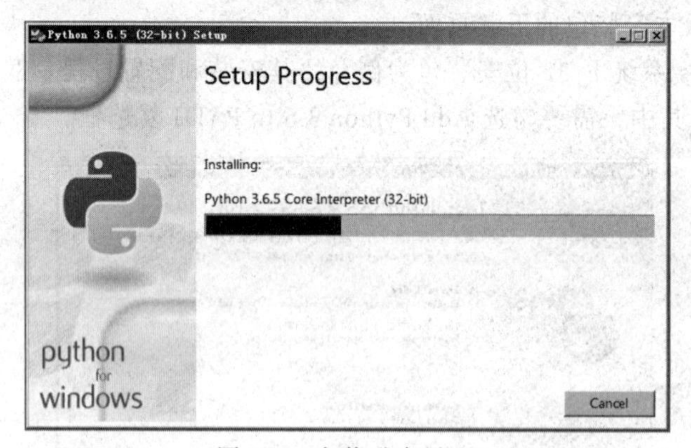

图 8.5　安装进度界面

最后显示如图 8.6 所示的界面表示已经安装成功。

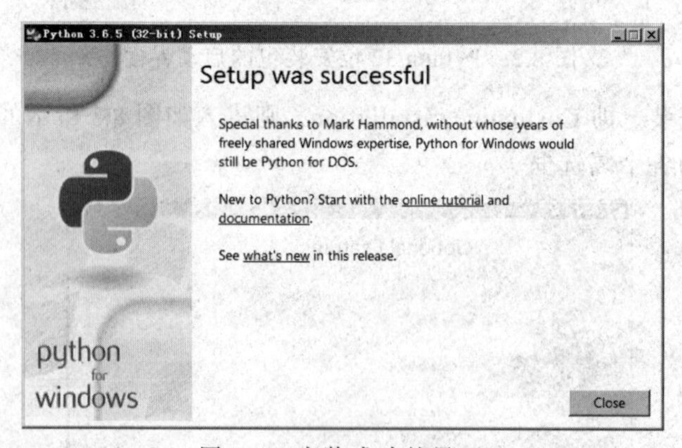

图 8.6　安装成功的界面

这时可以按“⊞ + R”键（不同的键盘可能 Win 键略有区别），输入“cmd”后点击“确定”按钮，如图 8.7 所示。

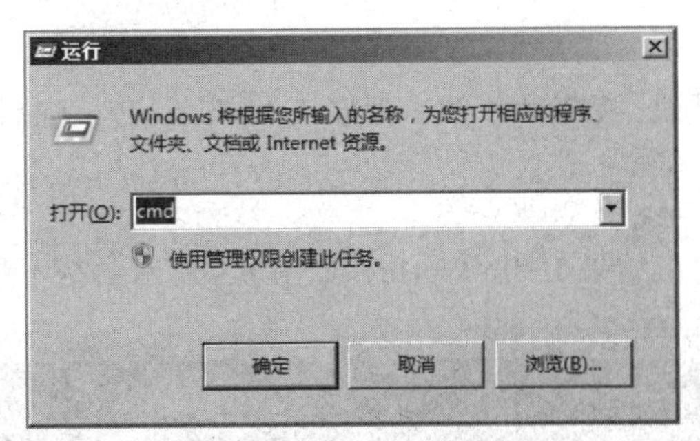

图 8.7　调用 cmd 的界面

在 cmd 界面下输入 python，如果出现如图 8.8 所示界面表示安装成功，可以运行。

```
管理员: C:\Windows\system32\cmd.exe - python
C:\Users\Wang Ruobin>python
Python 3.6.5 (v3.6.5:f59c0932b4, Mar 28 2018, 16:07:46) [MSC v.1900 32 bit (Inte
l)] on win32
Type "help", "copyright", "credits" or "license" for more information.
>>>
```

图 8.8　cmd 界面下启动 Python

8.1.3　从 Hello World 开始

Hello World 被认为是学习编程的入门程序，它的功能是在计算机屏幕上输出 Hello World 字符串，其中文意思是“你好，世界”。由于程序本身非常简单并且能够直观显示效果而受到追捧。这个程序最初是由 Brian Kernighan 和 Dennis M. Ritchie 在其合著的 *The C Programme Language* 一书中使用而广泛流行。

C 语言的程序如下：

```
printf("Hello World\n");
```

而 Python 的程序则更为简单，如下：

```
print("Hello World")
```

Python 的程序运行有两种方式：交互式和文件式。交互式是指 Python 解释器即时响应用户输入的每条指令并输出结果。而文件式是指用户将 Python 代码写在一个或者多个文件中，启动 Python 解释器批量执行文件中的代码，因此也被称为批量式。一般来说，交互式只用于调试少量代码或测试编程环境，文件式是更为常用的编程方式。接下来介绍 Windows 系统中运行 Hello World 程序的两种方式。

1. 交互式方法

首先启动 cmd 运行界面，在提示符“>”后输入 Python 启动解释器，在命令提示符“>>>”后输入如下程序代码：

```
print("Hello World")
```

按【Enter】键显示输出结果 Hello World，如图 8.9 所示。是不是非常简单呢？

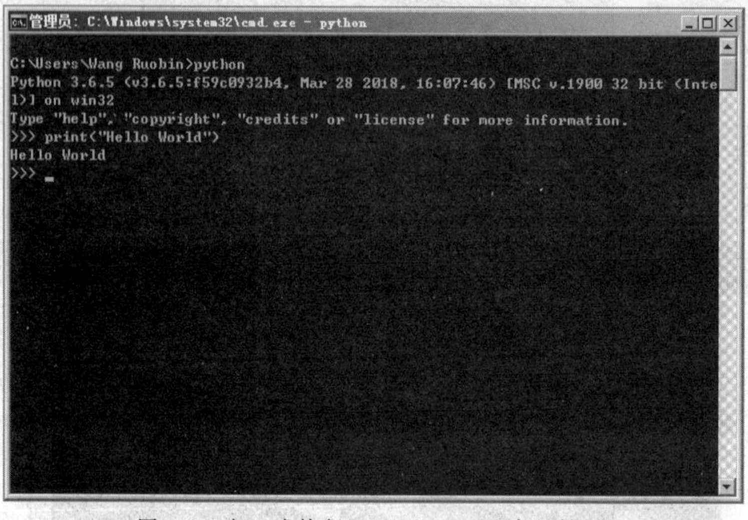

```
管理员: C:\Windows\system32\cmd.exe - python
C:\Users\Wang Ruobin>python
Python 3.6.5 (v3.6.5:f59c0932b4, Mar 28 2018, 16:07:46) [MSC v.1900 32 bit (Inte
l)] on win32
Type "help", "copyright", "credits" or "license" for more information.
>>> print("Hello World")
Hello World
>>>
```

图 8.9　交互式执行 Hello World 程序的结果

此外，在 IDLE 环境下也能执行 Hello World 程序。可以通过 Windows“开始”菜单找到 IDLE 的快捷方式，图 8.10 显示了 IDLE 环境下 Hello World 的显示结果。

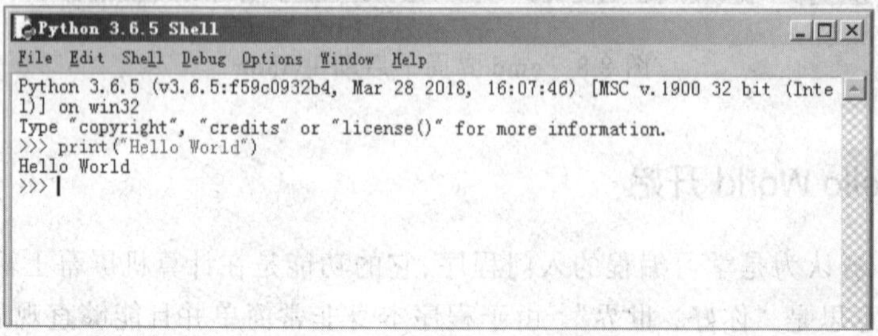

```
Python 3.6.5 Shell
File Edit Shell Debug Options Window Help
Python 3.6.5 (v3.6.5:f59c0932b4, Mar 28 2018, 16:07:46) [MSC v.1900 32 bit (Inte
l)] on win32
Type "copyright", "credits" or "license()" for more information.
>>> print("Hello World")
Hello World
>>>
```

图 8.10　IDLE 下运行 Hello World

2. 文件式方法

相应的，文件式也有两种运行程序的途径。其一是按照 Python 的语法格式编写代码后保存为.py 文件，这里把做的第一个程序保存为 hello.py。事实上，Python 代码可以在任意编辑器中编写，甚至 Windows 自带的记事本，但一般建议使用专门的编辑器。对于几十行代码的规模来说 IDLE 编辑器就是个不错的工具，此外还有第三方工具如 Notepad++等。这里把仅有一行代码的程序保存为 hello.py。然后通过 cmd.exe 进入到文件存储的目录，运行即可。更常用的是在 IDLE 下，打开 IDLE，按【Ctrl+N】键打开一个新窗口，或通过菜单 File→New File 选项建立，在该窗口中输入代码 print("Hello World")，如图 8.11 所示，并保存为 hello.py 到指定文件夹。

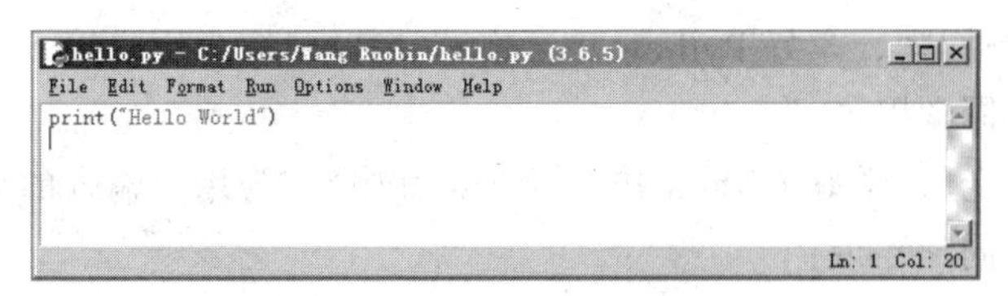

图 8.11　在 IDLE 下编写代码

按【F5】键或者菜单下选择 Run→Run Module 可执行该文件，结果如图 8.12 所示。

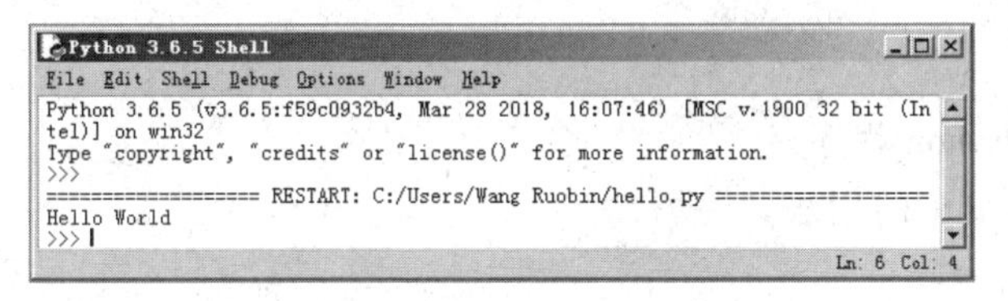

图 8.12　hello.py 的执行结果

8.2 案　　例

本节演示了 14 个案例，案例 1～4 介绍了三种程序结构，便于学习者迅速理解和掌握程序设计结构；案例 5.1～5.3 详解一个程序，并通过逐步引申引导读者进一步学习函数封装和异常处理；案例 6 和 7 应用 Python 标准库 turtle 完成绘图，学习者可以迅速上手完成创意绘图；案例 8 为递归函数调用的经典实例汉诺塔，学习者可以通过这个实例了解递归算法及其应用；案例 9 为批量安装第三方库，通过该实例的学习可以迅速了解第三方库及其安装；案例 10.1～10.3 使用 PIL 库对图像进行风格处理，可以让图像处理变得高效而有趣。

Python 语言内容丰富，功能强大，特别是基于第三方类库的计算生态开放环境赋予 Python 极大的应用空间。以上 14 个案例覆盖了基础程序结构、常用程序语法解析、函数封装及异常处理、标准库应用、典型算法实践、第三方库安装以及图像处理多个方面。期望这些案例的解析和实践能够为读者快速建立对 Python 的全貌性认知，并迅速掌握基本的 Python 编程技术提供帮助和指导，为进一步深入学习 Python 编程打下基础。

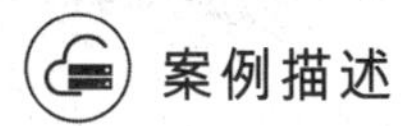

8.2.1 【案例 1】打印对话场景

案例描述

设计一个程序根据用户输入的姓名，在屏幕上打印出来描述师生四人关于学习 Python 的对话场景。

具体要求如下：

（1）屏幕提示“请输入你的姓名”，用户在其后输入自己的姓名；

（2）打印输出“大家好，我是*，很高兴和大家一起学习 Python 编程语言。”，其中*应为用户输入的自己的姓名；

（3）打印输出“老师说：”；

（4）打印输出“*同学，学好 Python 并不难。”，其中*应为用户输入的自己姓名中的姓；

（5）打印输出“同学甲说：”

（6）打印输出“老*，学好 Python 并不难。”，其中*应为用户输入的自己姓名中的姓；

（7）打印输出“同学乙说：”

（8）打印输出“*，编程那点事儿都不算事儿，看好你呦，:-)”，其中*应为用户输入的自己姓名中的名。

知识要点

（1）初步了解 Python 程序。

（2）初步掌握 print()的用法。

（3）理解顺序编程。

案例操作

1. 代码设计

```
name = input("请输入你的姓名：")
print("大家好，我是{}，很高兴和大家一起学习 Python 编程语言。".format(name))
print("老师说：")
print("{}同学，学好 Python 并不难。".format(name[0]))
print("同学甲说：")
print("老{}，加油！".format(name[0]))
print("同学乙说：")
print("{}，编程那点事儿都不算事儿，看好你呦，:-)".format(name[1:]))
```

2. 程序解析

print()是 Python 的内置函数，用于打印输出字符信息，也能以字符形式输出变量。所谓函数，可以理解为一段具有一定功能、可重用的语句组，它的形式是“函数名()”。不需要用户编程而直接使用的函数被称为内置函数。当输出字符信息时，直接将待输出内容传递给 print()函数，如第 3 行。当输出变量值时，需要采用格式化方式输出，以 format()方法将输出变量整理成希望输出的格式，如第 2 行。本案例除了第 1 行的赋值语句外，全部都是 print()函数的具体应用，没有复杂的算法，通过这个实例，读者可以了解程序的顺序执行过程，并且掌握 print()格式化输出的方法。

3. 执行结果

图 8.13 显示的是程序的执行结果，程序根据用户的输入，按照设定的打印格式输出了打印结果。详细的程序解析及调试过程视频见 MOOC 网站或扫描二维码。

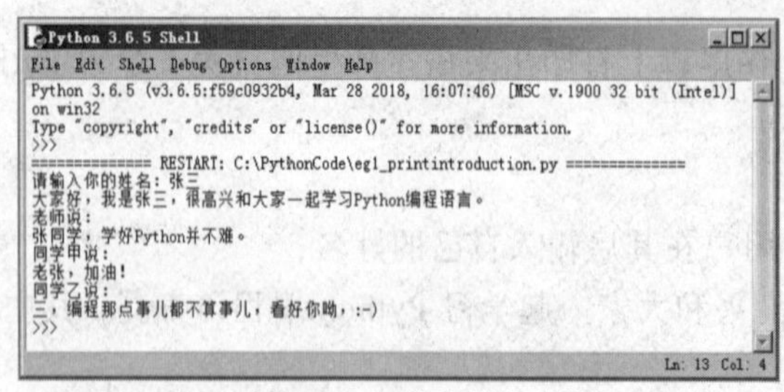

图 8.13　程序执行结果

扫码看案例

 【案例 2】PM2.5 预警

案例描述

设计一个程序根据用户输入的当前 PM2.5 数值判断空气质量。

具体要求如下：

（1）屏幕提示“请输入当前的 PM2.5 数值:”，用户在其后输入 PM2.5 数值；

（2）根据 PM2.5 数值判断空气质量的规则是：PM2.5 数值介于[0，35）之间为优，介于[35，75)之间为良，大于等于 75 为差，存在污染，根据该规则编程实现空气质量的判断；

（3）屏幕输出判断结果。

知识要点

（1）理解分支语句的结构和语法；

（2）掌握分支语句的应用；

（3）初步掌握 eval()函数的应用。

案例操作

1. 代码设计

```
PM = eval(input("请输入当前的 PM2.5 数值: ")) #eval()用于转换数据类型
if 0<= PM < 35:
    print("当前空气质量优，适宜户外活动。")
if 35 <= PM <75:
    print("当前空气质量良，可适度进行户外活动。")
if 75<=PM:
    print("当前空气质量差，存在污染，请做好安全防护！")
```

2. 程序解析

案例 1 的程序是逐条顺序执行的，但实际应用中往往需要根据条件进行判断，这就用到了分支语句。最简单的分支语句就是 if 引导的单分支结构。如上程序中的第 2～7 句，是三组判断结构，如果满足当前条件，则执行下一句，否则跳过下一句执行后续语句。请注意，Python 中使用“==”进行等值比较，“=”表示赋值。值得一提的是程序第 1 句中的 eval()表示把所输入的文本型数据转换为数值型，这里所说的文本型和数值型均指数据类型。所谓数据类型是指计算机以什么方式处理数据。Python 的基础数据类型包括数字型和字符型，此外还有组合型数据，如列表和字典。熟练掌握数据类型的应用是编程的基本要求，在后续实例中读者可以了解到更多数据类型及其用法。

3. 执行结果

图 8.14 显示的是程序的执行结果。当用户输入不同区间的 PM2.5 数值时屏幕打印输出对应的空气质量和活动建议。详细的程序解析及调试过程视频见 MOOC 网站或扫描二维码。

```
Python 3.6.5 Shell
File Edit Shell Debug Options Window Help
Python 3.6.5 (v3.6.5:f59c0932b4, Mar 28 2018, 16:07:46) [MSC v.1900 32 bit (Inte
l)] on win32
Type "copyright", "credits" or "license()" for more information.
>>>
================ RESTART: C:/PythonCode/eg2_ifelsePM2.5.py ================
请输入当前的PM2.5数值: 15
当前空气质量优，适宜户外活动。
>>>
================ RESTART: C:/PythonCode/eg2_ifelsePM2.5.py ================
请输入当前的PM2.5数值: 70
当前空气质量良，可适度进行户外活动。
>>>
================ RESTART: C:/PythonCode/eg2_ifelsePM2.5.py ================
请输入当前的PM2.5数值: 100
当前空气质量差，存在污染，请做好安全防护!
>>> |
Ln: 15 Col: 4
```

图 8.14　程序执行结果

扫码看案例

8.2.3 【案例 3】神奇的 Fibonacci 数列

案例描述

设计一个程序查找 1 000 以内的 Fibonacci 数列并打印输出到屏幕。所谓 Fibonacci 数列是指起始两项为 0 和 1,从第三项开始的每一项是前两项之和,它是以意大利数学家 Leonardo Fibonacci 的名字命名的。它的神奇之处在于相邻两项的比值接近黄金分割比例，F(n)/F(n-1)的极限即黄金分割数。Fibonacci 数列在搜索算法、组合数学等诸多领域都有应用。

具体要求如下：

（1）设置初始两项值为 0 和 1;

（2）使用 while 循环计算并输出 1 000 以下的 Fibonacci 数列。

知识要点

（1）理解 while 循环语句的结构和语法。

（2）掌握 while 循环语句的应用。

（3）掌握变量赋值方法。

案例操作

1. 代码设计

```
a, b = 0, 1 #为初始两项赋值
while a < 1000:
    print(a, end=',')
    a, b = b, a + b
```

2. 程序解析

程序第 1 行为赋值语句，表示把常量值赋给变量，所谓常量是指数据给定的，如数字和字母，而变量更像一个名称，它的数值根据赋值的不同而不同。如第 1 句中变量 a 被赋值为 0，b 被赋值为 1。Python 采用了更为紧凑的赋值语句，如 a,b = 0,1 等同于 a = 0 和 b = 1 两句赋值语句。这种语法结构也体现了 Python 的简洁性。

程序第 2～4 句为循环语句的主体结构。这里采用的是 while 结构的循环语句，当无法或不便预先获取判断的次数时，采用 while 循环结构，只需设置好循环终止的条件，即可让程序反复执行直到不满足条件为止。如程序第 2 句判断变量 a 的值是否小于 1 000，如果成立则

打印输出 a 的值，请注意这里 print(a,end=',')会在每次输出 a 值后再输出一个“,”，end=','表示在输出内容后附加“,”，当该结构被反复执行时就会打印输出以“,”分隔的数列。可见程序设计需要编程者精确设置程序执行的每一个环节，这对思维本身就是一种锻炼。通过这个案例，读者会发现已经涉及一些基本的算法性质的内容。而算法被认为是程序的灵魂，设计优秀的算法成为计算机科学家孜孜以求的工作之一。

3. 执行结果

图 8.15 显示的是程序的执行结果。通过循环，程序快速计算出符合条件的 Fibonacci 数列。详细的程序解析及调试过程视频见 MOOC 网站或扫描二维码。

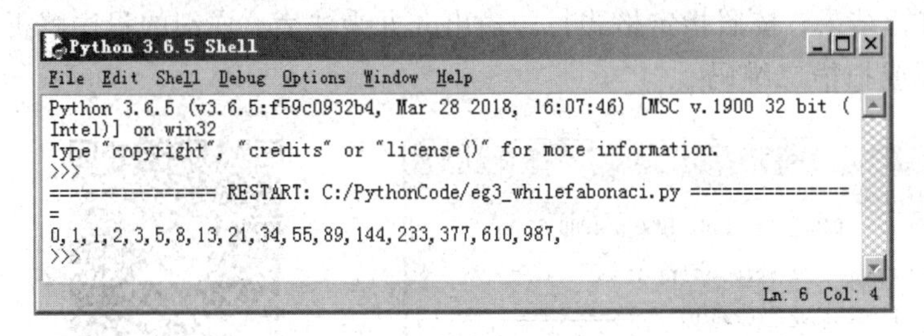

图 8.15　打印输出 1 000 以内的 Fibonacci 数列

扫码看案例

8.2.4 【案例 4】打印九九乘法表

案例描述

设计一个程序输出九九乘法表。具体要求如下：

（1）以“a*b=c”的形式输出乘法表达式，其中 a 为被乘数，b 为乘数，c 为乘法结果；

（2）第一行 1 个乘法表达式，第二行 2 个乘法表达式，依此类推，分 9 行打印输出乘法表达式；

（3）采用合适的程序控制实现换行输出。

知识要点

（1）理解 for 循环语句的结构和语法。

（2）掌握 for 循环语句的应用。

（3）理解双重循环的执行过程。

案例操作

1. 代码设计

```
for i in range(1,10):
    for j in range(1,i+1):
        print("{}*{}={:2} ".format(j,i,i*j), end='')
    print('')    #换行
```

2. 程序解析

本案例是典型的 for 循环应用。所谓 for 循环是另外一种循环结构，不同于 while 结构的循环，for 循环可以预先指定循环的次数，如九九乘法表中的某一轮循环的上限为 9，请注意 for 循环的语法表达为 for in range()的形式，其中 range()是 Python 的内置函数，常用于 for 循环。值得注意的是 range()函数的区间是左闭右开的，range(1,10)即为 1，2，3，4，5，6，7，8，9。请注意这里使用的双重 for 循环结构，特别是内嵌的第二层 for 循环，它的循环次数取决于外层的 for 循环正在执行的轮次。其中"{}*{}={:2} ".format（j,i,i*j）表示 print()用槽格式和 format()方法把变量和字符串结合在一起输出。而 print('')则用于在内层循环结束后打印输出至下一行，开始下一轮循环，如此反复就输出了九九乘法表。

3. 执行结果

图 8.16 显示的是程序的执行结果，按照指定格式打印输出九九乘法表，详细的程序解析及调试过程视频见 MOOC 网站或扫描二维码。

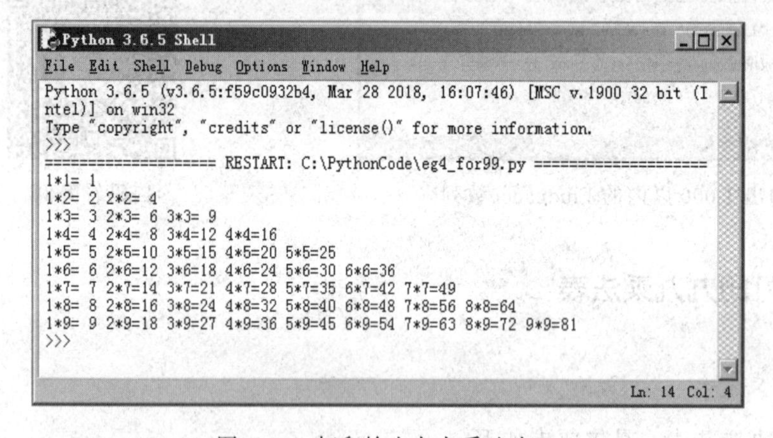

图 8.16　打印输出九九乘法表

扫码看案例

学习建议：

案例 1～4 简要介绍了常用的程序语句结构，初学者可能无法完全理解程序的每一个细节，但不要畏难，更不要放弃，这里给出的学习建议是把握结构，理解大意，照猫画虎，上机实战，通过编写和调试程序来体会编程之乐。

8.2.5 【案例 5.1】货币转换（1）

 案例描述

设计一个程序，实现按照美元和人民币汇率计算不同币值之间的转换，转换的规则是美元兑换人民币为 1：6.27，人民币兑换美元为 1：0.16。

具体要求如下：

（1）程序启动时显示的用户提示信息为“请输入带有$或￥符号的货币值:”；

（2）如果用户输入带有“$”结尾的数字，转换后的显示结果为转换后的带有两位小数的人民币币值，并以“￥”结尾；

（3）如果用户输入带有“￥”结尾的数字，转换后的显示结果为转换后的带有两位小数的美元币值，并以“$”结尾；

（4）如果用户输入的格式不符合上述（2）和（3）的要求，则显示“输入格式有误，请重新输入。”

该案例对程序语言和结构进行详细解析，并进一步加以引申，对函数封装和异常处理做解析。

知识要点

（1）把逻辑结构转换为程序结构。

（2）熟练使用分支判断语句。

（3）掌握数据类型转换方法。

（4）掌握数据输出及其格式设置。

（5）了解程序注释方法。

案例操作

1．代码设计

```
#eg.5_1 CurrencyConverty.py
CurrStr = input("请输入带有$或￥符号的货币值:")
If CurrStr[-1] == "$":
   ChinaYuan = (eval(CurrStr[0:-1]))*6.27
   print("美元转换为人民币后币值为{:.2f}￥".format(ChinaYuan))
elif CurrStr[-1] == "￥":
   USDollar = (eval(CurrStr[0:-1]))*0.16
   print("人民币转换为美元后币值为{:.2f}$".format(USDollar))
else:
   print("输入格式有误，请重新输入。")
```

2．程序解析

（1）程序格式框架

事实上，关于缩进，读者在案例 2～4 中已经看到，只是案例重点关注了程序内容而没有强调结构。Python 采用严格的“缩进”表明程序的格式框架。缩进表达了一种所属关系，如上代码设计中的 4、5、7、8 和 10 行均使用了缩进，即使初学者并不能读懂程序，通过缩进也可以直观看到程序的结构框架，因此编程中使用缩进有助于清晰表示程序的格式框架。缩进可以用【Tab】键实现，也可以用 4 个空格，建议采用 4 个空格的方式表示缩进。

（2）注释

注释是辅助性文字，是程序员加入的用来对语句、函数、数据结构或方法进行说明的信息，注释后的信息不会被编译或解释，也就不会被计算机执行，如上程序的第 1 行即 Python 注释。Python 注释有两种：单行和多行。单行以#开头，而多行以'''（三个单引号）开头和结尾。

（3）语句解析

```
CurrStr = input ("请输入带有$或￥符号的货币值:")
```

CurrStr 表示变量，其命名由编程者决定，但不能与 Python 关键字相同，Python 有 33 个保留字。在命令行方式下输入 import keyword 以及 keyword.kwlist，可输出 Python3.x 的关键字，输出结果如图 8.17 所示。

```
>>> import keyword
>>> keyword.kwlist
['False', 'None', 'True', 'and', 'as', 'assert', 'break', 'class', 'continue', '
def', 'del', 'elif', 'else', 'except', 'finally', 'for', 'from', 'global', 'if',
 'import', 'in', 'is', 'lambda', 'nonlocal', 'not', 'or', 'pass', 'raise', 'retu
rn', 'try', 'while', 'with', 'yield']
>>> _
```

图 8.17 Python3.x 的关键字

input()函数的作用是从控制台获取用户数据，而获得用户输入前，可以提供一些提示性文字，如上述语句就是在界面显示“请输入带有$或￥符号的货币值:”，随后是用户输入的信息，并且赋值到变量 CurrStr 中。

```
if CurrStr[-1] == "$":
    …
elif CurrStr[-1] == "￥":
    …
else:
    …
```

以上为分支结构，其作用是根据判断条件选择程序的执行路径。在案例 2 中曾简单介绍过分支结构，为仅包含 if 的单一分支结构。分支结构可以有更复杂的表达，if、elif、else 均为保留字，代码的 3、6、9 行采用了“if-elif-else”类型的分支语句，如上所示。其中 if CurrStr[-1] == "$":表示判断 CurrStr 字符串的最后一个字符是否是“$”，elif CurrStr[-1] == "￥":表示判断 CurrStr 字符串的最后一个字符是否是“￥”，else:表示否则如何。如果抛开诸如 CurrStr[-1]、"$"、"￥"这些具体的变量和常量，分支语句的结构如下：

```
if <条件 1>:
    <语句块 1>
elif <条件 2>:
    <语句块 2>
…
else:
    <语句块 N>
```

其中<条件 1>…<条件 N>均为逻辑表达式，其结果只有两个值，即真和假，如果<条件 1>为真，则执行<语句块 1>，否则进入 elif，判断<条件 2>，如果为真则执行<语句块 2>，以此类推，如果历次判断都不为真，则进入 else，执行<语句块 N>。这便是分支语句的主体结构。

```
ChinaYuan = (eval(CurrStr[0:-1]))*6.27
```

表示把 CurrStr 字符串转化为数值型并乘以 6.27 后赋值给变量 ChinaYuan，实现了美元兑换人民币的功能，其中用到了函数 eval()。

3. 执行结果

图 8.18 显示的是程序的执行结果。用户输入以￥或$结尾的数值后程序根据转换规则运算并输出结果。详细的代码设计解析和操作过程视频见 MOOC 网站或扫描二维码。

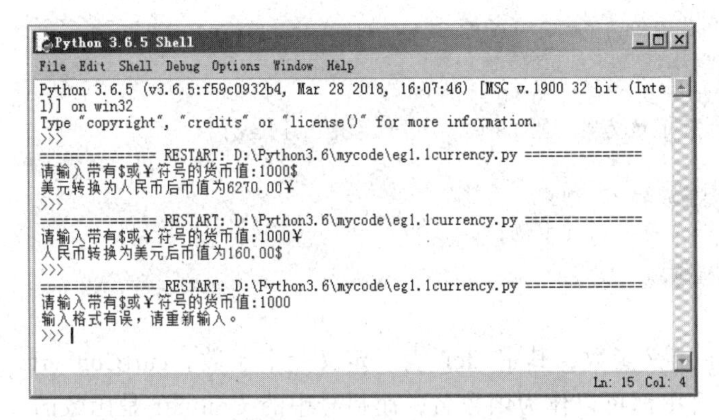
Python 3.6.5 Shell
File Edit Shell Debug Options Window Help
Python 3.6.5 (v3.6.5:f59c0932b4, Mar 28 2018, 16:07:46) [MSC v.1900 32 bit (Intel)] on win32
Type "copyright", "credits" or "license()" for more information.
>>>
============== RESTART: D:\Python3.6\mycode\eg1.1currency.py ==============
请输入带有$或￥符号的货币值:1000$
美元转换为人民币后币值为6270.00￥
>>>
============== RESTART: D:\Python3.6\mycode\eg1.1currency.py ==============
请输入带有$或￥符号的货币值:1000￥
人民币转换为美元后币值为160.00$
>>>
============== RESTART: D:\Python3.6\mycode\eg1.1currency.py ==============
请输入带有$或￥符号的货币值:1000
输入格式有误，请重新输入。
>>>
Ln: 15 Col: 4

图 8.18　美元人民币转换的执行结果

扫码看案例

8.2.6 【案例 5.2】货币转换（2）

案例描述

案例 5 的解决方法是编程者把实现功能的每一条语句都编写出来，这就好比一个人事无巨细，操心每一个细节，当程序功能变得十分复杂时，这种方法就显得捉襟见肘了。用函数调用的方法可以从程序功能结构入手，相对独立的功能以函数方式呈现，要执行该功能，只需要调用对应的函数，这就好比一个善于统筹的人把任务分解给不同的人去完成，统筹者只需要关注整体结构和调用过程。所谓函数可以理解为实现一定的功能的代码段。函数调用方式不仅结构上更清晰，在有相同需要的情境下直接调用而无须从头开始编程，这也就是代码的复用，有助于更加灵活、高效地完成复杂程序。本题要求使用函数封装货币转换功能，程序执行时需要调用函数实现转换功能。

具体要求如下：

（1）程序的货币转换功能同上；

（2）使用函数封装货币转换功能；

（3）程序启动时显示的用户提示信息为“请输入带有$或￥符号的货币值:”；

（4）调用函数显示转换结果。

知识要点

（1）初步了解函数及其调用机制。

（2）掌握定义和调用函数的方法。

（3）初步了解形式参数和实际参数。

案例操作

1. 代码设计

```
#eg.5_2 CurrencyConvertyFunction.py
def currConvert(ConvStr):
    if ConvStr[-1] == "$":
        ChinaYuan = (eval(ConvStr[0:-1]))*6.27
```

```
        print("美元转换为人民币后币值为{:.2f}￥".format(ChinaYuan))
    elif ConvStr[-1] == "￥":
        USDollar = (eval(ConvStr[0:-1]))*0.16
        print("人民币转换为美元后币值为{:.2f}$".format(USDollar))
    else:
        print("输入格式有误，请重新输入。")
CurrStr = input("请输入带有$或￥符号的货币值:")
currConvert(CurrStr)
```

2. 程序解析

def currConvert（ConvStr）：表示定义函数，其中 def 表示定义一个函数，currConvert 为函数名，只要不和保留字重复的字符串都可以作为函数名，而括号中的 ConvStr 是函数的参数，具体而言这里是形式参数。所谓参数可以理解为函数被调用时赋予的输入值，参数可以有多个，也可以没有。因此定义函数的语法形式为：

```
def <函数名>(参数列表):
    <函数体>
return <返回值列表>
```

其中 return <返回值列表>不是必需的，也可以调用函数执行一定的功能而不返回任何值。如上程序中不包含注释语句的 2～10 行与顺序编程中执行功能的语句一样，是函数的主体。

CurrConvert（CurrStr）是调用函数的语句，其形式与定义函数类似，只是其中的参数为 CurrStr，注意到 CurrStr 与定义函数中的参数 ConvStr 并不一致。这是允许的，并且经常发生，这里 CurrStr 是实际参数，即在函数调用时实际传输给函数的参数。形式参数和实际参数在命名上可以不同，但必须具有相同的数据类型，至少是兼容的数据类型。于是程序的主体结构就可以简化为：

```
CurrStr = input("请输入带有$或￥符号的货币值:")
currConvert(CurrStr)
```

而定义函数的代码可以被别的程序所调用，也就起到了代码复用的效果。

3. 执行结果

程序执行结果如图 8.19 所示，相同的程序功能但实现机制有所不同。详细的代码设计解析和操作过程视频见 MOOC 网站或扫描二维码。

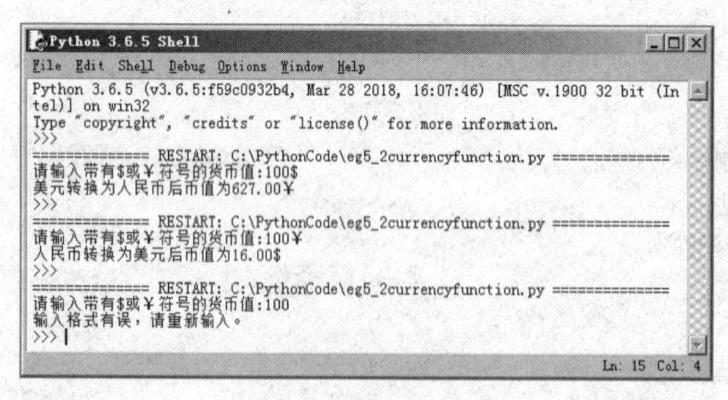

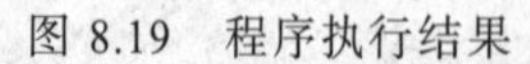
图 8.19　程序执行结果

1

2

扫码看案例

8.2.7 【案例5.3】货币转换（3）

案例描述

函数调用在程序设计中比较常用，但是在与用户进行交互过程中仍然不能做到尽善尽美，例如，在本案例中，如果用户并没有按照要求输入，如何给用户以更好的使用体验呢？异常处理能够解决这个问题。在如上程序的基础上增加异常处理，当用户输入不合理时以异常抛出的方式给出提示，以此来改善人机交互体验。

具体要求如下：

（1）程序的货币转换功能同上；

（2）当输入不符合格式要求时，根据用户输入错误的不同显示不同的提示，如果用户输入以非数字开头，则显示“请以数字开头!”，其他非法输入则显示“请以数字+货币符号的格式输入!”。

知识要点

（1）初步了解异常处理的作用。

（2）理解异常处理的调用过程。

（3）掌握异常处理在程序设计中的应用。

案例操作

1. 代码设计

```
def currConvert(ConvStr):
    if ConvStr[-1] == "$":
        ChinaYuan = (eval(ConvStr[0:-1]))*6.27
        print("美元转换为人民币后币值为{:.2f}￥".format(ChinaYuan))
    elif ConvStr[-1] == "￥":
        USDollar = (eval(ConvStr[0:-1]))*0.16
        print("人民币转换为美元后币值为{:.2f}$".format(USDollar))

try:
    CurrStr = input("请输入带有$或￥符号的货币值:")
    currConvert(CurrStr)
    idx = eval(CurrStr)
except NameError:
    print("请以数字开头! ")
except:
    print("请以数字+货币符号的格式输入! ")
```

2. 程序解析

程序主体同上，其中多了以下代码：

```
try:
    CurrStr = input("请输入带有$或￥符号的货币值:")
    currConvert(CurrStr)
    idx = eval(CurrStr) #检测是否以数字开头
```

```
except NameError:
    print("请以数字开头！")
except:
    print("请以数字+货币符号的格式输入！")
```

提取共性，异常处理的语法格式如下：

```
try:
    <语句块 1>
except <异常类型>:
    <语句块 2>
        …
except:
    <语句块 N>
```

其中，语句块 1 是正常执行的语句，这里是输入提示，调用货币转换函数并通过类型转换检测输入是否以数字开头，当发生异常时执行语句块 2，如果发生其他异常，则执行语句块 N。异常有多种类型，本实例中使用了常用的 NameError 类型，编程者可编写异常提示。

需要指出的是异常和错误不同，异常是在可以预见的例外发生时激活的一种处理机制，而错误是不可预见的因素导致的执行问题。

3．执行结果

程序执行结果如图 8.20 所示。当不符合输入格式要求是触发异常处理机制并抛出异常。详细的程序解析及调试过程视频见 MOOC 网站或扫描二维码。

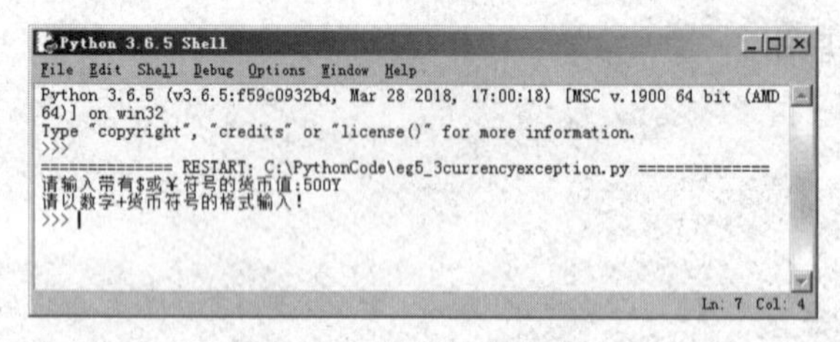

图 8.20　程序执行结果

扫码看案例

学习建议：

函数体现了模块化编程思想的体现，编程时把握主体结构，合理使用函数调用不仅让程序结构更清晰，也有助于代码复用。建议学习编程时牢牢把握主体结构，先形成程序框架，然后细化程序内容。

8.2.8 【案例 6】绘制蟒蛇

案例描述

调用 turtle 库在屏幕上绘制一幅蟒蛇形图案。具体要求如下：

（1）调用 turtle 库；

（2）调用库函数设置绘图的坐标体系，包括设置绘图区域的宽度和高度以及初始坐标；

（3）调用库函数实现画笔控制，包括画笔的抬起和落下，设置画笔尺寸以及画笔颜色；

（4）调用库函数实现形状绘制，包括蛇身体的波浪、蛇回头。

知识要点

（1）了解 Python 的“模块编程”思想。
（2）掌握调用 Python 内置库的语法。
（3）掌握设置库方法的语法。

案例操作

1. 代码设计

```
#e6 DrawPython.py
import turtle    #调用 turtle 库
turtle.setup(950, 450, 50, 50)
turtle.penup()
turtle.fd(-400)
turtle.pendown()
turtle.pensize(25)
turtle.pencolor("blue")
turtle.seth(-40)
for i in range(3):
    turtle.circle(80, 80)
    turtle.circle(-80, 80)
turtle.circle(40, 80/2)
turtle.fd(40)
turtle.circle(16, 180)
turtle.fd(40 * 2/3)
```

2. 程序解析

Python 本意即为蟒蛇，因此用 Python 绘制一幅蟒蛇形图案本身就很有趣。Python 绘图并不需要你完成每一个细节，它通过调用库函数来实现。而库函数调用也成为 Python 模块化编程的主要实现方式。

仔细阅读案例 6 的程序会发现通篇没有出现 print()、input()等用于输出、输入的函数，大量出现的是形如<a>.<b>()形式的语句。事实上，<a>.<b>()在 Python 编程中应用非常广泛，它表示调用一个函数库 a 中的 b()方法，只要引入了该库，就可以使用该库的方法，从而大大提高代码的复用率，并显著提高效率。另外，值得一提的是<a>.<b>()也表示调用对象 a 的 b()方法，是面向对象编程的常用表达方式。这里不准备详细展开讲解面向对象的编程，读者只需了解面向对象的基本概念即可，在后续的学习中可逐步深入。

此外，除了注释行外，第 1 句是 import turtle，表明引入 turtle 库，它是 Python 中一个图形绘制库，是 Python 的标准库之一，简言之，安装了 Python 开发环境后，即可直接引用该库而无须安装。关于 turtle 库函数的使用可以在控制台下输入：

```
import turtle
help(turtle)
```

调用帮助文件了解详细用法，如图 8.21 所示。

```
管理员: C:\Windows\system32\cmd.exe - python
Microsoft Windows [版本 6.1.7601]
版权所有 (c) 2009 Microsoft Corporation。保留所有权利。

C:\Users\Administrator>python
Python 3.6.5 (v3.6.5:f59c0932b4, Mar 28 2018, 16:07:46) [MSC v.1900 32 bit (Inte
l)] on win32
Type "help", "copyright", "credits" or "license" for more information.
>>> import turtle
>>> help(turtle)
Help on module turtle:

NAME
    turtle

DESCRIPTION
    Turtle graphics is a popular way for introducing programming to
    kids. It was part of the original Logo programming language developed
    by Wally Feurzig and Seymour Papert in 1966.

    Imagine a robotic turtle starting at (0, 0) in the x-y plane. After an ``imp
ort turtle``, give it
    the command turtle.forward(15), and it moves (on-screen!) 15 pixels in
    the direction it is facing, drawing a line as it moves. Give it the
    command turtle.right(25), and it rotates in-place 25 degrees clockwise.
```

图 8.21　显示库方法的帮助内容

3. 执行结果

程序的执行结果如图 8.22 所示，以蓝色笔触绘制了一幅蟒蛇形图案。详细的程序解析及调试过程视频见 MOOC 网站或扫描二维码。

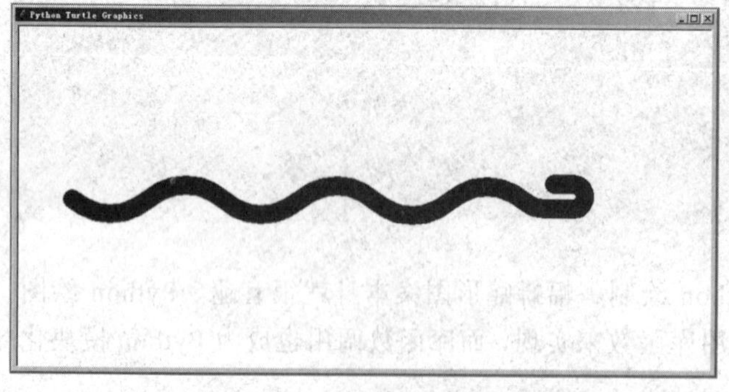

图 8.22　Python 绘制的蟒蛇形图案

扫码看案例

8.2.9 【案例 7】绘制奥运五环

案例描述

调用 turtle 库在屏幕上绘制奥运五环。具体要求如下：

（1）用 from 调用 turtle 库；

（2）调用 goto()函数重新定位绘图起始点；

（3）调用库函数实现画笔控制和设置；

（4）调用库函数实现绘制圆环。

知识要点

（1）学会使用不同方式引用函数库。

（2）根据图案显示需要设计函数参数值。

（3）熟练掌握常用的 turtle 库的绘图函数。

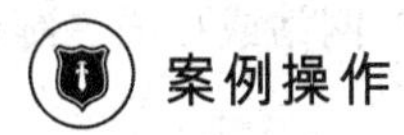

案例操作

1. 代码设计

```
#e7_OlympicRings.py
from turtle import *
setup(500, 500, 50, 50)
pensize(10)
color("blue")
penup()
goto(-110,-25)
pendown()
circle(45)
color("black")
penup()
goto(0,-25)
pendown()
circle(45)
color("red")
penup()
goto(110,-25)
pendown()
circle(45)
color("yellow")
penup()
goto(-55,-75)
pendown()
circle(45)
color("green")
penup()
goto(55,-75)
pendown()
circle(45)
```

2. 程序解析

from turtle import *是另一种引入库的方法，该语句表示引入 turtle 库的所有方法。一般格式为 from <库名> import <函数名,函数名,...,函数名>，如果要引入所有函数，可用*代替函数名，这里*是一种通配符，代表所有，在程序语言中经常用到。

程序中绘图的函数大多在案例 6 中出现过，其他的有 circle(r)函数表示绘制圆形，参数 r 为半径值，goto(x,y)函数表示把画笔移动到 z 坐标为(x,y)的位置。

绘制一个圆环的程序为：

```
penup()
goto(x,y)
pendown()
circle(r)
```

该段程序执行五次绘制五个圆环，此外，奥运五环还需设置画笔尺寸以及颜色。

3. 执行结果

程序执行结果如图 8.23 所示。详细的程序解析及调试过程视频见 MOOC 网站或扫描二维码。

图 8.23　Python 绘制奥运五环

扫码看案例

学习建议：

掌握库函数的引用方法，熟悉主要的设置函数，可反复调整参数，根据绘图结果修正，熟练掌握后可做创意绘图。建议尝试用函数封装的方法实现绘图功能。

8.2.10 【案例 8】递归经典汉诺塔

案例描述

有一个源自印度的古老传说，在贝纳雷斯寺庙内有三根石棒，第一个石棒上面有 64 个下大上小摞起来的金盘，一个叫婆罗门的门徒依次把第一个石棒的金盘移动到第三个石棒，可以借助第二个石棒，但一次只能移动一个，并且移动过程中需要始终保持金盘在每个石棒上都是下大上小的摆放。当婆罗门完成整个操作时就是世界毁灭的时候。编程实现这一移动过程并打印输出移动的顺序。

具体要求如下：

（1）用递归方法编写函数实现一个或多个盘子的移动；

（2）调用函数实现汉诺塔。

知识要点

（1）理解函数递归调用的过程。

（2）掌握函数的递归编程。

案例操作

1. 代码设计

```
#eg8 HanoiRecursion
def hanoi(n,a,b,c):
```

```
    if n==1:
        print(a,'-->',c)
    else:
        hanoi(n-1,a,c,b)  #递归调用
        hanoi(1,a,b,c)    #递归调用
        hanoi(n-1,b,a,c)   #递归调用
n = eval(input("请输入汉诺塔的层数: "))
print(hanoi(n,'A','B','C'))  #打印三个盘子的移动过程
```

2. 程序解析

函数作为一段封装的代码可以被其他程序调用，一种特殊的情形是函数自己调用自己，这就是函数的递归调用。递归在计算领域有很强大的应用，它以简洁解决问题而著称。汉诺塔问题是递归调用的经典应用。其核心思想是有 n 个盘子需要移动，只要在完成 n-1 个盘子移动的基础上，完成最后一个盘子的移动，同理，对于 n-1 个盘子的移动，只需要先解决 n-2 个盘子的移动，依此递归，直到把问题缩小到只有 1 个盘子，而 1 个盘子的移动就非常简单了。因此，算法的核心是当 n 大于 1 时，调用 n-1 的移动过程。

3. 执行结果

3 个盘子的汉诺塔问题输出结果如图 8.24 所示，输出结果显示了移动盘子的顺序。详细的程序解析和操作过程视频见 MOOC 网站或扫描二维码。

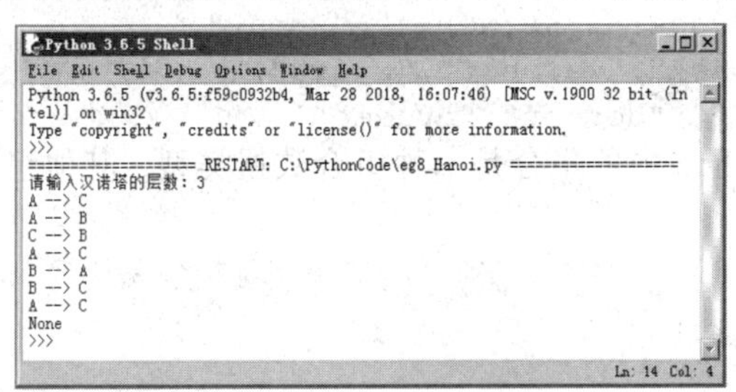

图 8.24　汉诺塔递归调用的结果

扫码看案例

8.2.11 【案例 9】批量安装第三方库

案例描述

Python 有强大的第三方库，在使用前需要安装第三方库，可单独安装，如果需要用多个第三方库，可编写程序批量安装。

具体要求如下：

（1）使用 Python 标准库 os 的 system()函数调用控制台；

（2）用循环语句安装第三方库；

（3）设置异常处理，对于安装不成功的予以提示。

知识要点

（1）了解第三方库及其用途。

（2）掌握批量安装第三方库的方法。

案例操作

1. 代码设计

```
#e9 BatchInstall.py
import os
libs = {"numpy","matplotlib","pillow","sklearn","requests",\
    "jieba","beautifulsoup4","wheel","networkx","sympy",\
    "pyinstaller","django","flask","werobot","pyqt5",\
    "pandas","pyopengl","pypdf2","docopt","pygame"}
try:
    for lib in libs:
        os.system("pip install "+lib)
    print("Successful")
except:
    print("Failed Somehow")
```

2. 程序解析

Python 安装包自带工具 pip 可用于安装第三方库，在控制台下输入 pip install <库名>即可安装。

```
libs = {"numpy","matplotlib","pillow","sklearn","requests",\
        "jieba","beautifulsoup4","wheel","networkx","sympy",\
        "pyinstaller","django","flask","werobot","pyqt5",\
        "pandas","pyopengl","pypdf2","docopt","pygame"}
```

表示以集合类型存储第三方库名称，Python 中的集合是一种组合数据类型，其他组合数据类型还包括序列型和映射型。

```
for lib in libs:
        os.system("pip install "+lib)
print("Successful")
```

以 for 循环方式通过 os.system()方法逐条安装第三方库，而

```
try
    <语句块>
except:
    <异常处理结果>
```

的结构对于没有正确安装第三方库的结果予以提示。

3. 执行结果

结果如图 8.25 所示，输出结果显示批量安装第三方库已经成功。详细的程序解析和操作过程视频见 MOOC 网站或扫描二维码。

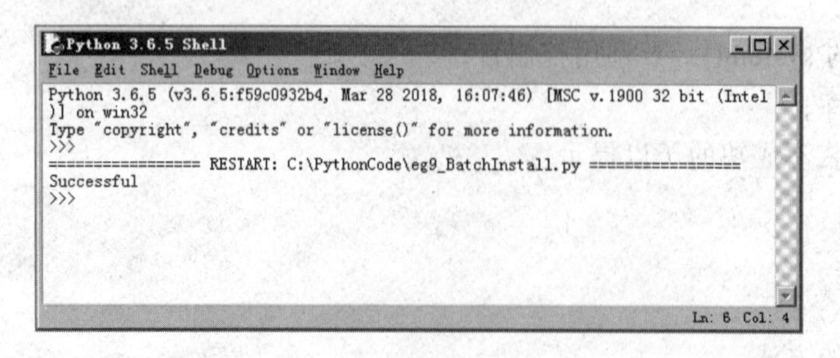

图 8.25　批量安装成功后的结果

扫码看案例

8.2.12 【案例 10.1】图像处理（1）

 案例描述

用 PIL（Python Image Library）库实现对图像文件的打开、处理和保存。

具体要求如下：

（1）打开当前目录下的图像文件 flower.jpg；

（2）使用增强方法把当前图片的对比度分别增强 4 倍、20 倍和 200 倍；

（3）处理后的图片文件分别保存为 flowerContrast4.jpg、flowerContrast20.jpg 和 flowerContrast200.jpg。

知识要点

（1）了解第三方库 PIL 用途及主要方法。

（2）掌握对图像进行对比度处理的方法。

案例操作

1. 代码设计

```
#eg 10_1 Contrast
from PIL import Image
from PIL import ImageEnhance
im = Image.open('flower.jpg')
om = ImageEnhance.Contrast(im)
om.enhance(4).save('flowerContrast4.jpg')
om.enhance(20).save('flowerContrast20.jpg')
om.enhance(200).save('flowerContrast200.jpg')
```

2. 程序解析

Python 第三方库 PIL 提供了丰富的图像处理方法，使用库中的函数可以大大简化图像处理的编程工作量。使用 PIL 库实现图像处理主要包括以下两个部分：

（1）读取和保存图像文件；

（2）对图像文件进行处理。

打开图像文件的方法是 image.open(filename)，保存图像文件的方法是 image.save(filename)。

关于设置图像对比度，相关方法的解析如下：

设置图像对比度的方法是 ImageEnhance.Contrast(im)，其中 im 为读取图像文件的参数。om.enhance(4).save('flowerContrast4.jpg')表示设置对比度为 4 倍并把文件保存为当前目录下并命名为 flowerContrast4.jpg。

3. 执行结果

设置不同对比度的图像处理效果如图 8.26 所示。

原图　　提高对比 4 倍　　提高对比 20 倍　　提高对比 200 倍

图 8.26　设置图像对比的处理结果

详细的程序解析和操作过程视频见 MOOC 网站或扫描二维码。

扫码看案例

8.2.13 【案例 10.2】图像处理（2）

案例描述

用 PIL（Python Image Library）库实现对图像文件的打开、处理和保存。

具体要求如下：

（1）打开当前目录下的图像文件 flower.jpg；

（2）使用通道分离、合并技术更改当前图片的颜色；

（3）处理后的图片文件分别保存为 flowerBGR.jpg、flowerGRB.jpg 和 flowerRGB.jpg。

知识要点

（1）了解第三方库 PIL 用途及主要方法。

（2）掌握对图像进行颜色变换处理的方法。

案例操作

1. 代码设计

```
#eg10_2 ChangeColor
from PIL import Image
im = Image.open('flower.jpg')
r, g, b = im.split()
om = Image.merge("RGB", (b, g, r))
om.save('flowerBGR.jpg')
om = Image.merge("RGB", (g, r, b))
om.save('flowerGRB.jpg')
om = Image.merge("RGB", (r, b, g))
om.save('flowerRBG.jpg')
```

2. 程序解析

Image 类可以对 RGB 图像的每个通道单独进行操作，所谓 RGB 是红（R）、绿（G）、蓝（B），RGB 颜色模式是工业界的一种颜色标准，通过对三个颜色通道的变化以及它们相互之间的叠加来得到不同的颜色，是目前运用非常广泛的颜色系统之一。关于设置图像颜色的方法解析如下：

split()方法能够把 RGB 图像各通道提取出来，merge()方法能够把独立通道合并形成新的图像，而合并的顺序不同会产生不同的颜色效果。

3. 执行结果

设置图像颜色变换的处理结果如图 8.27 所示。

原图

蓝色

绿色

红色

图 8.27　设置图像颜色转换

详细的程序解析和操作过程视频见 MOOC 网站或扫描二维码。

扫码看案例

8.2.14 【案例 10.3】图像处理（3）

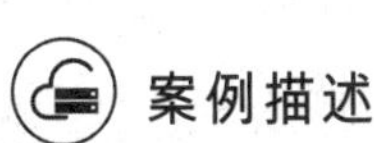

案例描述

用 PIL（Python Image Library）库实现对图像文件的打开、处理和保存。

具体要求如下：

（1）打开当前目录下的图像文件 flower.jpg；

（2）使用图像过滤技术实现勾勒图像轮廓、浮雕风格、图像边界加强效果；

（3）处理后的图片文件分别保存为 flowerContour.jpg、flowerEmboss.jpg 和 flowerEdge.jpg。

知识要点

（1）了解第三方库 PIL 用途及主要方法。

（2）掌握对图像施加滤镜效果的方法。

案例操作

1. 代码设计

```
#eg10_3 Fliter
from PIL import Image
from PIL import ImageFilter
im = Image.open('flower.jpg')
om = im.filter(ImageFilter.CONTOUR)
om.save('flowerContour.jpg')
om = im.filter(ImageFilter.EMBOSS)
om.save('flowerEmboss.jpg')
om = im.filter(ImageFilter.EDGE_ENHANCE_MORE)
om.save('flowerEdge.jpg')
```

2．程序解析

PIL 库的 ImageFilter 类提供了丰富的图像滤镜效果，应用这些方法可以方便地为图像设置滤镜，关于设置图像滤镜效果的方法解析如下：

om = im.filter(ImageFilter.CONTOUR)表示为打开的图像文件添加轮廓线的滤镜效果。

om = im.filter(ImageFilter.EMBOSS)表示为打开的图像文件设置浮雕的滤镜效果。

om = im.filter(ImageFilter.EDGE_ENHANCE_MORE)表示为打开的图像文件设置边界增强的滤镜效果，为了突出效果，这里使用了 EDGE_ENHANCE_MORE。

3．执行结果

设置图像滤镜效果的处理结果如图 8.28 所示。

原图

轮廓效果

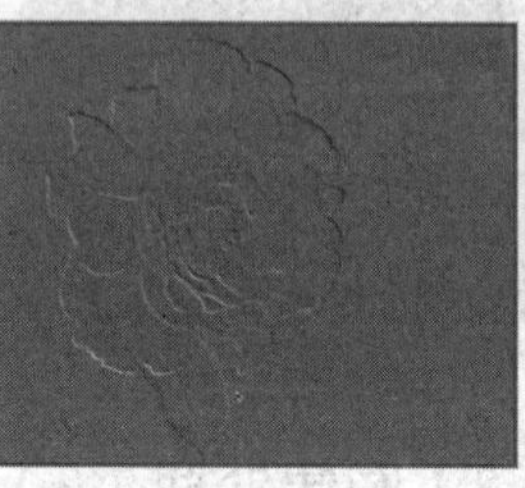
浮雕效果

边界增强效果

图 8.28　设置图像滤镜效果

详细的程序解析和操作过程视频见 MOOC 网站或扫描二维码。

扫码看案例

参 考 文 献

[1] 教育部高等学校大学计算机课程教学指导委员会．大学计算机基础课程教学基本要求[M]．北京：高等教育出版社，2015.

[2] 李凤霞，陈宇峰，等．大学计算机实验[M]．北京：高等教育出版社，2013.

[3] 瞿绍军．App Inventor 移动应用开发标准教程[M]．北京：人民邮电出版社，2016.

[4] 黄文恺，等．App Inventor 2 互动编程[M]．广州：广东教育出版社，2016.

[5] 郑建春，张少华．App Inventor 2 与机器人程序设计[M]．北京：清华大学出版社，2016.

[6] 李天飞，等．Photoshop 图形图像处理翻转课堂[M]．北京：中国铁道出版社，2017.

[7] 嵩天，礼欣，黄天羽．Python 语言程序设计基础（第 2 版）[M]．高等教育出版社，2017.